자연에는 이야기가 있다

조홍섭의 생명·환경·공존에 대한 생각

자연에는 이야기가 있다

1판 1쇄 발행 2013. 12. 13.
1판 7쇄 발행 2020. 12. 10.

지은이 조홍섭

발행인 고세규
편집 고우리
디자인 이경희

발행처 김영사
등록 1979년 5월 17일(제406-2003-036호)
주소 경기도 파주시 문발로 197(문발동) 우편번호 10881
전화 마케팅부 031)955-3100, 편집부 031)955-3200
팩스 031)955-3111

저작권자 ⓒ 조홍섭, 2013
이 책은 저작권법에 의해 보호를 받는 저작물이므로
저자와 출판사의 허락 없이 내용의 일부를 인용하거나 발췌하는 것을 금합니다.

값은 뒤표지에 있습니다.
ISBN 978-89-349-6573-2 03400

홈페이지 www.gimmyoung.com   블로그 blog.naver.com/gybook
페이스북 facebook.com/gybooks   이메일 bestbook@gimmyoung.com

좋은 독자가 좋은 책을 만듭니다.
김영사는 독자 여러분의 의견에 항상 귀 기울이고 있습니다.

이 도서의 국립중앙도서관 출판예정도서목록(CIP)은 서지정보유통지원시스템 홈페이지(http://seoji.nl.go.kr)와
국가자료공동목록시스템(http://www.nl.go.kr/kolisnet)에서 이용하실 수 있습니다.(CIP제어번호 : CIP2013025850)

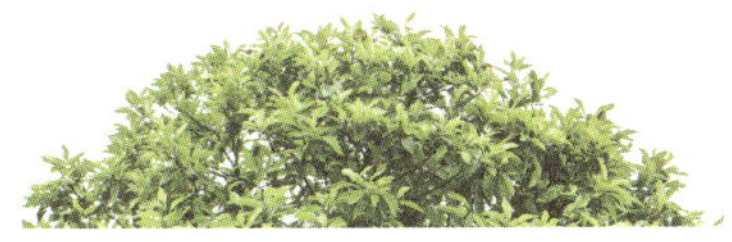

자연에는 이야기가 있다

조홍섭의 생명·환경·공존에 대한 생각

조홍섭 지음

김영사

마음을 여는 만큼 보인다

자연에 관한 놀라운 발견과 이야기가 쏟아져나오고 있다. 알프스 칼새는 번식지에서 한 번 날아오르면 다음 번식기가 올 때까지 200일 동안 공중에서 내려앉지 않는다. 한반도는 지난 빙하기 때 너구리 등 수많은 동물과 식물의 피난처였고, 더 먼 옛날 대멸종사태로 지구의 바다에서 물고기가 사라진 뒤 그곳을 채운 것은 육지의 시내와 호수에 숨어 있던 민물고기였다. 태평양 한가운데는 플라스틱 쓰레기가 한반도 2배 크기로 소용돌이치는 곳이 있으며, 기후변화로 지구의 바다는 점점 시큼해져 생태계가 뿌리부터 녹아버릴지도 모른다.

이런 이야기가 신기하고 재미있을지 몰라도, 당장 먹고사는 일에 바쁜 어른들이나 과제와 시험에 허덕이는 학생들에게는 좀 한가하게 들린다. 언론도 흥밋거리 정도로만 다룰 뿐이다. 그런데 눈을 돌려 외국을 보면 우리와는 전혀 다름을 알 수 있다. 꼭 미국과 유럽 등 선진국뿐 아니라 중국 등을 보아도 자연에 대한 관심이 우리보다 훨씬 깊다.

한 예로 국가과학기술정보센터 누리집이 수록한 2013년 한 해 동안(11월 12일까지) 동물학 분야에서 발표된 논문 편수를 보자. 포유류에 관한 외국 논문은 3,640편이고, 새 분야 논문은 767편, 자연사 분야는 2,531편인 데 견줘 우리나라에서 나온 논문은 전혀 없다. 국내 논문은 양서류·파충류 분야 45편, 절지동물 111편에 그쳤지만 국외 논문은 각각 1,362편과 1,865편에 이른다. 생태학 분야에서도 국외 논문 3,339편과 국내 45편, 생물학 분야 역시 국외 1만 607편과 국내 151편으로 현저한 대조를 이룬다. 물론 최근 들어 점점 많은 국내 연구자들이 외국 학술지에 영어로 연구결과를 발표하는 추세임을 고려하더라도 '돈이 되지 않는' 기초연구를 우리가 얼마나 등한히 하는지 실감할 수 있다.

이제 먹고사는 데 급급하지 않을 정도가 됐으면서도, 우리 마음속엔 자연의 놀라운 아름다움과 신비를 탐구하고 즐길 여유도, 생물 진화와 지질학적 규모의 자연사를 더듬는 깊이도, 나 자신만이 아닌 후손과 지구의 미래를 내다보는 통찰과 성찰이 들어설 자리도 없는 것일까.

이 책은 먼저 이런 문제의식에서 일차적으로 자연연구의 최근 동향을 소개했다. 2010년부터 최근까지 전 세계에서 발표된 자연에 관한 연구결과 가운데 동물행동, 생태학, 진화론, 동물복지 등의 분야에서 흥미로울 뿐만 아니라 자연과 인간이 어떻게 공존할 수 있을지 생각할 거리를 제시하는 논문을 골라 최대한 쉽게 해설하고 의미를 분석했다. 따라서 연구자들은 이 책을 통해 자기 분야와 이웃 분야에서 자연을 어떤 관점과 방법으로 연구하는지 엿볼 수 있을 것이다. 독자들이 세계 최고 수준의 과학자들이 자연을 탐구한 최신의 성과를 공유할 수 있기를 기대한다.

그러나 이 책이 최신의 뉴스를 그저 모아놓은 것은 아니다. 1부와 2부에서 우리가 잘못 알거나 무관심했던 생물의 놀라운 진화와 행동 등을 소개했다면, 3부에서는 그런 연구결과에서 명백해지는 인간중심주의와 종차별주의의 문제를 제기한다. 동물을 학대하는 행동이 장기적으로 인류에게 얼마나 위험한지, 고등동물이 아닌 물고기와 문어, 꽃게도 어떻게 고통을 느끼는지, 돼지를 비롯한 가축의 행복은 무엇인지 생각했다. 4부에서는 인간이 자연을 어떤 규모로 바꾸고 파괴하는지 살펴보았다. 5부와 6부에서는 자연과 인간이 어떻게 공생할 수 있는지 생각해보았다. 자연에 관해 널리 퍼진 '자연은 인간으로부터 격리할 때 가장 잘 보전될 수 있다'는 신화가 실제로 어떻게 도전받고 있는지를 농촌보다 생물다양성이 풍부한 도시, 망가진 덕분에 오히려 희귀생물이 깃든 숲 등 생생한 사례를 통해 체감할 수 있을 것이다. 특히 6부에서는 우리 숲을 직접 답사하며 취재한 결과를 바탕으로, 자연에 대한 인간의 개입이 어떤 방향으로 이루어져야 하는지를 제시했다.

우리나라는 세계 어느 나라보다 인구밀도가 높은 편이면서 가장 급격한 산업화를 겪었다. 이 과정에서 풍요로운 자연을, 새만금 갯벌 간척에서 보듯이 파괴적이고 낭비적으로 이용해왔다. 이 책을 통해 독자들이 자연이 들려주는 이야기에 귀 기울이고, 생명, 환경, 공존이라는 주제에 대해 숙고해보기를 바란다.

이 책을 처음 구상하고 격려를 아끼지 않은 김영사 고세규 편집주간과 실무를 꼼꼼하게 맡아준 편집팀의 고우리 씨에게 감사드린다. 필자가 자연에 깊은 애정을 느끼도록 이끈, 시절이 좋았다면 동물학자 되었을지도 모를 선친에게 이 책을 바친다.

2013년 12월

조홍섭

| 차례 |

여는 글 마음을 여는 만큼 보인다   4

첫 번째 이야기_ 자연의 놀라운 발견

치명적 킬러, 갈기쥐와 딱정벌레   14

물장군 수컷이 폭군 암컷과 살아가는 법   19

모기는 왜 배 터지게 피를 빨까   24

벌레잡이식물의 새로운 식충 전략   28

고도 1만 미터는 미생물 세상   31

파브르도 몰랐던 거미가 거미줄에 안 걸리는 이유   34

별자리 보고 에어컨 굴리는 쇠똥구리   37

광합성하는 도롱뇽의 느긋한 오후   43

먹혀야 산다. 씨앗부터 달팽이까지   47

술 찾는 초파리, 꽁초 줍는 참새   51

빈대 잡는 포도대장, 강낭콩 잎   54

개는 동상에 걸리지 않는다   56

고양이와 개의 은밀한 대화법   59

새대가리는 없다   63

돌고래의 초능력   68

체온 36.7도의 비밀   74

두 번째 이야기_ 진화의 수수께끼

뻐꾸기와 뱁새의 진화경쟁 80

새는 어린 공룡? 86

얼룩말의 줄무늬와 치타의 큰 눈에는 이유가 있다 89

마다가스카르 동물 표류기 94

늑대는 왜 개가 되었나 99

당신 몸에 얹혀사는 2킬로그램의 정체 106

똑똑한 식물의 SOS 111

헛개나무는 산양이 낳아 기른다 117

새들은 어떻게 남성을 잃어버렸나 120

세포 크기의 한계 근접한 초미니 동물 125

매머드가 멸종한 진짜 이유 131

오스트레일리아의 거대 동물은 다 어디로 갔을까 135

인류 진화의 부실 설계 139

호모사피엔스의 비약 142

세 번째 이야기_ 동물도 사람처럼 느낀다

개와 문어, 누가 더 영리할까 148

외로움은 코끼리도 말하게 한다 153

행복한 돼지는 더럽다   156

새와 기린의 장례식   160

붕어도 꽃게도 아픔을 느낀다   165

개는 하품한다, 고로 공감한다   170

화분 속, 어항 속 그들은 즐거울까   173

잡아먹히느냐 사느냐, 먹이동물들의 스트레스   176

슬픈 동물원   182

사람과 동물이 다르다는 당신에게   187

네 번째 이야기_ 사람이 바꾸는 자연

샥스핀의 저주   192

고래사냥 잔혹사   197

곰팡이의 습격   201

매운탕 속 대구가 작아지는 이유   205

왜소한 자연 부른 큰 놈부터 잡아라   210

식인 사자를 위한 변명   213

입으로 새끼 낳는 개구리, 그리고 멸종과 복원   217

홍적세 다음 인류세를 아십니까   221

다섯 번째 이야기_ 자연과 더불어 사는 미래

아마존은 원시림이 아니다   226

산불이 부른 희귀나비   232

황소개구리는 악당? 외래종의 정치학 236

비둘기는 스스로 인간에게 왔다 243

코끼리와 함께 살아가는 방법 247

넓적부리도요의 부활 251

곤충, 뜻밖의 식량자원 255

농촌보다 도시의 자연이 더 풍성한 까닭 258

인류의 미래, 세상의 모든 종자 262

여섯 번째 이야기_ 이야기를 품은 우리나라의 숲

양떼가 만든 지리산 바래봉 산철쭉 군락 268

대나무의 역설, 부산 기장 아홉산숲 275

지뢰밭이 지킨 평화의 숲, 철원 소이산 281

보부상 노래 깃든 울진 금강소나무숲길 286

황무지를 숲으로 가꾸다, 대관령 특수조림지 292

540여 년 지켜온 숲의 바다 광릉숲 298

물길 바람길 다스리는 나무 병풍 마을숲 303

천년숲 제주 비자림, 인간의 보살핌은 약일까 독일까 309

숲은 왕늘이 노니는 송뇌숲 315

300년간 모래바람 막아준 해안솔밭, 관매도 솔숲 319

주 324

찾아보기 336

자 연 에 는   이 야 기 가   있 다

자연의 놀라운 발견

치명적 킬러,
갈기쥐와 딱정벌레

에티오피아, 소말리아 등 동아프리카에만 사는 갈기쥐는 쥐 같아 보이지 않는다. 몸길이만 36센티미터에 이르고 북슬북슬한 긴 털은 고슴도치를 닮았다. 그런데 야행성에 채식을 주로 하는 이 느릿느릿한 쥐가 자신을 잡아먹는 포식자에게 오히려 공포의 대상이 된다. 경험 없는 사자나 하이에나가 접근해 관심을 보이면 갈기쥐는 얼굴을 어깨에 파묻고 머리에서 꼬리까지 이어진 긴 털로 된 갈기를 세운다. 그러고는 흰색과 검은색 띠를 두른 옆구리를 펼쳐 마치 표적처럼, 공격하라는 듯 들이댄다. 이 부위를 깨무는 것만으로도 포식자는 심장마비로 죽을 수 있다. 간신히 살아난 포식자도 다음부터는 이 쥐를 멀찍이 보는 것만으로도 질겁한다.

갈기쥐는 포유류로서는 특이하게도 치명적인 독을 지니고 있다. 이 독은 이 지역 특산 식물인 협죽도과의 아코칸테라나무에서 온다. 쥐는 이

갈기쥐는 옆구리 털에 독성물질을 저장했다가 포식자의 공격에서 스스로를 보호한다.

나무껍질을 잘근잘근 씹은 뒤 털을 핥음으로써 털에 독을 묻힌다. 이 식물의 독은 원주민들이 코끼리를 사냥하는 데 썼을 정도로 맹독성이다. 영국 옥스퍼드대 동물학자 등 연구진은 오래전부터 독성이 알려졌던 갈기쥐의 형태와 해부 구조를 연구했다.[1] 그 결과 "독성물질을 흡수하는 털과 함께, 다른 특별한 행동, 형태 및 해부학적 적응 덕분에 갈기쥐는 포유류에서는 흔히 보기 힘든 강력한 방어능력을 획득했음을 확인했다."

포유류 가운데 유럽고슴도치도 두꺼비의 독을 뾰족한 털에 묻혀 이것에 찔린 포식자를 고통스럽게 만들지만 갈기쥐가 쓰는 독처럼 치명적이지는 않다. 연구진이 주사전자현미경으로 보았더니 갈기쥐의 옆구리 털은 겉이 선인장 가시처럼 단단하지만 내부는 스펀지 구조여서 아코칸테라나무의 독물을 흡수해 저장할 수 있었다. 또한 이 독성은 단단한 털에 찔린 상처를 통해 주입되는 것이 아니라, 무는 동물의 입속 점막을 통해 바로 전달됐다. 포식자가 한 번 깨무는 것만으로도 급성 중독을 일으켜 사망에 이를 수 있다는 것이다. 그러나 모든 것이 밝혀진 것은 아니다. 갈기쥐는 침샘이 특이하게 비대한데, 여기서 나온 침이 독물의 효과적인 침투를 돕는지 여부는 앞으로 연구할 과제이다.

갈기쥐는 두개골도 매우 두꺼운 뼈로 둘러싸여 있어 마치 장갑을 두른 거북의 머리 같다. 따라서 머리를 움츠리면 완벽한 방어막이 형성된다. 잡아먹고 잡아먹히는 진화의 줄다리기가 얼마나 심했으면 이렇게 꼼꼼한 방어체계를 갖추었을까 실감할 수 있다. 하지만 아코칸테라나무의 독물을 이용하는 전문화에는 대가도 따른다. 이 나무가 사라지면 갈기쥐의 방어막도 덧없이 사라지고 만다. 그런 상황이 온다면 전문적인 방어체제를 구축하는 대신 번식에만 힘을 쓴 평범한 쥐가 부러울지도 모른다.

곤충 가운데도 갈기쥐 못지않게 무서운 녀석이 있다. 두꺼비나 개구리 같은 양서류는 벌레가 접근하면 혀를 재빨리 내밀어 잡아먹는다. 양서류와 곤충은 오랜 진화과정에서 맺은 포식자-피식자의 관계이다. 그런데 이 관계가 역전돼 피식자가 포식자를 먹기도 한다. 이스라엘에 사는 딱정벌레의 일종인 에포미스속의 딱정벌레는 애벌레일 때부터 자기보다 몸집이 훨씬 큰 양서류를 잡아먹는다. 몇 년 전 이 딱정벌레의 독특한 습성을 처음 보고한 이스라엘 연구자들은 에포미스 딱정벌레가 양서류를 잡아먹는 전략을 실험실에서 상세히 관찰했다.[2]

이 딱정벌레의 애벌레는 개구리를 만나면 더듬이를 활발하게 위아래로 움직이기 시작한다. 개구리가 다가올수록 이 움직임은 커진다. 개구리가 이런 행동을 맞춤한 먹이로 파악하고 혀를 내쏘면 애벌레는 고개를

개구리를 공격하는 에포미스 딱정벌레.

숙여 그것을 피하고 오히려 가시가 달린 날카로운 집게로 개구리의 턱 밑을 붙들고 늘어진다. 개구리는 발로 이 벌레를 떼어내려고 애쓰지만 애벌레는 처음엔 개구리의 체액을 빨아먹고 이어 집게로 고기를 잘라먹어 결국 뼈만 넘겨놓는다. 벌레의 '죽음의 춤'과 가시 달린 집게는 가공할 위력을 지닌다. 연구진이 실험실에서 420마리의 애벌레와 개구리를 넣고 관찰한 결과 공격 성공률은 100퍼센트였다. 70퍼센트의 애벌레가 개구리를 공격하기에 앞서 유인하는 춤을 추었다. 춤은 유력한 포식 전략인 셈이다. 개구리는 움직이는 벌레를 본능적으로 공격한다.

실험에서 개구리 7마리는 벌레를 입에 넣는 데 성공했지만 곧 뱉어냈

첫 번째 이야기 • 자연의 놀라운 발견 |

다. 하지만 벌레는 개구리로부터 떨어지지 않아 결국 개구리를 죽음으로 몰아넣었다. 심지어 어떤 개구리는 삼켰던 애벌레를 두 시간 후에 게워 낸 다음 살펴보다가 되살아난 애벌레에게 잡아먹히기도 했다. 에포미스 속의 딱정벌레는 2종이 있으며 모두 양서류만을 먹이로 삼는다. 애벌레 뿐 아니라 성충이 돼서도 개구리 등을 잡아먹는데, 개구리의 뒤로 접근 해 등을 물어 마비시킨 뒤 먹는다. 양서류는 이 곤충의 공격을 피하는 법 을 아직 습득하지 못했는데, 이는 양서류의 먹이인 수많은 벌레 가운데 에포미스는 아주 드물기 때문이다. 이 딱정벌레의 공격행동도 방어의 한 형태로 진화했을 것으로 추정되지만 어떻게 이런 행동으로 진화했는지 는 수수께끼로 남아 있다.

물장군 수컷이
폭군 암컷과 살아가는 법

어린 시절 둠벙이나 연못에서 물고기를 잡으며 놀다가 그물에 걸린 커다란 물벌레를 보고 화들짝 놀라곤 했던 기억이 난다. 어린애 손바닥만 한 크기에 날카로운 발톱이 달린 커다란 앞발을 치켜든 모습이 위협적인 물장군이 그 주인공이다. 물장군은 몸길이 5~7센티미터로 우리나라 노린재류 가운데 가장 큰 곤충이다. 한국, 일본, 중국, 극동러시아, 동남아시아 등에 분포하는데, 동남아에서는 요깃거리에 쓰이기도 한다. 물장군은 물벌레이지만 물 밖에 알을 낳고 척추동물인 물고기와 개구리를 잡아먹는 포식성이 강한 특이한 곤충이다. 이런 포식성은 알에서 깬 직후인 애벌레 때부터 나타나며 같은 종끼리 서로 잡아먹는 동종포식도 흔히 벌어진다. 알에서 깬 애벌레의 약 10퍼센트가 형제의 입속에서 사라진다.

무엇보다 물장군은 수면 밖으로 자란 나뭇가지나 식물 줄기에 암컷이 알을 낳으면 깰 때까지는 수컷이 돌보는, 부성애가 지극한 곤충으로 유명하다. 일본의 국제적 물장군 연구자는 1995년 물장군 수컷의 이런 부성애는 암컷의 '유아 살해' 행동 때문에 빚어진 방어전략이라는 연구결과를 발표했다.[3] 물장군 수컷은 물 밖에 낳은 알에 주기적으로 물을 적셔준다. 이렇게 수분을 공급해주지 않은 알은 대부분 깨어나지 못한다. 그런데 약 90초면 수컷의 몸에서 흘러나온 물이 알로 스며들기에 충분한데도 수컷은 그보다 오랫동안 알 무더기에서 머문다. 물 밖에 오래 머물수록 먹이 잡는 시간이 줄어 손해일 텐데 이런 행동을 하는 이유는 뭘까.

이치카와는 실험 끝에 암컷이 알을 먹어버리는 행동과 관련이 있다는 주장을 폈다. 애초 물장군의 암수 비율은 비슷하지만 수컷은 약 10일이 걸리는 부화기간 동안 알에 묶여 있기 때문에 짝짓기에 나선 암컷이 수컷보다 사실상 수가 더 많은 효과가 난다는 것이다. 따라서 암컷은 다른 암컷이 낳은 알을 지키는 수컷을 공격해 알을 먹어치우고 자신의 알을 낳도록 하는 쪽이 유리하게 된다. 다른 새끼의 유모 구실을 하는 수컷을 자기 새끼의 유모로 만드는 전략이라는 것이다.

그러나 최근 우리나라에서 처음 물장군의 대량증식과 자연복원에 성공한 홀로세생태보존연구소 이강운 소장은 이와는 약간 다른 관찰결과를 소개했다. "6년 전 처음 물장군을 기르기 시작했을 때는 산란 뒤 암수를 함께 두는 게 좋을 거라고 생각했는데 암컷의 포식성이 너무 커서 그럴 수 없었다. 암컷은 다른 수컷의 알은 물론이고 자기가 낳은 알이나 자기 짝인 수컷도 종종 잡아먹어버렸다."

물장군은 암수가 물속에서 구애행동을 벌인 뒤 물 밖으로 나온 나뭇가지나 물풀에 올라 짝짓기를 하고 바로 알을 낳는 행동을 네댓 번 되풀이

제 몸보다 큰 버들치를 잡아먹는 어린 물장군(위)과 물장군 성충이 다른 성충을 잡아먹는 모습.

짝짓기를 한 후 알을 낳고 있는 암컷 물장군.

한다. 한 번에 70~120개씩의 알 무더기를 나무에 남긴다. 그런데 암컷은 자신의 알을 지키려는 다른 수컷을 공격하고, 이에 저항하는 수컷을 잡아먹기도 한다. 암컷은 수컷보다 몸집이 훨씬 크다. 또 자기가 낳은 알이나 짝까지 먹어치우기도 하는데, 이런 행동은 언뜻 이해가 되지 않는다. 이강운 소장은 "자기가 낳은 알이나 짝이라도 마음에 들지 않으면 없애는 행동이라고 본다. 알과 짝을 먹어 에너지를 비축했다가 더 좋은 수컷을 만나 새로 알을 낳는 게 낫다고 판단하는 것 같다"고 설명했다.

이 연구소에서 실험한 결과 물장군 1마리는 알에서 깨 어른벌레가 되기까지 올챙이와 물고기를 무려 53마리나 먹는 놀라운 포식성을 나타냈다. 물장군은 날카로운 앞다리로 먹이를 붙잡은 뒤 입에 난 침으로 독물을 주입해 상대를 마비시킨 뒤 다시 효소를 집어넣어 소화된 체액을 빨아먹는다.

물장군은 동족 말고는 적이 없을 것 같은 강력한 포식자이면서도 현재 멸종위기종 2급으로 지정되었다. 둠벙, 연못, 논 등 습지가 사라진 것이 무엇보다 중요한 요인이다. 여기에 로드킬이 치명타를 가했다. 이 소장은 "야행성인 물장군은 불빛을 보고 날아드는데 날개의 크기가 몸에 비해 작아 서식지로 돌아가지 못하고 가로등 밑 등에서 차에 치여 죽는 사례가 많다"고 설명했다. 서식지 주변에 있는 야간 테니스장, 음식점 등 불빛이 밝은 시설은 물장군에게 '죽음의 함정'이 되는 것이다. 최근 물장군의 인공증식과 서식지 복원이 활발히 추진되고 있는 데는 이런 사연이 있다.

모기는 왜 **배 터지게**
피를 빨까

모기에게 피를 빠는 일은 목숨을 거는 행위이다. 먹지 않으면 자손을 낳을 수 없고 너무 오래 끌다가는 숙주의 손바닥이나 꼬리에 맞아 압사할 수 있다. 그래서 기회가 왔을 때 재빨리 잔뜩 흡혈하는 것이 최선의 전략이다. 배가 붉게 물들도록 포식한 모기가 혈액방울을 꽁무니에 매단 모습은 '배가 터지도록 먹는' 그런 전략의 결과로 여겨졌다. 그런데 이런 통설을 정면으로 뒤집는 연구결과가 나왔다. 피를 빨며 혈액을 배설하는 행위는 욕심이 아니라 온도를 조절하기 위한 행동이라는 것이다.

프랑스 곤충학자들은 말라리아를 일으키는 얼룩날개모기가 흡혈 도중 꽁무니로 신선한 혈액이 들어 있는 액체를 배출하는 현상을 적외선 촬영을 이용해 분석했다.[4] 그랬더니 온혈동물의 피를 빨면서 급상승하던 체온은 꽁무니에 붉은 액체방울을 매달면서 2도가량 떨어졌다. 대조적으로

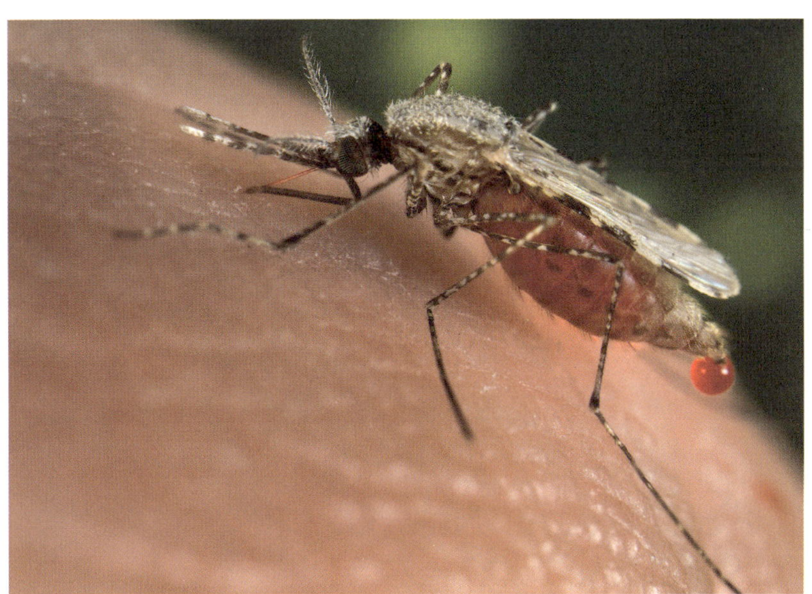

혈액과 배설물로 이뤄진 액체방울이 얼룩날개모기의 꽁무니에 달려 있다.

설탕물을 섭취하도록 한 모기한테서는 이런 체온 감소가 나타나지 않았다. 목숨을 걸고 마신 피를 배설할 만큼 체온조절이 중요한 이유는 뭘까. 변온동물인 모기가 항온동물의 '뜨거운' 피를 마시는 것은 치명적 고온 스트레스를 부를 가능성이 있다. 모기 숙주의 체온은 최고 40도에 이른다. 이런 고온상태에서는 곤충의 생리기능이 일부 마비될 수 있다. 특히 흡혈곤충은 열로 먹이를 찾기 때문에, 높은 체온을 유지하면 먹이로 착각한 다른 흡혈곤충의 공격을 부를 위험도 있다.

실제로 많은 곤충들이 열 스트레스를 줄이기 위해 다양한 방법을 동원한다. 꿀벌은 꽃에서 얻은 꿀을 토해 그 증발열로 뇌의 과열을 방지한다.

진딧물은 항문으로 즙을 분비함으로써, 나방은 주둥이 관에 들어 있는 액체를 배출함으로써 각각 배와 머리의 온도를 낮춘다. 곤충은 꿀, 수액, 수분, 오줌, 혈액 등을 배출한 뒤 거기서 발생하는 열전도와 증발을 통해 체온을 2~8도 낮춘다.

모든 흡혈곤충은 숙주와의 접촉시간을 최소화하는 쪽으로 진화했다. 꾸물거릴 경우 위험이 너무 크기 때문이다. 그런데 혈액을 배출하면 배를 채우는 데 시간이 더 걸리기 때문에, 빨리 먹기와 과열 회피라는 두 충돌하는 목적을 달성하기 위한 타협을 해야 한다. 연구진은 오줌만이 아니라 혈액도 함께 배출함으로써 액체방울의 크기를 빨리 키워 증발이 일어나는 표면적을 넓히고, 아마도 액체방울의 표면 특성을 변화시켜 꽁무니에 매달려 있는 시간을 늘리는 것으로 추정했다.

흔히 말라리아를 옮기는 얼룩날개모기를 다른 모기와 구분하는 요령으로 앉을 때 꽁무니를 공중으로 추켜올리는 행동을 꼽는다. 그런데 이런 행동도 혈액을 배출하는 것과 관련해 설명이 가능하다. 꽁무니를 위로 들어올려야 혈액방울을 숙주의 피부에서 멀리 떨어진 공기 속에 드러내 냉각을 촉진하고 혈액이 피부에 닿아 꽁무니에서 떨어지는 것을 피하기 쉽기 때문이다.

연구진은 또 혈액 배출이 배를 채운 모기가 비행을 위해 체중을 줄이려는 의도와도 관련이 있을 것으로 추정했다. 흥미로운 건, 얼룩날개모기의 이런 행동이 모기 몸속의 말라리아 병원충을 위한 것이기도 하다는 관찰이다. 모기는 다른 동물을 숙주로 삼지만, 모기 스스로가 기생충의 숙주이기도 한 것이다. 모기의 배 속에서 발생한 말라리아 병원충이 모기의 침샘으로 향하는 단계에서 30도 이상의 고온은 치명적이다. 따라서 애써 먹은 피를 배출하는 행동의 깊은 뿌리 속에는 말라리아를 옮기는 병원충의 명령이 자리 잡고 있다.

　모기가 너무 욕심이 많아 배가 터지도록 먹고 그 자리에서 배설한다고 생각했다면, 모기와 그 속의 기생충을 너무 얕잡아 본 것이다.

벌레잡이식물의
새로운 **식충 전략**

　　브라질에서 아마존 열대우림에 이어 가장 넓은 면적을 차지하는 생태계는 '세라도Cerrado'라 불리는 열대 사바나 지역이다. 건기와 우기가 뚜렷한 이곳은 세계에서 생물다양성이 높은 '핫스팟' 34곳의 하나일 정도로 독특한 생물상을 보유하고 있다.

　　과학자들은 2000년 이곳에서 '필콕시아Philcoxia'라는 질경이과의 새로운 식물 무리를 발견했다. 이 식물은 해가 잘 드는 모래밭에서 자라는데, 잎 모양이나 잎 표면의 끈끈이가 벌레잡이식물과 비슷했지만 벌레를 잡아먹는 모습이나 그 잔해 등은 전혀 발견되지 않았다. 일반적으로 벌레잡이식물은 질소, 인 등 식물 생장에 필수적인 영양분이 토양에 부족할 때 곤충 등을 잡아먹는 방식으로 보충하는데, 전체 식물의 0.2퍼센트만이 여기에 해당한다. 2007년에는 미국과 브라질의 식물학자들이 이 식물의 잎에 선충이 들러붙은 모습을 발견했지만 벌레잡이식물인지 여부는

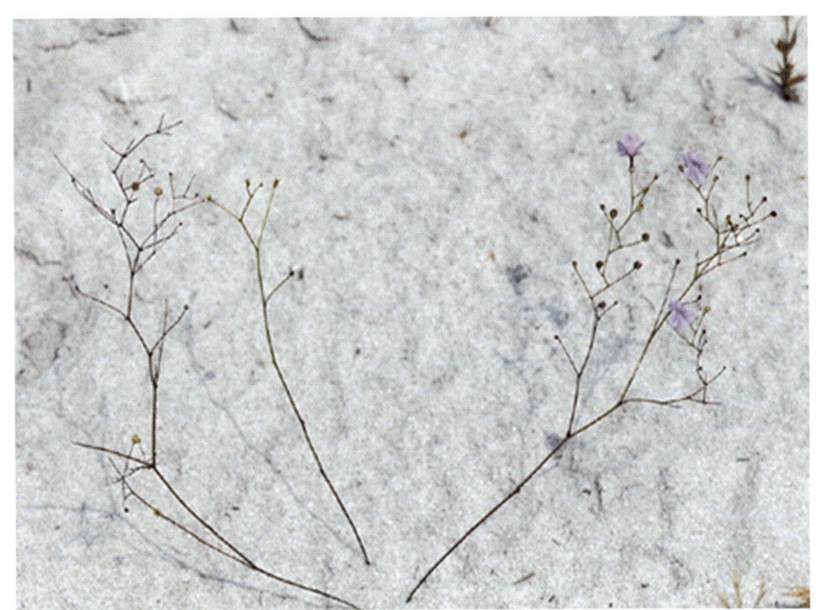

땅속 벌레잡이식물 필콕시아의 지상 모습. 해가 잘 드는 모래밭에서 자란다.

확실하게 규명되지 않았다. 2012년 마침내 필콕시아가 벌레잡이식물임을 밝히는 뜻밖의 증거가 나왔다. 이 식물은 '땅속'에서 벌레를 잡는다는 사실이 밝혀진 것이었다.

그전까지 발견된 벌레잡이식물은 모두 땅 위에서 포식활동을 하며 끈끈이, 물웅덩이 함정, 덫 등 다양한 방식으로 벌레를 잡았다. 땅속 벌레잡이식물이 존재한다는 사실을 최초로 보고한 브라질과 미국 연구자들은 이 식물이 척박한 바위투성이 환경에서 부족한 영양분을 보충하기 위해 땅속에 많이 서식하는 작은 동물인 선충을 먹이로 삼는 쪽으로 진화했을 것으로 보았다.[5] 이런 목적에서 광합성을 하는 소중한 기관인 잎을 땅속에 밀어넣어 선충을 잡는 덫으로 사용하게 된 것이다. 끈적끈적한 땅속 잎 표면에서는 '포스파타제Phosphatase'라는 효소가 분비돼 옆을 지나가다 들러붙는 선충을 소화시킨다. 하지만 연구자들은 이 식물이 선충을 어떻게 유인하는지, 또 선충을 죽이는 것이 끈끈이인지 아니면 다른 독성물질인지는 밝히지 못했다.

이 연구로 영양분이 매우 결핍한 환경인 세라도와 같은 곳에서 우리가 이제껏 몰랐던 새로운 영양섭취 전략을 진화시킨 식물이 있음이 분명해졌다. 자연에서 결핍은 종종 창의력의 원동력이다. 척박하고 힘든 환경에는 그곳에 근근이 적응한 경이로운 생물이 많다. 풍요롭고 순조로운 환경에는 평범한 몇 종의 강자가 판치는 것과 대조적이다. 자연의 이런 역설이 인간 사회에도 적용될까?

고도 1만 미터는
미생물 세상

국제선 여객기를 타고 장시간 비행하면서 창밖을 물끄러미 내다보노라면 엉뚱한 상상이 들기도 한다. 끝없이 펼쳐진 구름 사이로 새가 날아다닌다면…… 하지만 1만 미터 상공까지 올라올 새는 없다. 대류권에선 고도가 1,000미터 상승할 때마다 기온이 6.5도 떨어진다. 그러니 여객기가 다니는 고도라면 영하 40~50도는 될 터이다. 게다가 강한 자외선이 내리쬐고 산소는 희박한 반면 오존과 같은 강력한 산화물이 많아서 생물이 살 곳이 못 된다. 얼마 전까진 누구나 그렇게 믿었다.

미국 조지아 공대와 미항공우주국NASA 과학자들은 2010년 특별한 실험을 했다. 대형 여객기를 타고 멕시코 만과 미국 본토 상공을 비행하면서 허리케인이 오기 전과 도중, 그리고 이후의 공기를 채취해 그 속의 미생물을 조사했다.[6] 그랬더니 놀라운 결과가 나왔다. 1만 미터 상공의 고공에도 미생물이 번창하고 있었던 것이다. 여객기 창밖에 새는 없어도 눈에 보이지 않는 박테리아, 즉 세균은 무수히 날아다닌다.

장거리 비행을 하는 동물은 많다. 철새는 대표적인 예인데, 극단적인 여행자인 큰뒷부리도요는 알래스카에서 뉴질랜드까지 태평양을 가로지르는 1만 2,000킬로미터를 8~9일 동안 아무것도 먹지 않고 비행한다. 이동고도는 세균에는 미치지 않지만 3,000미터로 꽤 높다. 곤충 가운데도 장거리 이동의 선수가 적지 않다. 유명한 제왕나비는 멕시코에서 캐나다까지 왕복한다. 곤충은 새보다 이동고도가 낮은 반면 개체수는 많다. 영국 과학자가 아프리카에서 지중해를 건너 영국으로 이동하는 밤나방과의 나방을 조사했더니 그 수가 1,000만에서 2억 4,000만 마리에 이르렀다고 한다. 잠자리도 9,000킬로미터 떨어진 인도와 아프리카 서식지 사이를 계절풍을 타고 이동하는데, 때론 600~800킬로미터 거리의 바다를 하루 만에 건너기도 한다.

미국 연구진이 찾아낸 고공의 미생물은 이런 새와 곤충에 견줘 훨씬 높은 고도까지 열대폭풍의 힘을 빌려 이동하며, 무엇보다 이들이 기후와 기상변화에 영향을 끼칠 가능성이 크다는 점에서 관심을 모은다. 연구진은 필터로 거른 공기 샘플에서 314종의 세균을 확인했는데, 바다 상공에서는 폭풍에 쓸려온 해양 세균이 많았던 반면 도시 인구밀집 지역 상공에선 대장균과 연쇄상구균이 다수 들어 있었다. 다음 연구에서 이들이 병원균인지가 확인된다면, 세계 보건학자들은 철새에 이어 태풍 등 열대폭풍에 의한 질병 확산을 고려해야 할 것이다.

고공 미생물의 농도는 매우 높아 지상에서 가까운 대기 속에서보다 훨씬 높았고, 채집한 입자의 20퍼센트가 세균이었다. 공기 1세제곱미터에 무려 15만 마리의 세균이 들어 있었고, 게다가 검출된 세포의 60~100퍼센트가 살아 있었다. 연구진은 이들이 지상으로 떨어지기까지 적어도 며칠 동안은 대기권 상층부에 머물 것으로 추정했다. 고공 세균 가운데 가장 널리 분포한 세균은 대기 속에서 얼음이나 구름을 형성하는 씨앗 구실을 하는 종류였다. 먼지가 거의 없는 대류권 상층에서 세균이 강우와 기후를 좌우할 가능성이 제시된 것이다.

그러니 1만 미터 상공에서 기내식을 먹으며 비행한다고 우쭐할 것은 없다. 창밖 구름 속에서 세균들은 고층 대류권의 화학반응에서 생긴 유기물질을 먹으며 너끈히 살아가고 있으니.

파브르도 몰랐던
거미가 거미줄에 **안 걸리는** 이유

동물의 행동 가운데는 너무나 당연해서 어떻게 그럴 수 있는지 아무도 묻지 않는 것들이 있다. 이를테면 거미는 왜 제가 친 거미줄에 걸리지 않을까 하는 질문이 그렇다. 아이가 이런 질문을 해오면 갑자기 말문이 막히거나 엉터리 답변을 하게 된다. 뻔한 질문이지만 답은 간단하지 않다.

거미줄에 관해 처음으로 해답을 제시한 이는 장 앙리 파브르Jean Henri Fabre였다. 지금부터 약 100년 전 파브르는 《거미의 삶La vie des araignées》이라는 책에서 거미가 제 거미줄에 걸리지 않는 까닭은 입에 있는 분비샘에서 접착을 방지하는 기름을 분비하는데, 이것을 다리에 묻히기 때문이라고 설명했다. 대가의 이런 설명을 관찰과 실험을 통해 재현해보려는 시도는 한 세기가 지나도록 거의 없었다. 요즘도 이렇게 적혀 있는 어린이 과학책이 적지 않다. 1990년대에 와서야 기름을 분비하는 게 아니라는 새로운 주장이 나왔다. 거미줄에는 *끈끈이*가 없는 세로줄(원형 거미줄에서 중앙을 가로지르는 직선들)과 들러붙는 가로줄(세로줄 사이를 연결하는 원형 줄)이 있는데 거미는 들러붙지 않는 줄만을 딛고 이동한다는 설명이었다.

그런데 코스타리카에 있는 스미스소니언 열대연구소 과학자들은 비디오카메라를 이용한 면밀한 관찰과 실험을 통해 파브르는 물론 최근의 연구결과도 사실과 다르다는 것을 알아냈다.[7] 거미는 완성된 거미줄에서는 *끈끈하지 않은* 줄을 따라다니지만 새로 거미줄을 치거나 먹이를 잡을 때는 *끈끈이*를 피할 수 없다. 거미줄을 하나 칠 때 거미는 1,000~1,500번이나 *끈끈한* 줄을 딛는 것으로 나타났다. 그러면서 거미줄에 들러붙지 않는 비결은 무엇보다 발에 빽빽하게 난 가늘고 빳빳한 강한 털에 있었다. 이 털은 점액과의 마찰 면적을 최소한으로 줄여 *끈끈이*가 다리에 묻

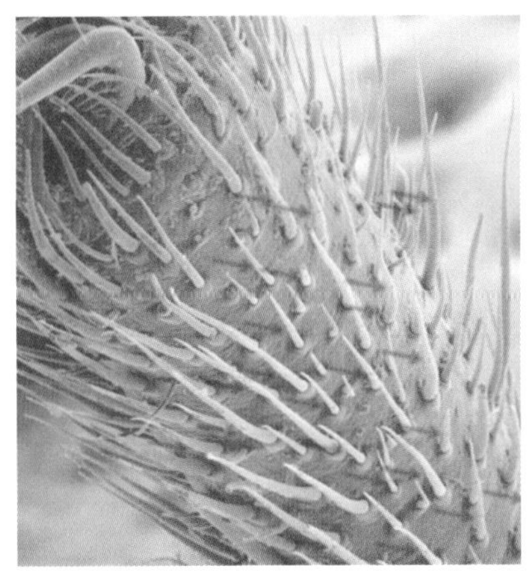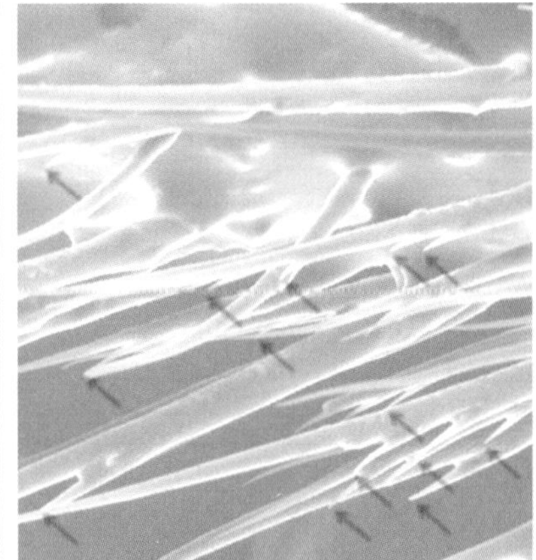

무당거미 일종의 다리 확대 사진. 가늘고 억센 강모가 빽빽하게 나 있다(왼쪽).
끈끈한 거미줄을 400번 반복해 묻혔는데도 강모에 가지가 나 있어 점액이 흘러내리는 것을 막아준다.

는 것을 막아주는데, 기발하게도 털 중간에 가지가 나 있어 점액이 흘러
내리는 것을 방지한다. 이런 장치 이외에도 거미는 털에 붙은 *끈끈이*가
떨어지도록 거미줄에서 발을 조심스럽게 빼는 모습을 보였고, 몸 표면에
는 점착을 막는 화학물질층을 지니고 있는 것으로 드러났다.

　제 거미줄에 걸릴까봐 조심하는 거미의 모습은 좀 슬퍼 보인다. 그 오
랜 진화과정에서 기발한 방법 하나 찾지 못하고 기껏 *끈끈이*가 덜 묻는
장치를 털에 붙이고 있단 말인가. 하지만 어쩌랴. 진화란 창조가 아니라
재활용과 시행착오의 반복인 것을.

별자리 보고
에어컨 굴리는 쇠똥구리

뉴질랜드 원주민인 마오리족이 약 1,000년 전 뉴질랜드를 발견하게 된 건 도요새 덕분이라고 알려져 있다. 해마다 비슷한 무렵 새떼가 하늘을 가로질러 어딘가로 향하는데, 그 새의 다리엔 물갈퀴가 없어 바다에 내려앉을 수 없으니 멀지 않은 곳에 육지가 있을 것으로 짐작했던 것이다. 사실 이 큰뒷부리도요가 알래스카에서 뉴질랜드까지 쉬지 않고 날아가는 엄청난 여행자라는 사실을 알았다면 그들은 그 새를 따라가는 무모한 일은 하지 않았을 것이디. 디행히 이 도요새들은 이미 착륙지점 가까이 도달해 비행고도를 낮추는 바람에 사람 눈에 띈 것이었다.

밤낮을 가리지 않고 나는 이 새가 길을 잃지 않도록 한 것은 바로 별이었다. 밤에는 해가 없고, 달도 늘 떠 있지는 않는다. 별은 달도 없는 어두운 밤하늘에서 새들의 길잡이 노릇을 해주었다. 별 또는 별자리를 이용해 밤길을 찾는 동물로는 사람과 새 말고 물개가 있는데, 최근 여기에 한 동물이 추가됐다. 아프리카에 사는 쇠똥구리가 그 주인공이다.

아프리카에는 약 2,000종의 쇠똥구리가 산다. 자연 다큐멘터리 영화를 보면 아프리카의 초원에서는 거대한 누, 영양, 얼룩말 등의 무리가 풀을 뜯고 또 배설한다. 그 많은 초식동물이 배설하는데 초원이 똥 천지가 되지 않는 비결이 바로 똥에 굶주린 수많은 쇠똥구리에 있다. 케냐 크루거 국립공원에서는 코끼리 똥 한 무더기에서 무려 7,000마리의 쇠똥구리가 발견되기도 했다. 이렇게 경쟁이 치열하니 쇠똥구리로서는 똥 무더기를 발견한 다음 적당한 크기로 잘라내 재빨리 멀리 굴려가는 게 중요하다. 늑장을 부리다가는 다른 쇠똥구리한테 소중한 경단을 빼앗길지 모르기 때문이다. 그래서 쇠똥구리는 똥 무더기에서 먼 방향으로 직선을 따라서 경단을 굴린다. 이 작업은 밤낮이 없는데, 낮에는 해를 보고 방향을 잡는다지만 밤에는 무얼 보고 굴려갈까.

스웨덴 룬드 대학 연구자들은 남아프리카 쇠똥구리의 이런 행동을 서식지와 비슷한 실험장치를 만들어 연구했다.[8] 한가운데 똥 무더기가 있는 반지름 120센티미터인 실험장치에서 쇠똥구리가 경단을 굴려가도록 했다. 별밤에 풀어놓은 쇠똥구리는 208센티미터 길이의 경로를 그리며 실험장치의 가장자리에 도달했다. 그런데 별을 볼 수 없도록 고안된 모자를 씌운 쇠똥구리는 방향을 잘 잡지 못하고 구불구불한 477센티미터 길이의 경로를 그리며 가장자리에 닿았다. 밤하늘을 쳐다볼 수 있는 것이 신속하게 경단을 굴려가는 데 매우 중요하다는 사실이 드러났다. 경단을 가장자리까지 굴리는 데 걸리는 시간은 보름달이 떴을 때 21초였지만 별밤일 때는 40초, 하늘을 쳐다보지 못하게 했을 때는 125초였다.

별빛을 보고
직선 경로를 찾는 쇠똥구리.

그런데 이 곤충이 길잡이로 삼는 것은 밤하늘의 어떤 별일까. 남십자
성이나 전갈자리의 안타레스가 밝은 별이긴 하지만 쇠똥구리의 작은 겹
눈으로 별 하나하나의 위치를 파악하기는 힘들다. 따라서 밤하늘의 가장
큰 무늬, 곧 은하수가 흐르는 큰 패턴의 변화를 위치변화의 기준으로 삼
는 것 아니냐는 가설이 나왔다. 이를 증명하기 위해 사바나의 쇠똥구리
는 남아공의 수도 요하네스버그로 여행을 나섰다. 이곳에 있는 천문관(플

첫 번째 이야기 • 자연의 놀라운 발견

라네타륨)은 돔 모양의 천장에 은하수를 비롯해 많은 별들이 반짝이도록 설치돼 있고 이를 자유자재로 조절할 수 있다. 이곳에서 다른 별들은 다 있고 은하수만 보이지 않도록 한 상황에서 쇠똥구리는 길을 찾지 못하고 헤맸다. 여기서 연구자들은 쇠똥구리의 길잡이가 은하수라는 확신을 얻을 수 있었다.

룬드대 연구진은 이전 연구에서도 다른 어떤 동물에게서도 발견되지 않은 쇠똥구리만의 놀라운 능력을 보고한 적이 있다.[9] 바로 '이동식 에어컨'을 가지고 다닌다는 사실이다. 이 쇠똥구리가 사는 남아프리카의 사바나는 매우 덥다. 땡볕 아래에서 온도는 57도에 이르고 그늘에서도 51도이다. 이런 고온에서는 웬만한 동물은 활동을 멈춘다. 그러지 않으면 과열상태로 치달아 치명적 손상을 입을 수 있기 때문이다. 그런데 쇠똥구리는 이런 열파 속에서도 묵묵히 경단을 굴린다.

연구자들은 여기에 무슨 비결이 숨어 있는지 궁금했다. 잘 관찰해보니, 쇠똥구리는 더울수록 더 자주 경단 위로 기어올라갔다. 기온이 50도 이하이면 부지런히 경단만 굴린다. 하지만 그보다 더워지면 경단 위로 올라간 다음 앞다리로 반복해 입 주변을 쓰다듬는 행동을 했다. 이어 경단 위에서 일명 '방향잡기 춤'을 추었다. 앞다리로 단지 입을 만지는 것이 아니었다. 액체를 게워낸 다음 앞다리를 이용해 이것을 머리에 문지르는 행동을 했다. 수분의 증발열로 몸을 식히는 것이었다. 적외선 카메라를 이용해 관찰하니 좀 더 분명해졌다. 뜨거운 모래 위로 경단을 굴리기 시작하면 쇠똥구리 앞다리의 온도는 곧 상승했다. 그러면 경단 위로 올라가 몸을 식혔다. 땡볕 아래에서 쇠똥구리는 5.8초마다 경단 위로 기어올라갔고, 그늘진 곳에선 그 간격이 18.3초였다. 경단 위로 올라가면

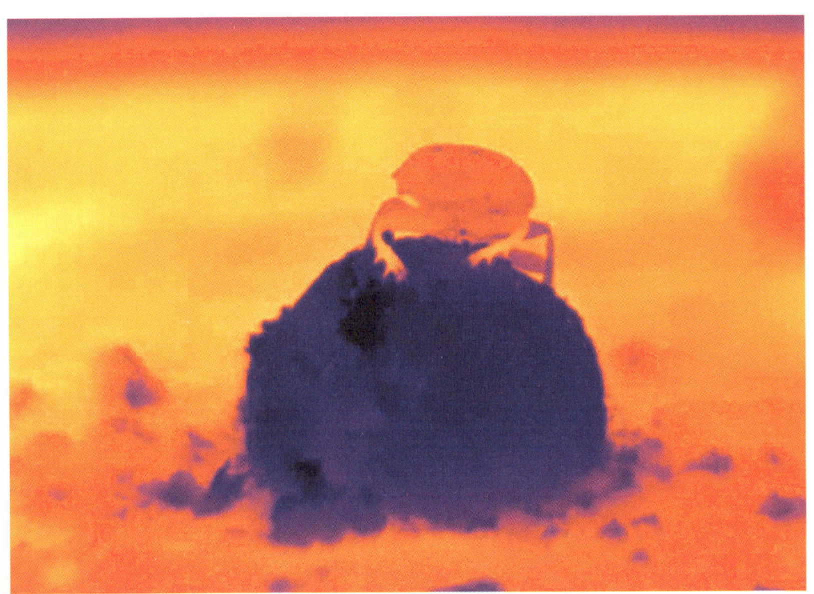

배설물 경단 위에 오른 쇠똥구리의 적외선 사진. 푸른색이 낮은 온도, 붉은색은 높은 온도를 가리킨다.

10초도 안 돼 쇠똥구리의 체온이 7도가량 떨어졌다.

경단 자체도 온도를 떨어뜨리는 데 기여했다. 직경 3~4센티미터에 지나지 않지만 경단은 땅바닥에 견주면 고도가 높아 공기의 흐름이 더 좋다. 따라서 경단 위로 올라서는 것만으로도 쇠똥구리는 '시원한 바람'을 느낄 수 있다. 무엇보다 갓 배설된 똥으로 빚은 경단에는 습기가 많다. 증발열 때문에 경단의 온도는 주변보다 훨씬 낮은 31.8도에 지나지 않았다. 그래서 쇠똥구리는 경단 위에 오르면 몸이 시원해지는 걸 느꼈을 것이다. 상대적으로 온도가 낮은 경단은 바닥 모래의 온도도 1.5도 떨어뜨린다. 그래서 물구나무를 선 채 경단을 미는 쇠똥구리는 뜨거운 모래가 조금이라도 식는 덕을 보는 것이다. 결국 쇠똥구리에게 똥 경단은 먹이이자 알을 낳는 번식지에 더해 '움직이는 에어컨' 구실을 하는 셈이다. 뜨거운 햇볕이 내리쬐는 그늘 한 점 없는 사바나의 평원에서 굴려가는 먹이 자체가 온도를 낮춰준다는 얼개는 기발하다.

광합성하는 도롱뇽의
느긋한 오후

따스한 봄볕이 내리쬐는 창가에서 법정 스님의 《무소유》를 읽다가 공상에 빠졌다. 만일 사람이 광합성을 할 수 있다면 모든 욕심이 사라질 터이니 얼마나 좋을까. 배고프면 햇빛을 쪼이는 것으로 충분하니 남의 것을 탐낼 까닭이 없다. 식물은 엽록체라는 세포가 있어 햇빛과 물 그리고 공기만 있으면 양분을 만들고 부산물로 산소를 내보낸다. 동물처럼 남의 몸을 먹고 배설물을 내보낼 필요도 없다. 머리 위에 이파리까지 돋을 것도 없이 그저 피부가 초록빛으로 물들어 광합성을 한다면 다른 생명을 하나도 죽이지 않고도 살 텐데……

아쉽지만 공상과학 영화나 만화가 아니라면 그런 일은 불가능하다. 식물은 햇빛을 이용해 양분을 만들고, 동물은 스스로 양분을 만들지 못해 식물이나 다른 동물을 먹는다. 그렇지만 동물이 내보낸 배설물을 미생물과 곰팡이 등이 분해해 식물에게 필요한 영양소로 바꾸어놓는다. 이것이

생물학 교과서가 가르치는 자연계의 가장 중요한 먹이순환 법칙이다. 하지만 복잡한 자연 생태계를 그런 단순한 법칙으로 모두 설명할 수는 없다. 오래전부터 산호와 해면 등의 동물은 광합성을 한다는 사실이 알려져 있었다. 정확히 말한다면 산호가 광합성을 하는 게 아니라 산호 안의 광합성을 하는 조류와 공생하는 것이다. 그런데 최근 과학자들은 고등생물에서, 그것도 식물과의 공생 때문에 광합성을 하는 것처럼 보이는 게 아니라 진짜 광합성을 하는 사례를 연이어 보고하고 있다.

북아메리카에 사는 점박이무늬도롱뇽이 그 주인공이다. 이 도롱뇽이 웅덩이에 알을 낳으면 몇 시간도 안 돼 알 주변에 녹조류가 자란다. 녹조류가 많이 자라는 곳일수록 도롱뇽의 생존율이 높았는데, 과거 과학자들은 조류가 내보내는 산소를 도롱뇽이 활용하고 조류는 도롱뇽의 배설물을 양분으로 이용한다고 이해했다. 그런데 2011년 이 도롱뇽의 알 속에 녹조류가 들어 있는 것이 발견되었다.[10] 식물이 도롱뇽의 세포 속에 들어 있었던 것이다. 미국 펜실베이니아 대학 연구자들은 도롱뇽 알 세포 속

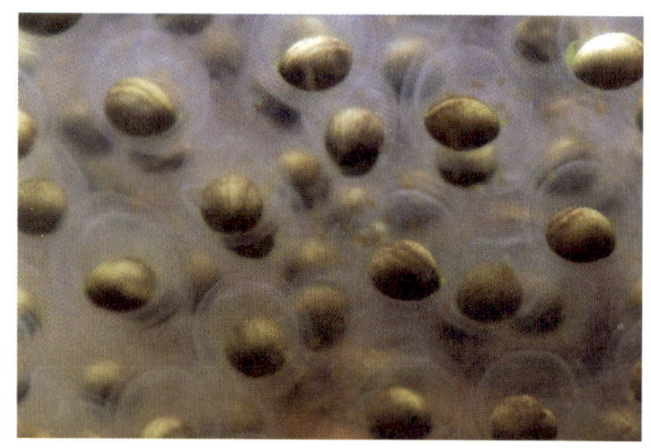

점박이무늬도롱뇽 알.
조류가 알 속에서 자라고 있다.

의 조류가 광합성을 통해 산소뿐 아니라 영양분인 탄소를 제공한다는 사실을 발견했다. 이 척추동물은 광합성을 하는 조류와 단지 함께 사는 것이 아니라 조류를 세포 속에 받아들여 하나의 생명체를 이룬 것이다. 물론 도롱뇽이 이 조류에 전적으로 의지하는 것은 아니지만 조류가 도롱뇽 알의 생존에 크게 기여하는 것은 분명하다. 동물의 몸속에 식물이 있으니, 식물과 동물의 경계는 이렇듯 흐려지기도 한다.

척추동물은 아니지만 햇빛을 적극 이용하는 곤충도 있다. 남서아시아와 아프리카 북동부, 유럽 남동부에 서식하는 말벌의 일종은 등에 '태양전지판'을 지고 다닌다. 물론 우리에게 익숙한 실리콘으로 만든 패널은 아니다. 이 말벌은 땅속에 집을 짓고 사는데 다른 말벌이 아침나절에 활발한 데 비해 이 말벌은 정오께 가장 왕성하게 활동한다. 이를 궁금하게 여긴 이스라엘 텔아비브 대학 과학자들은 이 말벌의 배를 두른 노란색 띠에 주목했다. 이 무늬는 독침을 조심하라는 경계 표시이기도 하지만 햇빛을 최대한 받아들이도록 정교한 얼개로 되어 있음이 드러났다. 연구자들은 이 말벌이 '태양전지판'에서 얻는 미세한 전기를 이용해 효소를 활성화하거나 체온을 보정하는 것으로 추정했다.

한편 진딧물은 가장 식물에 가까운 곤충일지도 모른다. 식물에 널리 분포하는 '카로티노이드Carotinoid'라는 색소가 있다. 광합성을 돕는 구실을 하는데 당근에 많이 들어 있는 것으로 잘 알려져 있다. 그런데 신기하게도 진딧물은 곤충 가운데 유일하게 이 색소를 생산하는 유전자를 갖고 있다. 이 유전자는 곰팡이의 것인데 진딧물에게로 옮겨온 것이다. 유전자는 종종 종의 장벽을 뛰어넘어 이 생물에서 저 생물로 옮겨다니기도 한다. 진딧물은 왜 이런 식물 색소를 갖게 됐을까? 보통 동물들은 먹이를 통해 카로티노이드를 섭취한다. 그러나 진딧물은 이런 거추장스러운 과정을 거치지 않고 아예 몸속에 카로티노이드 합성 유전자를 갖추고 직접 만들기로 한 것이다. 프랑스 니스 대학 연구자들은 진딧물 속의 이 색소가 빛을 받았을 때 아데노신삼인산ATP이라는 세포용 에너지원을 생산하는 기능을 한다는 사실을 밝혀냈다.[11] 이 과정은 바로 식물의 광합성에서 일어나는 일이다.

식물의 광합성 유전자를 가로챈 또 다른 사례도 있다. 미국 쪽 대서양에 서식하는 갯민숭달팽이의 일종이 그것인데, 이 연체동물은 광합성을 하는 조류를 먹이로 삼는다. 그런데 먹은 조류 속 엽록체는 소화시키지 않고 소화관 옆의 세포로 보내 광합성을 한다. 그래서 이 달팽이의 몸은 초록빛이다. 게다가 이 달팽이는 유전자 속에 먹이인 조류의 엽록체 유전자를 가지고 있다. 갯민숭달팽이가 조류의 유전자를 훔친 것이다.

사람은 물속에 알을 낳지도 않고, 피부가 곤충처럼 큐티클층으로 이뤄져 있지도 않다. 게다가 조류를 먹지도 않으니 조류의 광합성 유전자가 우리 몸으로 옮겨올 가능성은 없다. 요즘 과학자들이 한창 연구하고 있는 것은 인공 광합성이다. 나뭇잎에서 일어나는 화학반응을 흉내 내 햇빛으로 '밥'을 만들자는 것이다. 하지만 정원의 개나리 잎사귀의 효율에 미치려면 갈 길이 멀다. 우리는 식물을 모방하려 들면서도 탐욕을 버리지 않는다. 식물은 아낌없이 주는 존재 아니던가.

먹혀야 산다.
씨앗부터 달팽이까지

아마존 강 유역에서는 홍수기마다 한반도보다 넓은 면적이 반년 이상 물에 잠긴다. 그런데 아마존 강변의 이 습지에 열대 칡 등의 나무로 이루어진 숲이 있다. 이 독특한 숲은 열매를 먹어 씨앗을 퍼뜨리는 물고기가 없다면 존재하지 못했을 것이다. 미국 듀크대 연구진은 포유류, 조류에 이어 어류가 식물의 씨앗 확산에 결정적 구실을 한다는 사실을 밝혔다.[12] 과학자들은 아마존 강 지류인 페루 파카야 사미리아 자연보호구역에서 열매를 먹는 대형 이종인 탐비키 채니에 원격통신 장치를 삽입해 3년에 걸쳐 이동거리와 씨앗 확산능력을 조사했다.

그 결과 이 물고기는 물 위에 떨어진 열매를 소화시킨 뒤 남은 씨앗을 육지의 다른 어떤 동물보다도 멀리 떨어진 곳에 배설하는 것으로 드러났다. 그 거리는 평균 337~552미터이고 최고 5.5킬로미터에 이르렀다. 탐바키 230마리의 배 속에서 22종의 나무열매 씨앗 7만 개가 온전한 채로

아마존 강에서 씨앗을 확산시키는 담수어 탐바키.

발견되었다. 마리당 평균 300여 개의 씨앗이 들어 있는 셈이다. 이는 종전까지 장거리 씨앗매개동물로 꼽히던 아프리카코뿔새와 인도코끼리의 기록을 넘어서는 것이었다. 게다가 물고기에 의한 씨앗 확산은 육지에서보다 매우 효율이 높아 씨앗의 90퍼센트가 싹이 틀 수 있는 곳에 안착하는 것으로 밝혀졌다.

홍수가 나 숲이 물에 잠기면 나무들은 일제히 열매를 맺어 물 위에 떨어뜨린다. 탐바키 등이 열매를 먹고 난 뒤 배설한 씨앗은 물속에 가라앉는다. 범람기가 끝나 물이 빠지면 씨앗은 싹이 튼다. 씨앗을 퍼뜨리는 탐바키는 피라니아와 비슷하게 생겼으며 길이 1미터, 무게 30킬로그램까지 자라 상업적으로 중요한 어종이다. 그러나 남획으로 이 물고기는 지역에 따라 개체수가 90퍼센트까지 감소했고, 대형 개체만 포획을 허용함에 따라 평균 크기도 크게 감소했다. 연구진은 이런 남획이 아마존 습지 숲에 심각한 영향을 끼친다고 경고한다. 큰 개체일수록 많은 씨앗을 간직해 더 먼 거리에 확산하는 능력이 있기 때문이다. 탐바키는 아마존에 지난 1,500만 년 동안 살아왔으며, 아마존 숲의 유지에 기여해왔다.

열매를 먹는 물고기가 없으면 어떤 나무는 멸종할 수밖에 없다는 연구 결과도 있다. 브라질 사웅파울로 대학 마우로 갈레티Mauro Galetti 교수가 세계 최대의 담수 습지인 브라질 판타날에서 열매를 먹는 물고기인 파쿠를 대상으로 조사한 결과 습지의 타쿰야자는 씨앗 전파를 전적으로 이 물고기에 의존하는 것으로 드러났다.[13] 파쿠 역시 남획으로 감소하고 있고, 특히 씨앗을 많이 멀리 퍼뜨리는 큰 개체가 어획의 표적이 되고 있다. 갈레티 교수는 "어업이 열대림 파괴를 부르는 첫 사례"라고 말했다. 어류가 씨앗을 퍼뜨리는 구실을 한다는 사실은 아프리카 열대지역, 북아메리카, 유럽 등지에서 알려졌지만 최근의 연구로 확산거리와 그 중요성이 구체적으로 밝혀지고 있다. 열매를 먹어 씨앗을 퍼뜨리는 물고기는 100여 종에 이르는 것으로 알려졌다.

식물 열매가 매개동물에게 먹혀 널리 퍼지는 것 자체는 사실 그다지 새로울 것도 없다. 그렇지만 동물도 그런 전략을 쓴다는 사실이 밝혀졌다. 살아남기 위해 죽는 것이다. 일본 도호쿠 대학 연구진은 달팽이가 새들의 소화기관을 통과해서도 살아남는다는 사실을 확인했다.[14] 연구진은 일본 동쪽 오가사와라 제도에 있는 하하지마 섬에서 달팽이를 즐겨 먹는 동박새와 직박구리에게 달팽이를 먹인 뒤 얼마나 살아남는지 조사했다. 놀랍게도 새들에게 먹힌 달팽이 7~8마리에 1마리꼴, 평균 15퍼센트가 살아남았다. 달팽이는 새에게 먹혀 소화관을 통과하면서도 생존했으며, 1마리는 배설된 직후 새끼를 낳기도 했다.

달팽이가 비교적 먼 거리를 이동하는 것은 폭풍이나 파도에 휩쓸리거나 새의 몸에 붙어서인 것으로 알려져왔다. 그러나 비교적 단거리 이동에 새들의 소화관을 이용하는 사례는 없었다. 도호쿠 대학의 연구로 새들이 식물의 씨앗을 확산시키는 것처럼 달팽이를 퍼뜨린다는 사실이 드러났다. 실제로 연구진은 이 섬에 분포하는 달팽이가 아주 멀리 떨어진 곳에서도 유전적 변이가 크지 않은 사실을 확인했다. 무언가의 힘으로 달팽이가 확산되고 있다는 증거이다. 달팽이의 유전적 다양성과 이들을 먹이로 삼는 새의 서식밀도 사이에 상관관계가 있다는 사실이 이를 뒷받침했다.

그렇다면 어떻게 달팽이는 죽지 않고 소화관을 통과할 수 있을까. 이 달팽이는 껍데기의 평균 길이가 2밀리미터에 불과해 부리에 쪼이지 않고 통째로 삼켜질 수 있었던 것이 한 가지 비결이었다. 덩치가 큰 달팽이의 생존율은 작은 달팽이보다 떨어졌다. 또한 이 달팽이는 삼켜진 뒤 스스로 점액을 분비해 소화를 막았을 가능성이 있다. 배설된 직후 새끼를 낳은 달팽이가 있다는 것으로 미루어 소화관 통과가 출산의 신호로 작용했을 수도 있다. 만일 그렇다면 이 달팽이는 새에게 먹혀야만 잘 번식하는 동물이 되는 셈이다.

술 찾는 초파리,
꽁초 줍는 참새

고양이를 처음 키우는 사람은 전혀 몰랐던 고양이의 면모를 발견하곤 한다. 그 하나가 고양이는 생선과 고기만 밝힐 줄 알았는데 뜻밖에 풀을 좋아한다는 사실이다. 개박하(캣닙)를 먹으며 황홀경에 빠지기도 하고, 갈대처럼 표면이 거친 풀을 먹고 나서 몸단장 때 삼켰던 털 뭉치를 토해내기도 한다. 풀이 없는 겨울엔 난 같은 화초까지 넘볼 지경이다. 고양이의 이런 행동이 정확히 무엇 때문인지는 모르겠지만, 동물 세계에 널리 퍼진 '자기치료' 또는 '자가투약'의 하나가 아닐까 짐작해본다.

동물의 자기치료가 처음 알려진 건 30년 전 일이다. 동물원의 침팬지는 기생충이 증식해 장이 막히는 등 고생을 하지만 야생에서는 그런 일이 벌어지지 않는다. 일본 교토 대학 진화학자 마이클 허프먼Michael Huffman은 침팬지가 맛이 쓰고 영양가도 없으며 종종 독성이 있는 특정

식물의 즙을 빨아먹거나 억센 털이 난 잎을 씹지 않고 통째로 먹음으로써 기생충을 제거한다는 사실을 밝혔다.[15] 선충에 감염된 침팬지가 치료차 먹는 이 식물은 원주민도 약용으로 쓰는데, 통째로 먹은 잎은 소화관을 빠른 속도로 지나면서 장 속의 기생충을 긁어내 장 청소 효과를 낸다. 금세 배설되는 이 식물 잎에는 기생충이 묻어 나온다. 현명하게도 침팬지는 영양가가 많은 귀한 음식을 먹기 전에 이런 행동을 한다. 비슷한 행동이 보노보와 고릴라 등 다른 영장류에서도 관찰됐다. 꼬리감는원숭이는 노래기로 몸을 문지르곤 하는데, 이때 노래기에서 모기를 쫓는 성분이 나온다.

이런 행동은 어미나 동료를 보고 배웠을 것이다. 하지만 사고능력이 있는 동물만 자기치료를 하는 건 아니다. 참새와 되새류는 진드기의 감염을 줄이기 위해 담배꽁초를 둥지 재료로 쓴다는 조사결과가 있다.[16] 그러면 꽁초 속 니코틴이 진드기를 쫓아준다. 놀랍게도 이런 행동은 곤충 가운데도 널리 퍼져 있다. 초파리는 기생 말벌을 아주 무서워한다. 자기 새끼가 말벌의 밥이 될 수 있기 때문이다. 최근 미국 에머리 대학 과학자들은 초파리가 주변에 기생 말벌이 얼씬거리는 경우 고농도의 알코올이 있는 곳에 알을 낳는데, 이것이 자식의 안녕을 위한 행동임을 밝혔다.[17] 기생 말벌은 알코올을 싫어하지만 초파리 애벌레는 발효가 진행되는 썩은 과일에서 자라기 때문에 알코올에 잘 견딘다. 따라서 기생 말벌의 습격에 노출된 초파리 알이라도 알코올 농도가 높은 곳이라면 무사히 자라날 수 있다. 알코올이 없는 먹이와 6퍼센트 알코올이 있는 먹이를 놓은 실험에서, 기생 말벌이 없을 때는 초파리의 40퍼센트가 알코올 먹이를 골랐지만 말벌이 나타나자 그 비율은 90퍼센트로 뛰어올랐다.

아메리카 대륙의 제왕나비도 비슷한 행동을 보인다. 기생충인 원생동물에 감염된 이 나비 암컷은 알을 낳을 곳을 고를 때 매우 까다롭게 구는데, 이 나무 저 나무를 다니며 나무의 맛을 보는 것처럼 보인다. 이 나비는 기생충에 치명적인 고농도의 스테로이드 성분이 들어 있는 나무를 고르는 것으로 밝혀졌다.

꿀벌도 자기치료의 전문가이다. 꿀벌은 곰팡이에 감염되면, 보관해두었던 '프로폴리스Propolis'라는 송진 같은 식물 수지와 왁스 혼합물을 꺼내 벌통을 칠한다. 프로폴리스에는 항 곰팡이 성분이 있다. 이어 감염된 애벌레를 벌통에서 끄집어내버린다. 이런 식의 처치법은 인류도 19세기가 돼서야 알아냈다. 그런데 꿀벌의 이런 자연 방벽을 사람이 허물고 있다. 양봉가들은 프로폴리스가 끈적거려 작업에 방해가 된다며 수지를 덜 만드는 꿀벌을 선택하고 있는 것이다.

면역체계를 갖추는 건 고등동물에게 비싼 투자이다. 따라서 자기치료는 값싼 대체수단일 수 있다. 예컨대 꿀벌은 항균 수지를 만들 수 있지만 다른 곤충에 흔한 면역 유전자가 없다. 사람도 자기치료의 역사는 길다. 수많은 약초가 그 증거다. 전체 식물의 3분의 2 이상에 약용 성분이 있는 것으로 알려져 있다. 게다가 우리가 무의식적으로 하는 행동도 있을 것이다. 이름테면, 사람들은 우울한수록 초콜릿을 많이 머는다는 연구결과가 있다. 이에 대해 초콜릿의 페닐에타민 성분이 실제로 우울감을 덜어준다거나, 당 섭취로 도파민 수치가 일시적으로 증가한다는 가설이 제기되고 있다. 만약 그렇다면 이것 역시 자기치료의 일종으로 볼 수 있을 것이다. 하지만 초콜릿이 당장 기분전환엔 좋을지 몰라도 높은 칼로리 섭취가 새로운 걱정거리가 될지도 모른다는 점을 유념해야 한다.

빈대 잡는 포도대장,
강낭콩 잎

불가리아, 세르비아 등 유럽 남동부 지역의 주부들은 빈대에 물리지 않기 위해 밤중에 빈대가 들끓는 방 침대 옆에 강낭콩 잎을 펼쳐놓는다. 그러고는 이튿날 아침 빈대가 붙어 있는 콩잎을 태워버린다. 하지만 이런 전통적인 지혜는 별 관심을 모으지 못했다. 제2차 세계대전 때 나온 살충제 DDT가 훨씬 편리하고 강력한 수단이었기 때문이다. 그런데 DDT와 함께 사라졌던 빈대가 최근 세계적으로 다시 기승을 부리고 있다. 호텔은 물론 학교, 극장, 병원 등에서도 빈대가 나온다. 빈대는 야행성이고 조금만 틈이 있으면 전화기나 시계 틈바구니 등 어디에나 숨을 수 있으며, 피를 빨지 않고도 1년을 버티는 등 매우 강인한 생명력을 지녔다. 게다가 천장과 벽을 타고 이동하고, 중고가구를 이용해 장거리로 퍼지며, 번식도 빨라 최근 미국 등 선진국에서도 큰 문제가 되고 있다.

미국 과학자들은 빈대를 퇴치하기 위해 발칸 반도의 오랜 지혜를 동원

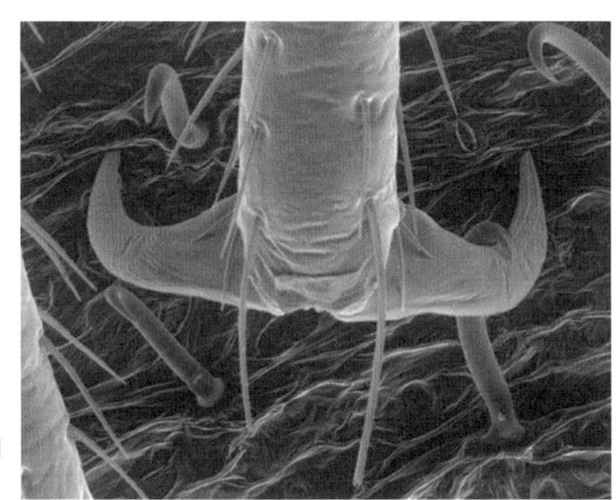

빈대 발이
콩잎의 갈고리에 걸린 모습.

하기로 했다. 이를 위해 강낭콩 잎 위에 빈대를 놓고 어떤 일이 벌어지는지 주사전자현미경으로 관찰했다. 콩과 빈대는 진화적으로 아무런 관련도 없는데도, 콩잎은 빈대를 붙잡는 놀라운 능력을 보였다. 콩잎에는 '분비모分泌毛'라는 작은 갈고리가 다닥다닥 붙어 있는데, 콩잎을 디딘 빈대의 발을 이 갈고리가 휘감거나 관통하는 모습이 확인됐다. 빈대는 콩잎에서 몇 발짝 가지도 못하고 옴쭉달싹하지 못하는 상태가 됐다.[18]

연구진은 플라스틱 재질로 이 콩잎 구조를 고스란히 본뜬 물질을 만들어 실험을 했다. 예상한 대로 빈대는 플라스틱 콩잎에 걸려들었다. 하지만 곧 빠져나왔다. 핵심적인 부분은 콩잎 갈고리의 겉모습이 아니라 내부의 무언가였다. 어쨌든 빈대를 잡는 콩잎의 놀라운 능력은 확인한 셈이다. 현대 과학기법으로 현미경 수준에서 이를 흉내 낸 물질을 만들면 살충제를 쓰지 않고도 빈대를 물리칠 수 있을 것이다. 자연을 완벽하게 따라 하기는 힘들지만 그 혜택은 어마어마하지 않은가.

개는 **동상에** 걸리지 **않는다**

       한겨울 영하의 날씨에도 개를 데리고 공원을 산책하는 사람을 쉽게 찾아볼 수 있다. 아마도 갑갑한 애완견이 보채서였을 것이다. 그런 개들은 예쁜 옷을 입기도 하고 가끔은 작은 신발을 신기도 한다. 문득 궁금해졌다. 개는 왜 발이 시리지 않을까. 개의 발은 털이나 지방층으로 덮여 있지도 않은데다 얼음처럼 찬 땅과 늘 접촉하고 있는데 말이다. 신발 신은 개는 예외적이고 대부분 맨발로 돌아다니지만 개가 동상에 걸렸다는 얘기는 들어본 적이 없다. 사실 추운 곳에서 견디기로는 개보다 황제펭귄이 윗길이다. 영하 50도의 얼음판 위에서 몇 달을 먹지도 않고 버티며, 게다가 발 위에서 알까지 부화시키는 놀라운 동물이다. 그 펭귄과 개의 발에 무슨 공통점이라도 있을까.

       일본의 수의과학자가 이런 궁금증을 풀어주는 연구결과를 내놓았다.[19] 놀랍게도 개의 발은 황제펭귄의 발과 마찬가지 원리로 추위를 이긴다는 내용이다. 게다가 이런 원리는 북극여우, 늑대 같은 개과 동물은 물론이고 고래, 물개 등 추운 곳에 사는 동물, 그리고 새와 사람 등에게도 널리 채용되어 있다고 한다. 이른바 '역방향 열 교환의 원리'이다. 한 실험실에서 기온을 영하 35도로 낮춘 뒤 털북숭이 북극여우를 풀어놓았다. 한참 지난 뒤 발의 온도를 재니 영하 1도로, 발의 조직이 손상되기 직전의 상태였다. 역방향 열 교환의 핵심은 이처럼 찬 곳과 접하는 부위의 온도를 최대한 낮게 유지하는 것이다.

조직이 유지되려면 혈액을 공급해야 한다. 그런데 심장에서 나온 더운 피를 곧바로 발로 보내면 마치 구멍난 주머니에서 물이 새어나가듯이 몸의 열은 혈액을 타고 땅바닥으로 사라져버릴 것이다. 이를 막기 위해 심장에서 온 따뜻한 피를 담은 동맥은, 차갑게 식은 피에 열을 전달해주고 어느 정도 식은 상태에서 발바닥으로 향한다. 반대로 발바닥에서 온 차가운 정맥은 동맥에서 열을 얻은 뒤 심장으로 향한다. 추운 곳에 가까운 발바닥 등은 조직이 손상되지 않을 정도의 낮은 온도를 유지하는 것이다.

이런 기발한 발명을 다른 동물이 내버려둘 리가 없다. 얼음판 위에서 느긋하게 잠을 자는 오리나 기러기도 그 수혜자이다. 비록 발은 좀 차겠지만 체온은 사람보다 높게 유지한다. 한 발로 얼음을 딛는 것은 열 손실을 절반으로 줄이는 추가 요령이고, 열이 새어나가는 통로인 부리를 깃털 속에 파묻는 것도 팁이다. 이 원리를 꼭 추운 곳에 쓰란 법도 없다. 포유류의 고환은 열에 약한 정자를 보호하기 위해 높은 체온이 고환에 전달되지 않도록 한다.

개와 펭귄에게서 배운 것은 아니지만, 산업계에서도 이런 역방향 열 교환 원리를 폭넓게 이용하고 있다. 아주 간단한 예가 패시브하우스

passive house 등 열 손실을 최소화하는 주택에서 쓰이는 기계식 열 회수장치이다. 이 장치는 방 안의 덥고 더러운 공기를 내보낼 때 바깥의 차고 신선한 공기와 내용물은 섞이지 않게 하면서 열만 전달해, 밖으로 나가는 공기의 열을 받아 따뜻해진 신선한 공기가 집 안으로 들어오도록 한다. 원리는 개 발바닥과 마찬가지로 바깥의 찬 공기가 곧 나갈 방 안의 더운 공기로부터 열을 전달받도록 배관을 하는 것이다.

자연은 창의력이 풍부하다. 진화의 역사가 이루어진 30억 년은 이런저런 구상을 해보기에 넉넉한 시간이다. 그래서 요즘 공학자들은 기를 쓰고 생물을 흉내 내려 한다. 생물모방학biomimetics이라는 학문 분야도 있다. 전자공학뿐 아니라 로봇, 신소재, 항공 등 첨단 분야에서도 자연의 형태나 움직임을 모방해 효율을 높이려는 연구가 이루어지고 있는 것이다.

고양이와 개의
은밀한 대화법

흔히 개와 고양이는 천성적으로 맞지 않아 아옹다옹 다투는 관계로 묘사된다. 사회성 동물로 붙임성이 좋은 개와 독립적 성격으로 자기 영역을 중시하는 고양이는 모두 육식성 포유류 집단을 가리키는 식육목에 속하지만 각각 개과와 고양이과를 대표할 정도로 다르다. 행동도 종종 정반대다. 고양이는 화가 나면 꼬리를 홰홰 내두르는데 개는 반가울 때 그런다. 개가 으르렁거리면 조심하라는 경고이지만 고양이의 그르릉 소리는 기분 좋다는 표시이다. 개가 귀를 뒤로 젖히면 쓰다듬어달라는 뜻이지만, 그런 고양이를 만지다간 할퀴이기 십상이다. 이렇게 사사건건 반대이니 만나면 싸움부터 하겠다고 짐작하면 오산이다. 실제로 개와 고양이를 함께 기르는 사람들에게 들어보면 싸우는 것보다 형제처럼 잘 지내는 관계가 훨씬 많다. 개와 고양이는 소통법을 알기 때문이다.

이스라엘 과학자는 개와 고양이가 엇갈리는 행동신호를 어떻게 극복하는지 연구해 대부분 자기 종에게는 정반대의 의미가 있는 상대의 몸짓 언어를 잘 이해한다는 사실을 알아냈다.[20] 예를 들어 고양이는 코를 맞대고 인사하는 습성이 있는데, 개는 서로 엉덩이 냄새를 맡기는 해도 코를 맞대는 일은 거의 없다. 하지만 개와 고양이가 차이를 넘어 소통할 수 있는 것은 오랜 가축화 과정 속에서 주인의 행동언어를 습득하는 능력을 키웠기 때문으로 보인다.

물론 개와 고양이 사이의 효과적인 소통을 위해서는 몇 가지 요령이 필요하다. 먼저 어릴 때 만날수록 좋다. 고양이는 여섯 달 이전, 개는 한 돌 이전이면 훨씬 쉽게 상대를 받아들인다. 개와 고양이를 처음부터 함께 키운다면 가장 좋겠지만, 그렇지 않다면 어느 쪽을 먼저 집에 들일지도 신경 써야 한다. 언뜻 고양이는 외톨이에 자기 영역을 중시해 남을 받아들이길 꺼리고 반대로 개는 사회성 동물이어서 훨씬 관용적일 것 같다. 그러나 실상 이런 순서에 민감한 것은 개이고 고양이는 대범한 편이다. 개는 고양이보다 가축화가 훨씬 많이 진행돼 있어 사람에 대한 의존성이 매우 높다. 다시 말해 주인의 관심을 독차지하는 게 개에게는 아주 중요한 일이다. 따라서 나중에 들여온 고양이에게 관심이 집중되는 걸 시기하고 이상행동을 보일 수 있다. 고양이뿐 아니라 아기가 태어나도 비슷한 반응을 보이는 개가 있다.

개와 고양이는 행동언어뿐만 아니라 행동거지 자체가 다르다. 개는 말이나 사람과 마찬가지로 걸을 때 몸의 중심이 위아래로 출렁인다. 위치에너지를 운동에너지로 바꾸는 아주 효율적인 동작이다. 그러나 고양이의 걸음걸이는 조용하지만 에너지 낭비적이다. 고양이는 몸의 중심이 수평을 유지한 채로 걷는다. 먹이에서 눈을 떼지 않고 한 발 한 발 조심스럽게 내딛는다. 몸집이 작고 장거리 추적을 하지 않는 고양이로서는 에너지 효율보다는 은밀성이 중요하기 때문이다. 이처럼 행동방식이 다른 고양이와 개지만 물 표면을 혀로 핥아 물 먹는 모습만은 비슷해 보인다. 그러나 고속촬영으로 고양이의 물 먹는 모습을 연구한 결과 개와는 전혀 다르고, 무엇보다 물리학을 절묘하게 이용한다는 사실이 밝혀졌다.

미국 매사추세츠 공대MIT 연구진은 10마리의 고양이가 물을 마시는 모습을 고속촬영하면서 뜻밖의 결과를 얻었다.[21] 생물물리학자인 연구자는 아침을 먹으며 애완고양이인 쿠타쿠타가 물을 먹는 모습을 바라보다가 무언가 연구할 것이 있음을 깨달았다. 물을 마실 때 사람이나 말은 입술을 오므려 물을 빨아들인다. 구강구조가 다른 개는 물을 혀로 핥는데, 물소리와 물방울을 흩뿌리는 모습이 얌전하고 우아하게 핥는 고양이의 모습과는 사뭇 다르다. 이런 차이는 흔히 고양이의 가늘고 억센 섬모가 빽빽하게 돋아 있는 혀 때문인 것으로 생각되었다. 그러나 연구팀이 고속촬영한 화면을 보니 새로운 사실이 드러났다.

개는 혀를 위로 오므려 국자 모양으로 만든 뒤 물속으로 혀를 집어넣어 물을 담아 입속으로 가져간다. 이 과정에서 물 일부는 완벽하지 않은 '국자' 옆으로 새어나간다. 반면 고양이는 물속으로 혀를 집어넣는 것이 아니라 혀를 뒤로 구부려 물 표면을 미끄러지듯 밀어올린다. 그러면 물은 혀의 움직임에 따른 관성력을 받아 작은 기둥을 만들면서 위로 솟아오르다 중력과 비기는 순간 무너져내린다. 고양이는 바로 이 순간 입을 닫아 공중에 뜬 물을 받아먹는다. 이때 타이밍이 중요하다. 물기둥이 가장 길고 두꺼우며 중력으로 무너지기 직전에 입을 닫아야 물을 잘 먹을 수 있다. 고양이는 물리학의 중력과 관성력이 절묘한 균형을 이루는 것

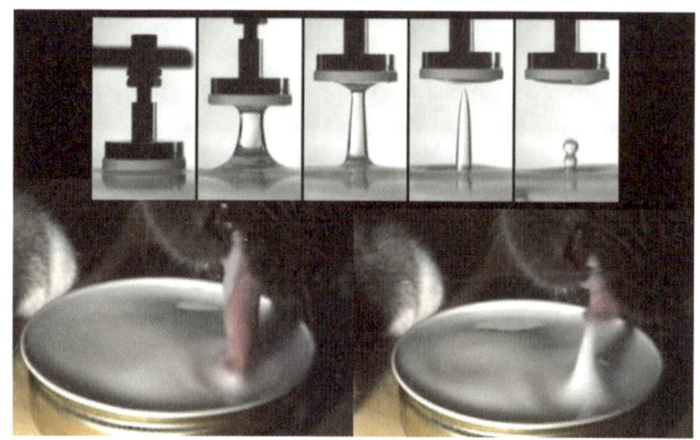

고양이가 물을 마시는 원리를 보여주는 모델과 실제 마시는 모습.

을 이용해 물을 마시는 것이다.

　연구진은 이런 행동이 고양이과의 다른 동물에게서도 나타나는지 보기 위해 동물원의 사자, 호랑이, 표범 등도 관찰했다. 고양이보다 큰 혀를 가졌지만 이들도 고양이처럼 우아한 물먹기 행동을 보였다. 이처럼 고양이과 동물들이 물이 튀기지 않는 방식으로 물을 먹게 된 것은 민감한 감지기관인 코와 수염에 물이 묻는 것을 피하기 위해서였을 것으로 연구자들은 추정했다. 독립생활을 하는 고양이는 개보다 훨씬 조심스럽고 행동이 단정하다. 홀로 살아야 하는 동물에겐 자칫 조그만 실수나 부상이라도 치명적일 수 있기 때문일 것이다. 그래서 가정에서 기를 때도 개보다 돌보기가 수월한 것이 사실이다. 개보다 가축화의 역사가 훨씬 짧아 덜 친근하고 낯설지만 오히려 그것이 고양이만의 밀고 당기는 묘한 매력일지 모른다.

새대가리는
없다

우둔한 사람을 가리키는 '닭대가리'라는 말이 있다. 비속어이지만, 그 밑바탕엔 닭에 대한 무시와 나아가 새들이 머리가 나쁘다는 생각이 깔려 있다. 하긴 새들은 다른 고등동물에 비해 머리가 아주 작고, 다른 가축이나 반려동물처럼 사람과 살갑게 지내는 종류도 매우 적기 때문에 이런 말이 나왔는지 모른다. 그러나 진화론에서 볼 때 조류는 매우 성공적인 분류군이다. 모두 6만 3,000여 종이 있는 척추동물 가운데 어류가 3만 4,000여 종으로 가장 많고 다음으로 조류가 1만 종을 차지해 포유류 5,400여 종보다 곱절 가까이 다양하다. 바로 하늘을 날 수 있다는 이점 덕분이다. 이동이 자유로운 새들은 다른 육상생물이라면 살아남기 힘든 곳에서도 잘 살아간다. 새의 머리가 작은 것은, 단단하고 무거운 이빨 대신 부리를 진화시킨 것과 함께 오로지 날기 위해 몸무게를 줄이려는 선택 때문이었다.

새들의 지적 행동이 처음 널리 알려진 것은 20세기 초 영국에서였다. 우리나라도 얼마 전까지 그랬지만, 당시 영국에서는 가까운 목장에서 짠 우유를 병에 담아 각 가정의 현관 앞에 배달했다. 멀리 배달하지 않아서 포장도 뚜껑 대신 알루미늄 포일을 덮는 간단한 방식이었다. 그런데 어떤 박새가 이 우유의 마개를 부리로 쫀 뒤 우유 위에 고여 있던 크림을 먹는 법을 개발했다. 1921년의 일이었다. 1947년엔 전국 30곳에서 그런 행동이 관찰됐다. 다른 박새들도 따라서 아침마다 배달된 우유의 크림 맛을 보게 된 것이다. 작은 박새의 이런 '사회적 학습'은 최근 실험으로도 증명됐다.[22] 흥미롭게도 한 살짜리 어린 암컷 박새가 성체보다 곱절은 잘 배우는 것으로 나타났으며, 수컷 가운데는 지배적인 수컷보다 하위 수컷이 빨리 배웠다. 이는 새들에게 일종의 문화가 있다는 뜻으로, 돌연변이를 통한 유전적인 진화보다 훨씬 빨리 새로운 환경에 적응할 수 있음을 보여준다.

새 가운데 똑똑하기로 유명한 것은 까마귀이다. 일본에서는 딱딱한 열매를 자동차가 지나가는 도로에 두었다가 바퀴에 껍질이 깨진 다음 횡단보도의 신호가 바뀌는 것을 보고 느긋하게 먹으러 가는 까마귀의 모습이 텔레비전에 방영되기도 했다. 〈영리한 까마귀〉라는 이솝 우화도 있다. 목마른 까마귀가 물이 반쯤 찬 물 단지를 발견했지만 부리가 짧아 물에 닿지 않았다. 생각 끝에 까마귀는 돌멩이를 단지 안에 집어넣어 수면이 올라오게 한 다음 물을 맛있게 먹었다. 실제 까마귀가 이런 행동을 할 수 있다는 것이 실험을 통해 밝혀졌다.[23] 까마귀는 물이 든 단지와 톱밥이 든 단지 안에 먹이를 놓았을 때 물이 든 단지를 골랐고, 잔돌과 큰 돌 가운데 큰 돌을 넣어야 수위가 빨리 오른다는 것을 어렵지 않게 알아냈다.

그렇다면 아이들은 어떨까. 영국 케임브리지대 심리학자들은 까마귀를 대상으로 한 실험을 아이들에게 해보았다. 수면이나 톱밥 표면에 먹이 대신 표지를 올려놓고 이를 꺼내오면 스티커와 바꿔주는 실험이었다. 그 결과 4~7세 아이들은 다섯 번쯤 시행착오 끝에 문제를 해결했다. 까마귀와 비슷한 능력을 보인 것이다. 아이들은 8세부터 지적 능력이 비약적으로 높아져 시행착오 없이 단번에 표지를 꺼냈다. 그렇다고 7세 아이와 까마귀의 지능이 비슷하다고 생각하면 오산이다. 돌을 집어넣을 때 수위가 올라가는 것을 직관적으로 보여주지 않도록 조작한 실험에서 까마귀는 좋은 성적을 거두지 못했지만 아이들은 다른 실험과 차이를 보이지 않았다.

추론하는 능력은 사람과 영장류에게만 발견되는 특성이다. 그런데 아프리카에 널리 분포하는 회색앵무에게도 그런 능력이 있다는 연구결과가 나왔다.[24] 오스트리아 빈 대학의 동물행동학자들은 회색앵무를 상대로 먹이를 넣은 상자를 흔들었다. 상자에선 소리가 났고 이어 앵무는 먹이를 확인했다. 다음에는 먹이를 넣은 상자와 빈 상자를 차례로 흔들면서 반응을 관찰했다. 앵무는 빈 상자를 흔들면 어김없이 나머지 다른 상자를 찾았다. 하나가 비어 있다면 다른 것은 차 있다는 사실을 추론하는 것이다. 이처럼 단서뿐 아니라 '단서 없음'으로부터도 결론을 이끌어내는 능력은 사람과 유인원에게서만 보고돼 있으며, 사람은 3~4세가 돼야 그런 능력을 갖게 된다. 이 실험에서 회색앵무는 3세 아이 수준의 성적을 거뒀다.

뉴질랜드 대학 연구진은 머리가 나쁜 것으로 알려진 비둘기를 대상으로 숫자감각이 어느 정도인지 실험했다. 그 결과 비둘기는 적어도 수에

사람과 영장류에만 있는 것으로 알려졌던 추론 능력을 보유한 아프리카 회색앵무.

관한 한 영장류 못지않은 능력을 보유한 것으로 나타났다.[25] 3마리의 비둘기에게 여러 가지 형태와 색깔의 물체를 하나, 둘 또는 3개씩 놓은 꾸러미를 컴퓨터 화면에 제시하고 작은 수에서 큰 수 순서로 대상을 쪼면 보상으로 먹이를 주는 방식이다. 예를 들어 노랑 사각형 하나, 붉은 타원 둘, 노란 막대기 3개 등이 든 꾸러미를 제시하는 것이다.

비둘기가 하나에서 셋까지를 크기 순서로 배우는 데는 1년이 걸렸다. 원숭이보다 훨씬 긴 기간이었다. 하지만 다음 단계의 실험에 들어간 뒤 연구자들은 깜짝 놀랐다. 비둘기들은 하나에서 셋까지만 배웠는데도 하나에서 아홉 가운데 2개의 꾸러미를 어느 조합으로 제시해도 평균 70

퍼센트의 정답률을 보였다. 하나와 아홉처럼 두 수 사이의 격차가 큰 문제일수록 정답을 맞히는 확률도 높았고 응답시간도 짧았다. 비둘기가 배우지도 않은 수에 대한 추상적인 규칙을 알아낸 것이다. 이런 능력이 사람이나 영장류뿐 아니라 다른 동물들에게 널리 퍼져 있음이 차츰 밝혀지고 있다. 어떤 동물은 사람보다 나은 숫자감각이 있을지도 모르는 일이다.

돌고래의
초능력

        돌고래는 사람에게 매우 친근한 존재다. 웃는 모양인 입의 윤곽선이 호감을 불러일으키고, 가장 지적인 동물의 하나로 장난을 좋아하는 습성이나 뱃머리에 다가와 물살을 타고 노는 모습이 가깝게 느껴진다. 수족관의 돌고래는 물방울 고리를 만들어 노는 모습을 보였고, 무리 사이에 사회적 유대가 강해 다치거나 아픈 동료를 돕는 행동도 한다. 서울대공원의 남방큰돌고래 제돌이 방사논란은 우리 사회에 동물복지에 눈뜨는 계기를 마련해주기도 했다. 이처럼 사람과 가까운 동물이지만 돌고래에게는 독특한 '초능력'이 있다.

        포유류인 고래는 육지를 떠나 바다로 감으로써 중력이라는 거추장스러운 부담을 털어내고 마음껏 몸집을 불릴 수 있었다. 그러나 바다에서의 삶은 대가를 요구했다. 달콤한 숙면을 영원히 잃어버린 것이다. 고래는 주기적으로 물 위에 올라와 호흡을 해야 익사를 피할 수 있다. 그래서 등장한 것이 뇌의 절반씩 교대로 자는 반구 수면 방법으로, 고래는 늘 깨어 있는 상태를 유지한다. 이런 수면 방법은 부차적으로 고래에게 경계 또는 긴장을 장시간 유지하는 능력을 주었다. 미국 국립해양포유류재단 NMMF 동물학자 등은 돌고래가 얼마나 오랫동안 이런 집중력을 유지하는지 실험했다.[26]

실험은 미국 캘리포니아 샌디에이고 만에서 벌어졌다. 바다 위에 울타리를 두르고 큰돌고래를 넣은 뒤 전파발신기를 이용해 마치 실제 먹이가 있는 것처럼 신호를 준다. 그리고 신호의 위치와 거리, 지속시간을 수시로 바꾸면서 돌고래가 '먹이'를 찾는 데 성공하면 보상으로 물고기를 주었다. 돌고래는 박쥐와 마찬가지로 소리를 낸 뒤 반사파를 감지해 먹이의 위치를 찾는다. '반향위치 측정'이라 불리는 이 기능은 사냥은 물론 동료 무리와 헤어지지 않고 천적을 피하는 가장 중요한 수단으로, 사람의 음향탐지 기술보다 기능이 월등하다. 실험엔 30살 암컷 큰돌고래 세이와 26살 수컷 큰돌고래 네이가 참가했는데, 두 돌고래는 뛰어난 성적을 거두었다. 네이는 75~86퍼센트, 세이는 99퍼센트의 정답률을 기록했다. 특히 세이는 매일 78.4회씩 닷새 동안 계속된 실험에서 단 두 번만 실수하는 빼어난 능력을 보여줬다.

연구진은 세이가 얼마나 오래 집중력을 유지할 수 있는지 알아보기 위해 30일 기한의 실험에 착수했지만 폭풍이 불어 15일 만에 중단할 수밖에 없었다. 하지만 이 기간 동안 세이가 보인 능력은 놀라웠다. 하루 24시간 중 불시에 임의의 장소에서 나타났다 곧 사라지는 먹이 신호를 7일 동안은 100퍼센트 맞혔고, 나머지 기간에도 모두 90퍼센트가 넘는 적중률을 보였다. 연구진은 "세이가 정답을 맞히고는 기쁨에 겨워 소리를 지르는

놀라운 집중력을 보여준 큰돌고래 세이.

등 실험을 아주 좋아했다"며 돌고래의 개별 성격이 성적에 영향을 끼쳤음을 인정하면서도, 이런 장기간 계속되는 집중력은 두뇌의 절반씩 교대로 자는 행동의 자연스러운 결과라고 해석했다.

뇌의 반구 수면은 새에게도 나타나는 행동이다. 휴식을 취하는 새 무리의 바깥쪽 새들은 이런 식으로 자는데, 대개 바깥을 향해 한쪽 눈을 뜬다. 돌고래도 한쪽 눈을 뜨고 자는데, 새들과 달리 뜬 눈은 바깥보다는 동료 무리를 향하는 경우가 많다. 무리에서 떨어지지 않는 것은 돌고래에게 생사가 달린 문제이다. 돌고래가 이처럼 지속적인 경계를 유지하게 된 이유의 하나는 상어의 위협이다. 돌고래는 늘 상어로부터 공격당할 위험에 놓여 있다. 오스트레일리아 서부에서의 한 조사에서는 성체 큰돌고래의 74퍼센트에서 상어에게 물린 흔적이 발견되었다.[27] 특히 상어는 어린 돌고래를 노려, 새끼를 낳은 어미 돌고래는 적어도 두 달 동안 초긴장 상태를 유지해야 한다.

돌고래의 이런 능력은 사람 시각에선 극단적으로 보일지 몰라도 돌고래에겐 생존을 위해 일상적인, 대단할 것 없는 행동일 뿐이다. 신기하게도 수족관의 돌고래는 바다에서와 달리 두 눈을 감은 채 외부에서 건드려도 꿈쩍도 하지 않고 푹 잠에 빠진다. 잠을 자는 동안에도 꼬리지느러미는 무의식적으로 움직여 숨구멍을 수면 위로 내놓는다. 야생에서의 돌고래도 아주 짧지만 4~60초 동안 깊은 잠에 빠진다는 연구결과도 있다.

오스트레일리아 탕갈루마 해양교육및보전센터는 돌고래에게 매일 먹이를 공급한다. 그래서 자유롭게 돌아다니는 돌고래가 주기적으로 찾아온다. 그런데 세 살을 넘긴 수컷 큰돌고래 에코가 생선을 받아먹으러 돌아왔을 때 보니, 옆구리에 끔찍한 상처가 나 있었다. 상처는 길이 30센티미터, 폭 10센티미터 크기였고, 두께 3센티미터의 지방층을 뚫고 근육이 드러날 정도였다. 상어에게 물어뜯긴 것이 틀림없다. 그러나 에코는 전혀 고통스러워하지 않았고 먹이도 잘 먹었다. 탕갈루마 센터는 큰 부상을 입은 에코의 치유과정을 관찰했다. 2일째가 되자 드러난 지방층이 부상 부위를 덮었다. 에코는 상처를 개의치 않는 것처럼 행동했으며 식욕도 떨어지지 않았다. 5일째에는 상처에서 새살이 돋아났고 15~20일이 지나자 상처는 눈에 띄게 작아졌고 깨끗해졌다. 21일 만에 벌어진 상처가 닫히기 시작해 49일이 되자 흉터는 감쪽같이 봉합됐다.

12살짜리 큰돌고래 나리도 등 쪽에 가로 15센티미터 세로 30센티미터 크기로 상어에게 뭉텅 뜯겼다. 상처가 너무 심해 센터가 이 돌고래를 포획해 치료했는데 7일째부터 새살이 돋아 42일째에는 완쾌해 바다로 돌아갔다. 마치 공상과학 영화에서와 같은 돌고래의 치유능력에 과학자들의 관심이 쏠리고 있다. 돌고래는 연한 조직에 끔찍한 부상을 입고도 과다출혈이나 흉터와 감염 없이 말끔히 치유된다. 고통을 느끼는 행동도 보이지 않는다. 이런 치유능력의 비밀을 밝힌다면 당연히 인류의 상처 치료에도 큰 기여를 할 것이다. 미국 조지타운 대학 이식연구소 마이클 자슬로프Michael Zasloff 박사는 돌고래의 치유능력을 전문적으로 연구하고 있다.[28] 그는 개구리 피부에서 분비되는 항생물질이 상처의 감염을 막는다는 사실을 발견해 천연 항생제 연구의 길을 연 바 있다.

다른 포유류와 마찬가지로 돌고래도 고통에 저항하거나 도망치는 반응을 보인다. 그런데 상어에 물려 살이 해질 만큼 큰 부상을 입은 돌고래가 짐짓 아무런 고통도 느끼지 않는 것처럼 행동하는 까닭은 뭘까. 자슬로프는 이것을 '잠수 반사행동'으로 설명한다. 돌고래는 깊이 잠수할 때 산소 소비를 줄이기 위해 몸의 구석구석으로 보내는 혈액을 차단하는 잠수행동을 보인다. 큰 부상을 입었을 때도 이와 비슷한 반사행동이 나타나 출혈을 줄이고 고통도 차단한다는 것이다. 하지만 이런 행동과 관련한 신경학적 생리학적 메커니즘은 밝혀져 있지 않다.

육상 포유류와 비슷한 면역체계를 가진 돌고래가 세균이 득실거리는 바다 속에서 큰 상처를 입고도 감염되지 않는 것도 수수께끼다. 자슬로프는 돌고래의 체지방이 이런 신비한 '초능력'과 관련이 있을 것으로 보았다. 돌고래의 체지방에는 시큼한 땀 냄새를 일으키는 물질인 이소길초산이 많이 들어 있다. 이 물질은 그동안 돌고래의 물속 생활에 적응하기 위한 물질로 여겨졌지만 자슬로프는 항균기능의 가능성을 제시했다. 부상을 입은 뒤 지방이 녹아 상처를 덮는 과정에서 지방에 들어 있던 이소길초산이 방출돼 항균작용을 한다는 것이다. 자슬로프는 이런 치유과정은 포유동물이 상처를 치료하는 방식과 다르며 포유동물의 태아가 자궁 안에서 자신을 스스로 치유하는 방식과 닮았다고 주장한다.

돌고래의 신통한 능력은 이밖에도 많다. 20년 이상 지난 일을 기억하고, 부상당한 동료를 '몸 뗏목'을 만들어 구조한다는 사실이 최근 밝혀졌다. 그런데도 비좁은 풀장에 가둬 쇼를 시키고, 그 고기를 별미로 먹는 건 아무래도 제대로 된 대접이 아닌 것 같다.

체온 **36.7도**의
비밀

　　겨울이 추운 이유는 기온이 낮아서가 아니라 우리 몸의 온도가 기온보다 높기 때문이다. 겨울잠을 자는 파충류나 곤충 같은 변온동물은 외부와 몸의 온도가 같아 전혀 추위를 느끼지 않는다. 항온동물인 포유류나 조류는 추운 곳에서도 활동을 계속하는 이점을 누린다. 하지만 체온을 유지하느라 에너지를 많이 쓰기 때문에 많이 먹어야 한다. 에너지 다소비 동물인 셈이다. 반면 파충류, 양서류, 곤충, 거미, 어류 같은 변온동물은 주변 온도가 떨어지면 근육 속 화학반응도 함께 느려져 몸이 굼떠지는 단점은 있지만 체온유지 부담이 없다. 그래서 악어는 같은 무게의 사자보다 먹이를 5분의 1에서 10분의 1만 먹어도 충분하고, 아무것도 먹지 않고도 반년을 버틴다.

　　그렇다면 항온동물은 왜 상온보다도 훨씬 높은 체온을 유지하는 걸까. 미국 앨버트 아인슈타인 의대 연구자들은 곰팡이의 감염을 줄이면서 에너지 소모를 최소화하는 최적 온도가 바로 36.7도라는 연구결과를 발표했다.[29] 이 온도는 사람을 포함한 대부분 항온동물의 체온이다. 곰팡이는 상온을 넘어서면 성장이 급속히 둔화한다. 따라서 체온을 높이면 곰팡이 감염을 막을 수 있다. 그렇지만 무작정 체온을 높이는 것이 능사는 아니다. 체온을 높이려면 몸의 신진대사를 끌어올려야 하니 에너지 소비가 많아지기 때문이다.

변온동물인 공룡의 시대가 끝난 뒤 어떻게 항온동물인 포유류가 등장하게 됐는지는 유명한 수수께끼이다. 이 연구로 항온동물인 포유류가 곰팡이가 번성한 중생대 말의 승리자가 된 이유의 하나를 짐작할 수도 있게 됐다. 포유류가 진화할 때 외부의 생물학적 요인과 내부의 생리학적 제약이 모두 중요하게 관여하고 있는 것이다.

항온동물에겐 추위뿐 아니라 더위를 견디는 것도 큰 과제이다. 여름이 되면 직장에 겉옷을 두고 다니는 이들이 있다. 에어컨의 냉기가 지나쳐 체온을 보호하기 위한 자구책이다. 에어컨의 온도설정을 정부가 권장하는 26~28도에 맞추면 좋겠지만, 공공기관도 아니면서 '더워 죽겠다'는 직장 동료의 아우성을 못 들은 척할 수도 없다. 추운 사무실을 나서 에어컨을 켜지 않는 집에 가면 냉기에 적응된 몸이 더위를 더 심하게 느끼게 되니, 이래저래 여름은 견디기 쉽지 않은 철이다.

환경부는 몇 년 전부터 이른바 기후변화 적응형 여름철 복장문화로 '쿨맵시' 캠페인을 벌이고 있다. 재킷을 입지 않고 반소매 와이셔츠에 넥타이를 매지 않는 옷차림으로 여름철 체감온도를 2도 낮추고, 에어컨의 설정온도를 그만큼 올릴 수 있게 되니 결과적으로 연간 이산화탄소 배출량을 197만 톤 줄여 소나무 약 7억 그루를 심는 효과를 거둔다는 것이다.

그렇다면 에어컨이 없던 시절엔 어떻게 여름을 났을까. 분명히 여름은 땀의 계절이었다. 음식을 먹거나 조금만 움직여도 나오는 땀을 부채나 선풍기로 식히고 손수건으로 찍어내며 살았다. 이렇게 더위를 견디는 것이 전근대적이고 비효율적인 방식일까. 환경부가 쿨맵시를 하면 체감온도를 2도 낮춘다고 주장하는 근거가 된 국립환경과학원의 실험결과를 자세히 살펴보면, 역설적으로 쿨맵시보다는 '땀의 힘'을 다시 생각하게 한다.

실험은 남성 4명을 대상으로 일반 복장과 쿨맵시 복장을 입혀 피부 온도 등을 측정하는 방식으로 이뤄졌다. 온도가 25도인 사무실에서 긴소매 셔츠와 넥타이를 착용한 실험 참가자들의 평균 피부 온도는 개인마다 차이가 있었지만 32.6~34.5도(평균 33.6도) 분포를 보였다. 같은 온도에서 반소매 와이셔츠에 넥타이를 매지 않은 쿨맵시 차림을 한 사람들의 피부 온도는 32.1~33.6도(평균 32.8도) 범위였다. 두 가지 복장으로 인한 피부 온도는 평균 0.8도, 개인별로는 최고 1.6도의 격차가 났다.

그런데 실내온도가 27도로 올라가면 뜻밖의 결과가 나왔다. 얼핏 쿨맵시의 효과가 더 나타날 것 같지만 실제 실험에서는 두 복장의 평균 피부 온도 차이가 0.2도밖에 나지 않았다. 일반 복장의 피부 온도는 33~34.7도, 쿨맵시는 33~34.1도였다. 이런 결과가 나온 까닭은 온도가 상대적으로 높은 27도 실내에서는 땀이 많이 나면서 피부가 식었기 때문이다. 땀이 많은 체질인 한 실험참가자는 일반 복장 때 피부 온도가 33도였는데, 쿨맵시 복장을 했더니 33.8도로 오히려 피부 온도가 더 높아졌다. 일반 복장 때 땀을 더 흘려 체온을 조절했기 때문이다.

국립환경과학원은 일반 복장을 하고 실내온도를 바꿔가며 별도의 실험을 했는데, 실내온도를 24도에서 27도로 3도 높이는 동안 평균 피부 온도는 1.1도밖에 오르지 않았다. 재킷까지 입고 실험했을 때도 피부 온도는 그리 오르지 않는 것으로 나타났다. 결국 이 실험에서 알 수 있는 것은, 온도가 높아질수록 우리 몸은 땀을 내는 방식으로 체온을 조절하는 능력이 있으며, 그것이 쿨맵시 등 환경친화형 복장을 입는 것보다 훨씬 효과적이라는 사실이다. 쿨맵시가 효과를 내는 상황은 역설적으로 에어컨을 켜 지나치게 서늘하게 만든 사무실이었다. 아이러니하게도 쿨맵시의 효과가 두드러진 25도는 정부가 권장하는 여름철 실내적정온도 26~28도 범위 밖이다.

결국 에너지도 절약하고 우리 몸도 쾌적하게 느끼는 최선의 길은 아마도 우리 몸이 지닌 '천연 에어컨'인 땀 흘리기와 부채 또는 선풍기의 결합이 아닐까 싶다. 에어컨과 마찬가지로 우리 몸도 증발열을 이용해 몸을 식힌다. 피부의 땀 1밀리리터가 수증기로 증발할 때 빼앗아가는 열은 580칼로리에 이른다. 땀을 한 방울도 안 흘렸다고 생각하는 동안에도 우리는 하루에 600밀리리터의 물을 땀으로 배출한다. 한여름을 에어컨 바람을 쐬며 보송보송하게 넘기는 것이 쾌적해 보일지 몰라도, 땀을 흘려 효과적으로 온도를 조절하는, 사람과 말 등 몇몇 동물에게서만 진화한 탁월한 능력을 썩히는 셈이 된다.

목욕탕에서 억지로 땀을 흘리는 것도, 에어컨으로 땀을 막는 것도 몸에 이로울 리 없다. 적어도 여름엔 땀이 흐르게 내버려두는 게 어떨까. 땀을 뻘뻘 흘리며 일을 한 뒤 시원한 등목을 할 때의 짜릿한 쾌감은 아무리 성능 좋은 에어컨과 쿨맵시를 합친다 해도 느낄 수 없을 것이다.

자연에는 이야기가 있다

진화의 수수께끼

뻐꾸기와 뱁새의
진화경쟁

숲에서 뻐꾸기 우는 소리가 들리면 봄이 가고 여름이 시작됐음을 실감한다. 아동문학가 윤석중은 동요 〈뻐꾸기〉의 노랫말을 이렇게 적었다.

뻐꾹뻐꾹 봄이 가네 뻐꾸기 소리 잘 가란 인사 복사꽃이 떨어지네
뻐꾹뻐꾹 여름 오네 뻐꾸기 소리 첫 여름 인사 잎이 새로 돋아나네

하지만 갈대밭이나 덤불에 둥지를 튼 붉은머리오목눈이(뱁새)에게 이 소리는 '첫 여름 인사'가 아니라 전쟁 선포처럼 끔찍하게 들릴 것이다. 뻐꾸기는 남의 둥지에 알을 낳는 기생행동인 '탁란'을 하는 것으로 유명한 새다.

탁란은 그저 남의 새끼 하나 더 기르는 부담을 넘어선다. 뱁새는 시간

과 힘이 남아서 새끼를 낳아 기르는 게 아니다. 알을 낳은 뒤 비바람 가려 정성껏 품어 부화시킨 뒤 부리가 닳고 깃털이 다 망가지도록 헌신해 새끼를 길러 날려 보내는 것은, 생물로서 뱁새에겐 자신의 유전자를 남기는 지상 최대의 과제이다. 그러니 제 새끼 대신 남의 새끼, 그것도 자신의 천적을 기르느라 혼신의 노력을 기울이는 건 이중의 타격이 된다.

뻐꾸기는 높은 나뭇가지에서 알을 맡길 숙주를 고른다. 만만한 상대는 뱁새, 개개비, 휘파람새, 산솔새 같은 작은 새들이다. 사실 뻐꾸기는 몸 길이가 33센티미터에 이르는 제법 큰 새이다. 게다가 회색빛 깃털에 가슴에는 줄무늬가 선명해 매처럼 보인다. 작은 새들의 동태를 면밀히 관찰하던 뻐꾸기는 목표가 된 새가 알을 낳고 잠깐 자리를 비운 틈을 놓치지 않는다. 둥지에 들이닥친 뻐꾸기가 먼저 하는 일은 뱁새의 알 하나를 부리로 밀어 둥지 밖으로 밀어 떨어뜨리는 것이다. 그래야 뱁새가 의심을 하지 않을 테니까.

곧바로 둥지에 앉아 자기 알을 낳는다. 알 크기는 2.2×1.6센티미터 길이에 무게 3.2그램으로 덩치에 어울리지 않게 작다. 숙주 새의 알과 비슷해야 하기 때문이다. 실제로 뻐꾸기 알의 모양과 무늬는 뱁새 알과 놀랍게 비슷하다. 뻐꾸기가 둥지에 들어와 알을 하나 없애고 제 알로 채워넣기까지는 채 10초도 걸리지 않는다. 알에서 깬 뻐꾸기 새끼가 처음으로 하는 일은 살생이다. 누가 시키지도 않았는데 마치 등짐을 지듯이 뱁새의 알을 등에 얹어 둥지 밖으로 밀어 떨어뜨린다. 만일 어미 뻐꾸기가 알 낳는 시기를 놓쳐 뱁새의 알이 이미 부화한 상태라도 뱁새 새끼는 알과 같은 운명을 피하지 못한다. 둥지를 점령한 뻐꾸기 새끼는 엄청난 속도로 자라 알에서 깬 뒤 두 주일쯤 지나면 벌써 뱁새 어미보다 3배나 커진다. 자기 새끼와 너무나 다른 모습인데도 무슨 이유에선지 뱁새는 열심히 이 이상하게 큰 '새끼'에게 먹이를 주어 키운다.

뻐꾸기의 이런 행동을 최초로 기록한 이는 아리스토텔레스로, 기원전 4세기에 이미 "뻐꾸기는 둥지를 틀지도 알을 까지도 않지만 새끼를 길러낸다. 어린 새가 태어나면 함께 살던 새끼들을 둥지 밖으로 내던진다"라고 썼다. 하지만 관찰이 반드시 바른 해석으로 이어지는 것은 아니다. 18세기 유럽의 박물학자들도 뻐꾸기를 상세히 관찰했지만 "암컷 뻐꾸기가 자기 둥지에 찾아오자 주인은 기쁨에 겨워 어쩔 줄 몰랐다. 자신의 둥지를 알 낳는 곳으로 선택해준 것을 영광스럽게 여기는 듯했다" 운운하며 엉뚱한 해석을 하기도 했다. 마침내 찰스 다윈Charles Darwin은 1859년 《종의 기원On the origin of species》에서 뻐꾸기의 기생행동이 자연선택을 통해 진화한 행동이라고 명쾌하게 설명했다. 이후 수많은 생물학자들이 뻐꾸기를 연구했지만 탁란의 행동학적, 진화생태학적 의미가 제대로 밝혀진 것은 1980년대 말이었다.

뻐꾸기에게 탁란은 새끼 기르는 노력을 면제받을뿐더러 여기저기 알을 분산시킴으로써 둥지를 틀었다가 사고로 새끼를 모조리 잃는 위험을 줄이는 이점이 있다. 따라서 기회만 있으면 탁란을 하기 때문에 뻐꾸기가 많은 곳에서는 작은 새 둥지에 뻐꾸기 알이 4개까지 발견되기도 한다. 알을 몰래 맡기려는 자와 이를 피하려는 쪽의 싸움이 치열한 것은 당연한 일이다. 뻐꾸기가 나타나면 뱁새, 개개비 등 숙주 새들은 몸집은 작아도 무리를 지어 기생자를 공격한다. 둥지 근처에 얼씬도 하지 못하게 쫓아내는 것이다. 하지만 이 작은 새들에게 치명적 천적인 새매와 빼닮은 뻐꾸기의 깃털 색깔과 무늬는 이런 밀어내기에 대한 진화적 반격이다.

뻐꾸기 새끼에게 먹이를 주는 뱁새.

만일 뱁새가 새매를 뻐꾸기로 착각해 덤벼들다간 호랑이 입에 얼굴을 들이미는 꼴이 된다.

뱁새는 둥지에서 뻐꾸기의 알을 발견하면 가차 없이 내버린다. 뻐꾸기는 뱁새 알을 흉내 내고, 뱁새는 다시 새로운 무늬와 색깔의 알을 만들어 내는 공방이 벌어진다. 탁란을 하는 쪽이 진짜와 가려내기 힘든 위조지폐를 만드는 것이라면, 이를 피하려는 쪽은 화폐에 위조 방지를 위한 정교한 무늬를 넣는 것과 비슷하다. 뻐꾸기의 알은 뱁새의 알과 비슷할수록 생존 확률이 높아지고, 뱁새의 알은 뻐꾸기의 알과 구별이 잘될수록 기생을 당할 가능성이 적다. 당대에선 알의 크기와 무늬를 바꿀 수 없으니, 그야말로 대를 이은 진화의 군비경쟁이 계속되는 것이다.

영국 연구자들은 탁란한 뻐꾸기 알이 숙주인 뱁새보다 늦게 낳는데도 늘 일찍 깨어나는 비밀을 밝혔다. 뻐꾸기 알은 둥지에 낳기 전부터 어미 배 속에서 이미 부화가 시작된다는 것이다. 다른 새들의 알은 낳고 나서 어미가 36도 체온으로 품어야 발생을 시작하지만, 뻐꾸기의 알은 어미 배 속의 40도 체온에서 산란 18~24시간 전부터 발생을 시작한다. 산란 하루 전부터 알 품기를 시작하는 셈이다. 따라서 뱁새와 동시에 낳은 알 도 31시간 일찍 깨어나 동료 살해를 시작하는 것이다.

뱁새는 뻐꾸기와의 군비경쟁에서 일단 두 가지 주요한 승리를 거둔 것 으로 보인다. 경기도 시화호 인공습지에서 뻐꾸기와 뱁새 사이의 탁란을 둘러싼 진화경쟁을 조사한 국내 연구를 보면, 뱁새는 먼저 뻐꾸기가 따 라오지 못할 정도로 알의 크기를 작게 만드는 데 성공했다.[1] 물론 이런 일 이 한 세대 동안 이뤄진 것은 아니다. 큰 알을 낳는 형질은 도태되고 작 은 알을 낳는 형질이 선택받는 오랜 진화과정에서 일어난 일이다. 또 하 나는 일부 뱁새가 흰색 알을 낳기 시작한 것이다. 뱁새와 뻐꾸기는 모두 푸른색 알을 낳으며, 뱁새의 80퍼센트 가까이는 아직도 푸른 알을 낳아 뻐꾸기 알과 구분이 쉽지 않다. 일단은 진화의 군비경쟁에서 뱁새가 뻐 꾸기를 앞선 것 같지만 아직 전쟁이 끝난 건 아니다.

터무니없이 큰 뻐꾸기 새끼를 작은 숙주 새가 먹이를 주어 기르는 행 동은 최대의 수수께끼이다. 뻐꾸기 새끼가 집요하게 먹이를 조르기 때문 에 본능에 따라 어쩔 수 없이 먹이를 먹인다는 설명은 실험으로 설득력 이 없음이 드러났다. 과학자들은 '진화전쟁'이 아직 새끼 기르기 단계에 이르지 않았을 가능성에 무게를 두고 있다.[2] 계속 변해가는 남의 새끼를 가려내는 일은 남의 알을 찾아내는 것보다 훨씬 복잡하고 어려울 수 있 다. 또한 알을 품어 부화시키고 새끼를 기르는 데 들인 노력을 고려한다 면 실수로 자기 새끼를 잘못 버릴 때의 부담도 너무 크다. 이런 이유 때 문에 새끼 거부의 진화가 아직 이뤄지지 않았다는 설명이 설득력을 얻고 있다.

　그러나 일부 숙주 새는 기른 뻐꾸기를 방치해 굶겨 죽이거나 둥지 밖으로 밀어내는 식으로 거부하는 행동을 보이기도 한다. 그런데 이때 중요한 건 가짜를 잘 가려내는 것이다. 자칫 실수로 자기 알을 뻐꾸기 알로 잘못 알고 없앤다면 안 하느니만 못한 결과를 빚는다. 이런 값비싼 방어 비용 때문에 어떤 뱁새는 뻐꾸기가 탁란했을 것이라는 판단이 들면 깨끗하게 둥지를 포기하고 새로 시작하기도 한다.

　탁란은 피해가 치명적인 만큼 강력한 영향을 끼친다. 제비가 인가로 찾아와 실내에 둥지를 틀게 된 것도 뻐꾸기의 탁란을 피해서라는 연구결과가 있을 정도다. 하지만 탁란은 진화가 낳은 행동일 뿐, 도덕적으로 비난할 일은 아니다. 제 자식을 제 손으로 길러보지도 못하고 이리저리 쫓겨다니면서 남의 둥지를 넘보는 뻐꾸기의 처지도, 우리가 보기엔 안쓰러울 뿐이다. 그래서일까, 뻐꾸기의 울음은 마찬가지로 탁란을 하는 사촌뻘 두견이의 울음처럼 어딘가 처량하게 들린다.

새는
어린 공룡?

2억 년 가까이 지구를 지배하던 공룡이 6,500만 년 전 소행성 충돌과 함께 멸종했다는 것은 널리 알려진 이야기다. 하지만 고생물학자들은 공룡의 지배가 아직 끝나지 않았다고 본다. 새는 티라노사우루스나 벨로키랍토르 같은 수각류獸脚類 육식공룡의 직접 후손이기 때문에 공룡의 일종이라는 게 고생물학자들의 주장이다.

새는 가장 성공한 척추동물로 꼽힌다. 개체수는 인간과 가축에 미치지 못하지만 종이 다양해 1만 종 이상이 지구 구석구석의 다양한 환경 속에서 살아간다. 그러나 새는 다른 척추동물과는 너무나 다른 특징을 지녀 이를 설명하려는 생물학자들을 애먹였다. 예컨대 깃털과 비행, 목과 가슴 사이의 V자 모양의 위시본(wishbone, 포유류의 쇄골에 해당하는 뼈) 등은 다른 척추동물에서는 찾아볼 수 없는 것이다. 그런데 이런 모습이 수각류 공룡의 특징이라는 사실이 이들의 골격, 알, 부드러운 조직의 화석에 대한 연구를 통해 차차 밝혀지고 있다.

　그렇다면 작고 가벼운 몸으로 깡충거리며 씨앗을 쪼는 참새와 버스만 한 몸집에 날카롭고 억센 송곳니를 지닌 티라노사우루스가 어떻게 친척이 될 수 있을까. 공룡은 주둥이가 튀어나왔고 이빨이 난 반면 새는 얼굴이 납작하고 부리가 있으며 눈과 뇌가 크다. 미국 진화생물학자들이 이런 질문에 대한 답변을 내놓았다.[3] 새가 발달을 멈춘 어린 공룡이라는 것이다. 연구진은 최초의 공룡부터 모든 시기의 공룡 성체와 어린 개체의 두개골을 컴퓨터 단층촬영으로 조사해 수백만 년 동안 두개골이 어떻게

아프리카 초원에 서식하는 뱀잡이수리. 새는 어린 공룡의 특징인 짧은 얼굴, 큰 뇌와 눈 공간을 갖추었다.

변했는지 추적하는 한편 그 결과를 현생 조류 및 악어 등과 비교했다. 그랬더니 어린 공룡은 현생 조류의 골격 특징인 짧은 얼굴과 큰 뇌와 눈 공간을 갖추고 있음이 드러났다. 새는 후손이 조상의 어린 시절을 닮는 진화를 통해 공룡으로부터 진화해 나왔다.

새는 이르면 12주면 어린 새끼가 번식에 나설 만큼 성적 성숙속도가 빠르다. 조류의 이런 특징이 성숙하는 데 몇 년씩 걸리는 공룡과 차별되는 점이다. 새는 성적 성숙기간을 앞당김으로써 어린 공룡의 특징을 성체 때까지 유지하는 진화를 이룩한 것이다. 뇌와 눈을 위한 공간이 큰 유아의 형태는 새들이 비행을 위한 뛰어난 시각과 이를 처리하기 위한 비대한 시각중추를 확보하기 위한 공간을 제공했다. 이 연구를 진행한 진화생물학자들의 말에 따르면 "당신 눈앞에 새가 있다면 사실은 어린 공룡을 보고 있는 셈"이다.

얼룩말의 **줄무늬**와
치타의 **큰 눈**에는 이유가 있다

얼룩말의 얼룩무늬가 어떻게 출현했는지는 과학계의 오랜 논쟁거리이다. 다윈과 같은 시기에 자연선택 이론을 발견한 앨프리드 월러스Alfred Wallace는 "얼룩말이 물 먹으러 가는 어스름에 보면 얼룩무늬가 오히려 위장 효과를 낸다"라고 주장했고, 다윈은 "눈에 잘 띌 뿐"이라며 그 이론을 일축했다. 호랑이 가죽이나 군복 무늬처럼 윤곽을 흐리게 해 위장 효과를 낸다는, 월러스와 비슷한 주장도 있다. 또 검은 무늬는 쉽게 더워져 공기를 상승시키고 상승한 공기가 흰 무늬 부위로 이동하면서 작은 소용돌이가 일어나 체온조절에 도움이 된다는 기발한 가설도 있다. 그밖에 체체파리나 사자의 눈에는 오히려 잘 보이지 않는다거나, 반대로 눈에 잘 띄어 무리를 쉽게 찾도록 해준다는 설명도 있다.

최근 여기에 새로운 가설 하나가 추가됐는데, 이 가설은 실험으로 입증됐다는 점이 두드러진다. 얼룩말의 얼룩무늬가 피를 빠는 말파리(쇠등에)를 피하기 위한 진화의 결과라는 것이다. 헝가리와 스웨덴 연구진은 얼룩말의 좁은 줄무늬가 말파리의 눈길을 끌지 않는 무늬라는 사실을 밝혀냈다.[4] 연구진은 먼저 검은색과 갈색, 그리고 흰색 말을 대상으로 반사되는 빛의 특성을 살펴봤다. 그랬더니 검정과 갈색 등 짙은 색의 가죽에서 반사하는 빛은 수평 편광으로 나타났다. 빛이 수평면으로만 퍼져나간다는 것인데, 물 표면이 빛을 반사하는 방식을 생각하면 된다. 그런데 수평 편광은 말파리가 아주 좋아하는 빛이다. 왜냐하면 말파리는 물에서 짝짓기를 하고 알을 낳기 때문이다. 반대로 흰색 모피는 편광이 아닌 모든 방향으로 빛을 반사했는데, 말파리가 훨씬 덜 꼬였다.

그렇다면 얼룩말은 검은 말과 흰 말의 중간쯤으로 말파리를 끌어들일 것으로 예상되었다. 연구진은 헝가리의 한 말 목장에서 실제 말 크기의 모형에 검은색, 흰색, 밤색, 여러 가지 간격의 줄무늬 등을 그려넣고 끈끈이를 붙여 말파리가 얼마나 들러붙는가를 조사했다. 스티커를 이용한 길거리 여론조사 비슷한 실험이었는데 결과는 놀라웠다. 이틀 동안의 실험에서 검은색 모형에 562마리의 말파리가 붙은 데 비해 갈색엔 334마리, 흰색엔 22마리, 그리고 얼룩무늬엔 8마리만이 붙었다. 얼룩무늬가 가장 적은 수의 말파리를 불러들인 것이다. 또 줄무늬의 폭이 좁을수록 해충이 덜 꼬이며, 모형이 아닌 실제 얼룩말의 무늬가 말파리 눈에 가장 덜 띄는 것으로 밝혀졌다.

흡혈곤충에 어떻게 대응하느냐는 아프리카 동물에게 아주 중요한 일이다. 가죽의 줄무늬가 그런 점에서 유리하다면 당연히 그런 쪽으로 자연선택이 이뤄졌을 것이다. 얼룩무늬가 있는 개체가 그렇지 않은 개체를 진화경쟁에서 물리쳤다는 뜻이다. 하지만 아프리카에서 말파리의 분포

얼룩말의 줄무늬는 피를 빠는 말파리의 눈길을 끌지 않는 무늬이다.

가 제한적이고, 다른 아프리카 동물들은 얼룩무늬를 진화시키지 않은 점 등은 '말파리 가설'의 허점이다. 얼룩말 논쟁이 앞으로도 계속되리라고 전망되는 이유이다.

참고로 얼룩말의 줄무늬를 둘러싼 또 하나의 오랜 논쟁, 곧 흰 바탕에 검은 줄이 난 것인지 아니면 검은 바탕에 흰 줄이 난 것인지에 대해서는 이미 후자가 옳은 것으로 논쟁이 마무리됐다. 얼룩말의 태아는 검은 피부를 가졌으며 출산 전에 흰 줄이 발현된다. 유전적으로 검은색을 나타내는 스위치는 항상 켜져 있으며 흰색이 되려면 스위치를 꺼야 한다. 이는 검은색이 정상상태이며, 말들의 조상은 짙은 빛이었음을 암시한다.

한편 아프리카 초원에서 얼룩말 못지않게 돋보이는 동물로 치타가 있다. 달리기 선수답게 늘씬한 몸매와 커다란 눈매가 어딘가 연약해 보이는 포식동물이다. 치타는 매와 함께 세계에서 가장 빠른 동물인데, 이들의 모습을 떠올리면 큰 눈이 공통적이다. 동작이 굼뜬 키위나 펭귄은 눈이 작은 편이다. 그렇다면 동물의 속도와 눈의 크기 사이엔 어떤 관련이 있지 않을까. 일찍이 과학자들은 그런 상관성을 눈치챘다. 빨리 달리는 동물일수록 큰 눈을 가진다는 것이다. 빠른 속도를 내는 동물은 뛰어난 시력을 가질 수밖에 없다. 장애물을 피하지 못하면 치명적인 충돌 사고로 이어지기 때문이다. 눈이 커지면 수정체의 초점거리가 길어지고 어두운 곳에서도 빛을 많이 받아들이기 때문에 예민하고 날카로운 시력을 가질 수 있다. 이 법칙에 비춰보면 빠른 속도로 이동하는 새들이 육상동물보다 몸집에 견줘 큰 눈을 지녔음을 알 수 있다. 시속 320킬로미터의 속도로 먹이를 향해 내리꽂는 매는 천진해 보이는 큰 눈을 지녔다.

그런데 속도가 빠를수록 눈이 커진다는 법칙이 육상의 포유류 사이에서도 적용될까. 미국 과학자들이 포유류 50종을 대상으로 이 법칙이 맞는지를 조사했다.[5] 일반적으로 포유류의 눈 크기는 속도보다는 몸과 머리의 크기, 행동방식, 먹이 등과 관련이 있는 것으로 알려져 있었다. 연구자들은 동물 종의 체중, 눈의 크기(안구의 직경), 최대 주행속도의 상관관계를 알아봤다. 얼굴이 클수록, 곧 몸집이 클수록 눈도 크기 마련이다. 눈의 크기는 아프리카코끼리가 39.6밀리미터, 얼룩말이 41.5밀리미터, 기린이 42밀리미터, 대형 영양인 일런드가 47.7밀리미터 등으로 큰 동물이 '왕눈'을 가졌음이 확인된다. 하지만 체중이 가벼우면서도 커다란 눈을 가진 대표적인 동물이 육상 최고의 스프린터인 치타이다. 시속 110킬로미터로 달리는 치타는 몸무게가 55킬로그램에 지나지 않지만 눈의 크기는 36.7밀리미터로 체중이 3~4배 무거운 사자나 호랑이와 비슷하다.

치타는 체중이 가벼우면서도 커다란 눈을 가진 대표적인 육상동물이다.

영장류 가운데는 파타스원숭이가 24.9밀리미터로 눈의 크기가 가장 컸는데 이는 체중이 25배 무거운 고릴라와 비슷하다. 파타스원숭이는 원숭이 가운데 가장 빠른 종으로 알려져 있다. 사람의 눈 크기는 23.3밀리미터로 비슷한 몸집의 다른 동물에 비해 상당히 큰 편이다. 늑대의 눈 크기인 22.5밀리미터와 견줄 만한데, 늑대는 최대 속도가 64킬로미터나 된다. 사람은 단거리 선수가 시속 36.7킬로미터로 달리니, 큰 눈을 가진 동물치고는 느린 편이다. 사실 사람은 단거리 질주가 아니라 지구력 있는 장거리 달리기로 주로 사냥을 했고, 오래 달릴 때 속력은 시속 9~23킬로미터에 지나지 않는다. 그런데도 사람이 큰 눈을 진화시킨 것은 다른 사람 얼굴의 미묘한 표정변화를 알아채는 사회적 소통이 훨씬 중요했기 때문일 것이다.

마다가스카르
동물 표류기

어릴 때 몇 번이고 읽은 동화책《십오 소년 표류기 Deux ans de vacances》는 쥘 베른Jules Verne이 1888년 발표한 모험소설로 원제는 '2년간의 휴가'이다. 15명의 어린이가 휴가차 탄 보트가 표류해 도착한 남태평양의 무인도에서 2년 동안 살다가 탈출하는 내용을 다룬 홍미진진한 이야기이다. 새로운 세계와 모험을 향한 동경은 소년의 특권이지만, 사람뿐 아니라 동물의 유전자에도 그런 성향이 들어 있는 것 같다. 바다 한가운데 있는 섬에 어떻게 동물들이 살게 됐을까 궁금해하다가 든 생각이다.

아프리카 남동쪽의 섬나라인 마다가스카르는 세계에서 생물다양성이 가장 높은 곳으로 꼽힌다. 여우원숭이, 카멜레온, 바오밥나무 등으로 상징되는 이 섬의 동식물 가운데 약 90퍼센트는 세계 다른 곳에는 없는 고유종이다. 그래서 세계에서 네 번째로 큰 섬인 이곳을 생물학자들은 흔

마다가스카르
위성사진.

히 '여덟 번째 대륙'으로 부른다. 마다가스카르는 약 8,000만 년 전 아프리카와 분리됐다. 아프리카, 남아메리카, 오스트레일리아, 남극 대륙이 붙어 있던 곤드와나Gondwana 초대륙이 지판의 이동에 따라 떨어져나간 결과이다. 현재와 같은 포유류가 진화하기 전 일이었다. 그렇다면 이 섬의 동물은 어디서 왔을까.

1세기 전만 해도 '육교 이론'이 정설이었다. 아프리카에서 마다가스카르는 400킬로미터나 떨어져 있으니 헤엄치기엔 너무 멀다. 양 지역을 잇는 기다란 육교 형태의 육지가 한때 있다가 사라졌다면 동물의 이동을 설명할 수 있을 것이다. 그러나 육교의 흔적이 전혀 없다는 게 이 이론의 치명적 약점이었다. 게다가 유인원, 사자, 코끼리 등 대형 포유류는 전혀 없고 안경원숭이, 설치류, 몽구스 등 작은 동물만 있는 사실도 특이하다.

여기서 일찍부터 '뗏목 이론'이 출현했다. 사람들은 경험을 통해 큰 홍수 때 나무나 작은 숲이 통째로 바다에 흘러간다는 사실을 안다. 실제로 폭 100미터에 작은 물웅덩이까지 있는 큰 숲이 200킬로미터 밖 바다에 떠내려간 일이 있다. 여기엔 뱀이나 쥐 같은 소형 동물은 물론이고 재규어, 퓨마, 사슴, 원숭이 그리고 어린이까지 타고 있었다는 기록이 있다.[6] 만일 해류가 도와준다면 400킬로미터라도 이동할 수 없는 거리는 아니다.

그러나 안타깝게도 바닷물은 마다가스카르에서 아프리카 대륙 쪽으로 흐른다. 뗏목 이론은 벽에 부닥쳤다. 하지만 이 이론을 최근 지질학자와 생물학자들이 되살렸다.[7] 판구조론Plate Tectonics 연구자들은 마다가스카르가 약 2,000만 년 전에는 현재보다 1,600킬로미터 남쪽에 있었고, 당시의 대륙 배치에서 해류는 아프리카 대륙에서 마다가스카르 쪽으로 흘렀음을 밝혔다. 이제 뗏목을 타고 동물이 이동할 여건이 마련된 것이다. 또한 분자유전학적 증거는 이 섬에 있는 영장류 101종의 조상은 4,000~5,000만 년 전 한 종이 분화한 것임을 보여준다. 큰 열대폭풍 때 쓸려나간 숲 조각에서 운 좋은 어느 영장류가 이 섬에 도착했음을 알 수 있다. 나중에 해류가 바뀌면서 이런 드문 '항해자'가 나올 기회는 영영 다시 오지 않았다. 훨씬 나중 일이지만, 마다가스카르엔 동물뿐 아니라 사람도 바다를 표류해 도착했다. 아프리카 옆구리에 붙은 이 섬 주민의 얼굴은 아시아 쪽에 가깝다. 최근 뉴질랜드 연구자들이 주민들을 대상으로 모계로만 유전되는 미토콘드리아 DNA를 분석한 결과 이 섬을 처음 정복한 원주민 가운데 가임기 여성은 약 30명이었고 그중 93퍼센트가 인도네시아계였다.[8] 아시아인들이 사고를 당했든 이주 여행을 했든 간에 인도양을 건넜던 것이다.

물론 모든 섬의 동물이 '뗏목'을 타고 이동한 것은 아니다. 이구아나는 아메리카에 서식하는 파충류인데, 무려 8,000킬로미터나 떨어진 태평양 섬인 피지와 통가에도 분포한다. 뗏목을 타고 이동하려면 반년은 걸릴 거리이다. 과학자들은 유전자 연구를 통해 이 이구아나는 아메리카가 아니라 애초 아시아와 오스트레일리아에 살던, 그렇지만 원 서식지에서는 이미 멸종한 이구아니임을 알아냈다. 피지의 이구아나는 뗏목을 타고 아메리카에서 온 것이 아니라 그냥 이웃 마을에서 '걸어서' 온 것이었다.

제주도처럼 빙하기 때 육지와 연결되었던 섬에는 육지와 마찬가지 동물이 산다. 반대로 한 번도 육지와 연결된 적이 없는 대양섬인 울릉도에는 해양포유류나 사람이 데려간 가축과 쥐, 개구리 말고는 포유류와 뱀, 개구리가 전혀 없다. 한강처럼 큰 강이 동해에 있었다면 육지와 최단거리가 137킬로미터인 울릉도로 ‘항해’를 시도한 동물이 있었을 것이다. 사실 홍수 때 큰 강으로 떠내려간 나무는 독특한 생태계를 형성했다. 18세기 말 미국 미시시피 강에는 홍수 때마다 길이가 16킬로미터에 이르는 나무뗏목이 형성되곤 했는데, 그 위에서 큰 나무와 다양한 생물이 자랐다. 한강과 낙동강도 큰 홍수가 나면 수많은 나무를 흘려보내 강 하구 생태계를 살찌웠을 것이다.

이제 광범위한 통신망과 휴대전화 덕분에 조난 가능성은 희박해졌고, 더욱이 입시 준비에 바쁜 청소년들은 휴가여행을 즐길 여유 자체가 없다. 《십오 소년 포류기》 같은 상황은 가상으로도 일어나기 힘들게 됐다. 마찬가지로 댐과 강변 개발로 인해 쓰러진 나무를 타고 동물이 하류로 이동하는 일도 불가능해졌다. 하지만 굴업도 등 서해안 섬에 유독 구렁이가 많은 걸 보며, 이들이 과거 거대한 홍수와 동물판 《십오 소년 표류기》의 유산일지 모른다는 상상을 해본다.

늑대는 왜
개가 되었나

　　동물행동학에서 인지능력을 알아보는 실험으로 다음과 같은 것이 있다. 안이 들여다보이지 않는 2개의 통 가운데 하나에 과자를 넣는다. 냄새가 나지 않도록 뚜껑을 꼭 막는다. 실험자는 가리키거나 쳐다보는 식으로 어느 쪽에 과자가 숨겨져 있는지 동물에게 슬쩍 암시를 준다. 실험대상인 원숭이와 개 가운데 어느 쪽이 과자를 더 많이 찾을 수 있을까. 정답은 개이다. 심지어 생후 아홉 달 된 강아지와 다 자란 원숭이를 이 게임에 붙여놓아도 강아지가 이긴다.

　지능만으로 따진다면 개가 원숭이를 따라갈 수 없다. 예를 들어 원숭이는 거울 속에 비친 자신을 알아보지만 개는 그런 자의식이 없다. 고슴도치 가시에 코를 찔려 끙끙대는 동료를 옆에 두고도 고슴도치에 코를 들이대는 게 개다. 그러나 이 실험은 개가 사람의 사소한 동작에서 의미를 잡아내는 탁월한 능력을 타고난다는 사실을 보여준다. 개는 지난 수만 년 동안 사람과 살아오면서 독특한 인지능력을 길러왔다. 우리가 개를 아는 것보다 개는 우리를 더 잘 안다.

개는 돼지나, 양, 소 등보다 먼저 사람이 길들인 최초의 가축이다. 하지만 개의 기원은 최근까지도 수수께끼였다. 습성이나 외모로 보아서 개는 늑대와 가까울 것으로 누구나 짐작했지만 딱 부러진 근거는 없었다. 진화론의 선구자인 찰스 다윈은 개가 늑대, 코요테, 자칼 등이 복잡하게 교배해 만들어진 종이라고 믿었다. 노벨 생리의학상 수상자인 콘래드 로렌츠Konrad Lorenz는 개의 일부는 자칼, 나머지는 늑대에서 왔다고 주장했다. 하지만 개의 기원에 관한 좀 더 분명한 그림이 나오기 위해서는, 유전자 지문을 검색하는 분자생물학의 도움이 필요했다. 캘리포니아대 로스앤젤레스 캠퍼스의 로버트 웨인Robert Wayne이 이끄는 국제 연구진은 1997년 마침내 "개는 길들인 늑대"라는 결론을 내렸다.

사실 우리가 기르는 개의 학명 '카니스 루푸스 파밀리아리스Canis lupus familiaris'는 '가족처럼 친근한 늑대'라는 뜻이다. 연구진은 전 세계의 개 67종 140마리와 늑대 162마리로부터 세포를 얻어 그 속의 DNA 지문을 분석했다. 그 결과 개의 유전자는 늑대와 단 1퍼센트만 달랐다. 늑대와 코요테의 유전자 차이가 6퍼센트임을 감안하면 개와 늑대가 얼마나 비슷한지 알 수 있다. 개와 늑대는 교배가 가능하고 둘 사이에서 태어난 '늑대개'는 번식력이 있다. 이 연구는 모계를 통해서만 유전되는 미토콘드리아 DNA를 분석 대상으로 삼았다. 모든 개의 어머니를 거슬러 올라가보니 마지막에 4마리에 이르렀다. 이들은 말하자면 '이브 개'인 셈이다. 이 가운데 하나는 암늑대였고, 나머지 셋은 늑대와 가축화된 늑대, 즉 개 사이의 교배로 생겨난 것으로 밝혀졌다.

북극늑대와 알래스카 맬러뮤트를 교배한 늑대개.

개가 어디서 기원했는지는 오랜 논란거리이다. 스웨덴 웁살라대 동물학자 카를레스 빌라Carles Vila의 연구로는, 개의 유전적 다양성은 동아시아가 가장 풍부하다. 이 지역이 가장 일찍부터 개를 길들였다는 뜻이다. 그러니 새로운 연구결과가 잇따라 나오면서, 최근 동아시아설과 중동설에 이어 유럽설이 강력하게 대두되고 있다. 고대 개와 늑대 화석의 DNA를 분석한 결과 개는 지금은 멸종한 유럽의 회색늑대로부터 출발했다는 연구결과가 나왔다.[9]

고고학자들이 찾아낸 가장 오래된 개의 화석은 서아시아에서 발견된 1만 4,000년 전의 것이다. 그러나 유전자 분석의 결과는 달랐다. 개의 기원은 3만~13만 5,000년까지 거슬러 올라갔다. 지금까지는 인류가 농경 생활을 하면서 정착한 이후 개를 길들인 것으로 추정했지만 연구결과는 개와 함께한 인류의 역사는 이보다 훨씬 길다는 것을 보여준다. 아마도 5만 년 전 인류의 조상이 아프리카를 떠나 세계로 퍼져나갔을 때 이미 이 수렵채취인들 곁에는 개가 있었던 것 같다.

그 첫 만남은 어떤 모습이었을까. 어떤 늑대 무리가 사람들 주변을 얼 쩡거리게 됐을 것이다. 늑대는 작은 무리를 지어 사냥과 채집을 하는 사람들이 남긴 음식찌꺼기를 노렸을지도 모른다. 늑대는 사냥꾼이지만 동시에 청소부이기도 하다. 당연히 사람을 덜 무서워하는 늑대에게 먹이를 얻을 기회가 더 많이 돌아갔을 것이고 새끼를 더 많이 남겼을 것이다. 최근 스웨덴 웁살라대 연구자들은 세계의 개와 늑대 유전자를 비교한 결과 개에게는 늑대와 달리 전분을 분해하는 유전자가 활성화돼 있음을 밝혀냈다.[10] 이 연구결과는 이른바 '청소부 가설'을 결정적으로 뒷받침한다. 늑대가 사람을 선택했고 그 결과 개가 탄생했다는 설명이다.

이 가설은 여러 가지 변형이 가능하다. 예컨대 사람 주변을 얼씬거리던 늑대의 새끼들을 사람이 가져다 기르는 일을 상상할 수 있다. 실제로 인류의 조상은 주변의 동물을 가축화하려는 시도를 끊임없이 했다. 늑대는 사회성 동물이다. 어릴 때 사람 손에서 자란 늑대 새끼는 사람을 자기 무리의 우두머리로 간주해 복종한다. 집에서 기른 늑대의 유용성은 곧 밝혀졌을 것이다. 아이들에게 친구처럼 놀이 상대가 되는 것은 물론이고 집이나 다른 가축을 지켰을 것이다.

중요한 것은 사람보다 뛰어난 사냥능력이다. 어떤 연구자들은 개의 가축화가 인류를 멸종에서 살린 구세주였다는 주장을 펴기도 한다. 늑대는

러시아 세포학및유전학
연구소에서 길들인 은여우.

무리를 이뤄 사냥하는데, 사냥한 먹이는 잡은 늑대가 먹는 것이 아니라 우두머리에게 바쳐 권력 순서대로 나눠 먹는다. 길들인 늑대는 아마도 먹이를 사냥한 다음 먹지 않고 주인을 기다렸을 가능성이 높다. 사람의 육체능력과 도구로는 도저히 불가능했던 사냥이 늑대를 이용해 가능했을 것이다. 물론 다른 가축과 마찬가지로 늑대는 식량 사정이 나빠졌을 때를 대비한 살아 있는 비상식량이자 잠자리를 덥히는 침낭 구실도 했을 것이다.

일단 사람과 함께 살기 시작했더라도 늑대가 개로 바뀌는 과정은 쉽지 않았을 것이다. 수만 년이나 지난 지금도 우리는 성난 개의 이빨에서 늑대를 어렵지 않게 연상할 수 있다. 인류의 조상은 좀 더 온순하고 사람 말을 잘 듣는 개체들을 선택해 기르는 육종을 의도적으로 오랜 세월 거듭했을 것이다. 그 가능성을 확인한 실험도 있다. 옛 소련의 유전학자 드미트리 벨랴예프Dmitri Belyaev는 1959년 매우 독특한 실험에 착수했다. 야생동물의 가축화는 온순함을 기준으로 선택을 계속한 결과라는 가설을 입증하기로 마음먹은 것이다. 그는 1985년 세상을 떴지만 뒤를 이은 과학자가 현재도 진행 중인 이 장기 실험은, 늑대로부터 어떻게 개가 탄생했는지를 알아낼 흥미로운 단서를 제공한다.[11]

벨랴예프는 은여우 암컷 100마리와 수컷 30마리를 1세대로 삼아 사람에 대한 공격성이 낮고 두려움이 적은 새끼만을 골라 번식을 이어갔다. 새끼가 태어난 직후 서너 달 동안 사람이 젖을 먹이고 쓰다듬어주는 등 접촉을 강화했다. 불과 4세대 만에 사람이 다가가면 끙끙대고 꼬리를 흔드는 '다정한' 여우가 출현했다. 그 비율은 30세대 만에 49퍼센트에 이르렀고, 반세기가 지난 현재 약 70퍼센트를 차지한다. 멀리서 사람을 보면 달려와 만져달라고 조르고 꼬리를 치는 이 길들인 여우는 성격뿐 아니라 형태도 달라져, 몸에 반점이 생기고 꼬리가 둥글게 말리는가 하면 귀가 접히고 두개골이 짧고 뭉툭해졌다. 늑대가 개로 바뀐 것처럼, 북극에 사는 야생동물 은여우가 가축이 된 것이다. 실제로 실험을 하고 있는 러시아 세포학및유전학연구소는 이 여우를 애완동물로 판매하기도 한다.

이 실험이 보여주는 건 한마디로 나이를 먹어도 어린 모습을 간직한 늑대가 바로 개라는 것이다. 인류는 오랜 선택 끝에 사납지 않고 사람 말을 잘 듣는 '어린 늑대'를 만들어냈고, 그 과정에서 늑대는 사람의 행동을 재빨리 이해함으로써 보살핌과 먹이를 제공받는 기회를 얻었다. 이 실험은 온순함을 선택하는 것만으로 동물의 형태와 생리까지도 바꿀 수 있음을 보여준다.

그렇지만 과연 사람이 이런 식으로 늑대를 길들였는지는 논란거리다.

무엇보다 인류는 한 번도 늑대를 부드럽게 대한 적이 없다. 포식자인 사람은 늑대를 늘 경쟁자로 여겨 몰아냈다. 우리나라만 해도 조선총독부의 자료를 보면, 1914년 늑대에 물려 죽은 사람은 113명으로 호랑이에게 죽임을 당한 8명을 크게 웃돈다. 그해 늑대 122마리, 이듬해에 106마리를 '해로운 짐승을 없앤다'는 명목으로 잡아 죽였다. 현재 늑대는 남한에서 사실상 멸종된 상태이다. 늑대가 사람의 사냥을 도왔다는 주장이 있지만, 늑대 자체가 고기를 많이 먹는 대식가인데다 늑대의 도움 없이도 인류는 이미 매머드 등 대형 동물을 무더기로 사냥해 멸종의 길에 몰아넣은 빼어난 사냥꾼이었다는 반론에 부닥친다.

어떤 가설이 맞든 간에, 오늘날 전 세계에는 모두 350품종 4억 마리의 개가 산다. 포유류 가운데 인간을 빼고 이처럼 성공한 예는 드물다. 수많은 동료 인간이 식량 부족으로 죽어가는데도 인류는 애완견 사료를 생산하느라 막대한 돈을 쓰고 있다. 이만하면 늑대의 변신은 성공이 아닌가.

당신 몸에 얹혀사는
2킬로그램의 정체

　　항균비누로 깨끗이 샤워를 하고 새 옷으로 갈아입는다. 이어 구강청정제로 입안을 말끔히 가셔낸다. 혀로 느껴지는 매끈한 이와 보송보송한 피부가 더없이 깔끔하고 상쾌한 느낌을 준다. 이렇게 청결해진 내 몸에는 과연 얼마나 많은 미생물이 살까. 수천, 수만 마리?

　과학자들이 제시하는 수치는 까무러칠 정도로 크다. 100조 마리이다. 우리 몸의 세포가 10조 개이니 그보다 10배나 많은 박테리아, 바이러스, 곰팡이 따위의 미생물이 우리 몸에 터 잡고 살고 있는 것이다. 그 무게를 다 합치면 1~2킬로그램에 이른다. 체중에 신경을 쓰는 사람에게는 조금 위안이 될지도 모르겠다. 체중계의 눈금이 가리키는 것은 실제 내 몸무게와 수많은 작은 벌레들의 무게를 합친 것이니까. 물론 위안은커녕 갑자기 몸이 근질거리는 이도 있을 것이다. 하지만 우리 몸에 사는 미생물은 알아도 좋고 몰라도 좋은 과학상식의 차원을 넘어선다. 인간 몸에 사는 미생물 연구를 통해 과학자들은 인간을 지금과는 다른 관점에서 이해하기 시작했으며 건강의 개념 자체를 새롭게 바라보고 있다.

미국국립보건원NIH은 2007년부터 '인체 미생물군집 프로젝트Human Microbiome Project'에 착수했다. 세계 80개 연구소의 연구자 200명이 참가해 5년 동안 약 1억 7,000만 달러(약 2,000억 원)를 들여 사람 몸에 살고 있는 미생물의 유전자 정보를 해독하자는 것이다. 사람의 유전자 정보를 해독한 인체 게놈 프로젝트에 이은 또 하나의 거대 프로젝트이다. 2013년 사업 완료를 앞두고 지금까지의 연구결과가 〈네이처Nature〉 등 학술지에 논문으로 발표되고 있다.[12] 확인된 미생물만 1만 종에 이르며 이들의 유전자를 모두 합치면 사람의 유전자보다 360배 많은 800만 개에 이른다. 생물다양성을 연구하기 위해 아마존의 열대우림이나 오스트레일리아의 대보초Great Barrier Reef에 갈 것이 아니라 우리 몸속을 탐험해야 할 판이다.

연구결과를 보면, 사람의 몸에서 가장 다양한 종류의 미생물이 사는 곳은 배설물이 모이는 큰창자로 무려 4,000종의 세균이 살고 있었다. 이어 음식물을 씹는 이에 1,300종, 코 속 피부에 900종, 볼 안쪽 피부에 800종, 여성의 질에서 300종의 미생물이 발견됐다. 연구자들은 사람의 입속에만 적어도 5,000종의 미생물이 살고 있을 것으로 추측한다.

인체는 수많은 미생물이 사는 생태계라는 사실이 드러났다. 마치 숲이 서로 다른 생물종으로 구성된 작은 생태계가 모자이크처럼 모여 이뤄지듯이, 인체도 서로 다른 미생물들이 생태계를 구성한 조각으로 구성돼 있는 것이다. 물론 미생물의 종류에는 개인차가 있다. 한 사람의 몸에서도 팔꿈치와 입속 등 부위마다 분포하는 미생물의 종류가 다르고, 섭취하는 음식과 나이에 따라서도 달라진다. 이런 미생물은 사람에게 도대체 어떤 영향을 끼칠까.

미국 베일러 의대 연구진의 연구결과를 보자.[13] 연구진은 임신한 여성의 질에 사는 미생물 집단이 임신 전에 비해 현저히 달라진다는 사실을 발견했다. 새롭게 주도권을 쥐는 미생물은 위장에서 젖을 소화하는 효소를 분비하는 박테리아였다. 출산 과정에서 아기는 이 박테리아의 세례를 받을 것이 분명한데, 덕분에 모유를 소화할 준비를 갖추게 되는 것이다. 이 예는 새끼에게 자신의 배설물부터 먹이는 토끼를 떠올리게 한다. 토끼의 똥 속에는 식물의 섬유질을 분해하는 유용한 세균이 잔뜩 들어 있어 어미 토끼는 이것을 새끼에게 먹임으로써 소화기능을 전달한다.

또한 피부에 사는 어떤 세균은 보습 효과를 낸다. 이 세균은 피부 세포가 분비하는 왁스질의 분비물을 먹고 사는데, 수분층을 만들어 피부를 촉촉하게 유지시킨다. 미래의 화장품 가운데는 이런 미생물이 잘 살아가도록 이들을 위한 영양분을 첨가한 제품이 나올지도 모른다. 비만과 장내 세균의 관계도 흥미로운 연구과제이다. 쥐 실험에서 비만 쥐의 장내 세균을 날씬한 쥐에게 옮겼더니 체중이 늘어났다. 이 세균은 몸에 신호를 보내 세포가 당분을 사용하는 방식을 바꾸어 결국 체내에 여분의 지방을 축적하는 기능을 하는 것으로 추정된다. 하지만 사람에게 이런 '비만 세균'이 있는지는 미지수이다.[14]

미생물이 우리가 몰랐던 유익한 기능을 하고 있다는 사실이 하나씩 밝혀지고 있다. 이처럼 인체 미생물군집에 대한 관심이 높아지면서 '의학 생태학'이라는 새로운 학문 분야가 등장했다. 이 분야 연구자들은 세균을 퇴치의 대상으로 삼던 이제까지의 의학자들과 달리, 인체 미생물과의 공존을 지향한다. 건강한 사람이라도 몸속에는 병을 일으킬 수 있는 미생

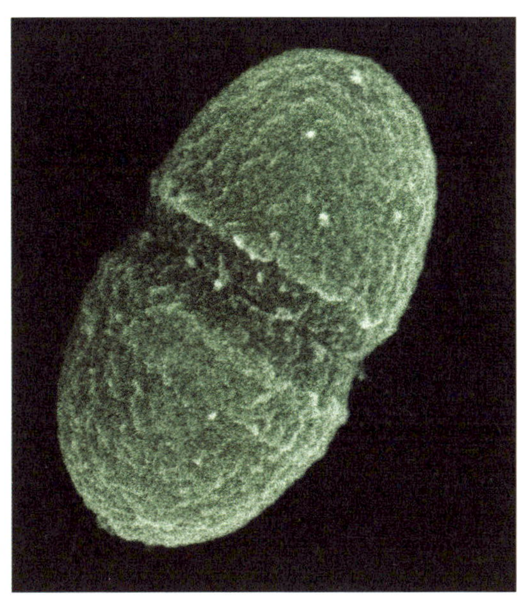

물과 유익한 미생물이 함께 살고 있다. 이들의 미묘한 균형이 깨지면 병이 생긴다. 무차별적으로 세균을 죽이는 방식은 자칫 이런 균형을 깨고 수많은 유익한 기능을 하는 '좋은 미생물'까지 모조리 없앨지 모른다. 마치 제초제와 살충제가 목표로 하던 잡초와 해충뿐 아니라 수많은 이로운 생물과 생태계 자체를 위협하는 깃처럼 말이다.

미생물과의 공존을 막는 대표적인 생활방식은 항생제를 많이 사용하거나, 어릴 때부터 지나치게 깨끗한 생활방식을 고집해 미생물과의 접촉이 부족한 환경에서 자라는 것이다. 어릴 때 흙이나 먼지처럼 미생물이 많은 지저분한 곳에 노출되지 않은 사람은 면역체계가 발달하지 않아 나중에 알레르기나 당뇨 등에 잘 걸린다는 이야기가 설득력을 얻고 있다.

이른바 '위생 가설'인데, 아직 과학적으로 확립된 이론은 아니다. 중요한 건 아무 세균에나 노출된다고 좋은 게 아니라 좋은 세균에 노출돼야 한다는 것이다. 이를 위해서는 인체의 미생물 생태계를 이해하지 않으면 안 된다. 우리는 이제 그 첫 걸음을 떼었다.

우리 창자 속의 세균은 쥐 창자 속의 세균과 다르다. 그 세균은 우연히 우리 몸에 들어온 것이 아니다. 인간은 미생물과 함께 진화해왔기 때문이다. 다시 말해 그 세균이 없다면 우리도 없다고 할 수 있다. 이제 입속의 세균을 깡그리 없애준다는 구강청정제를 쏟아붓기 전에 다시 한 번 생각해본다. 수천 종류의 미생물 수억 마리가 살고 있는 생태계를 내가 망가뜨리는 건 아닌가. 어차피 우리 몸은 나와 100조 마리의 미생물이 함께 살아가는 커다란 또 하나의 유기체 아닌가.

똑똑한 식물의
SOS

조용하고 얌전한 사람을 '식물성'이라고 한다. 식물은 제자리에서 햇빛과 물과 공기로 다른 동물은 만들지 못하는 유기물질을 만드는 귀한 일을 한다. 제 몸을 동물에게 기꺼이 내어주기도 한다. 모든 동물이 살아갈 먹이를 묵묵하게 만드는 식물은 성직자처럼 숙연해 보이기까지 한다. 그런데 정말 그렇기만 할까.

생물학자들은 식물에게서 속으로 타오르는 불꽃을 본다. 식물은 달려드는 동물에게 만만한 먹이 노릇만 하지는 않는다. 마치 분노와 투쟁과 복수를 버무린 것처럼 단단한 껍질과 날카로운 가시로 무장하고, 지독한 독성물질을 만들어 동물과 맞선다. 그리고 이런 직접적인 방어수단 말고 교묘한 방어책을 구사하기도 한다. 적의 적을 유인하는 것은 아주 일반적인 수법이다. 초식성 곤충이 공격을 시작하면 식물은 휘발성 물질을 발산해 포식곤충을 끌어들인다. 식물체에서 달콤한 진액을 분비해 개미나 말벌을 불러들여 벌레를 견제하기도 한다. 식물 잎 뒷면에 곤충을 잡아먹는 응애(진드기목의 절지동물)가 살 수 있는 작은 집을 마련해주는 식물도 많다. 우리나라 산분꽃나무 잎 하나에서는 그런 집이 평균 24개나 발견되기도 했다.

그러니까 어린이 만화영화에서 양배추가 용감한 말벌 아저씨에게 도움을 청해 나방 애벌레의 침입을 막는다는 이야기는 공상이 아니라 현실에서 벌어지는 일이다. 최근 네덜란드 과학자들은 유럽에 분포하는 양배추의 일종인 흑겨자와 거기에 알을 낳아 애벌레를 키우는 배추흰나비의 관계를 면밀히 관찰했다.[15] 수세에 놓인 흑겨자는 화학무기를 갖춰 포식자의 접근을 막지만, 배추흰나비는 그 독성을 무력화한다. 그러면 흑겨자는 배추흰나비의 알이나 애벌레를 공격하는 기생 말벌을 유인하는 전략으로 맞선다. 이 말벌은 흑겨자가 내뿜는 휘발성 유기화합물질을 알아채고 찾아온다. 마치 만화영화에서 양배추가 "도와줘요!"라고 외치는 소리를 듣는 것처럼 말이다. 게다가 이 식물은 배추흰나비의 애벌레가 식물을 물어뜯어 상처가 날 때가 돼서야 신호물질을 방출하는 게 아니라, 나비가 식물 표면에 알을 낳기만 해도 알아차리고 신호물질을 내보낸다.

과학자들은 식물이 우리가 생각하는 것보다 훨씬 똑똑하다는 사실을 차츰 깨닫고 있다. 잔디를 깎으면 독특하고 신선한 풀 냄새가 난다. 우리에겐 상쾌하게 느껴질지 몰라도 풀의 입장에서는 동료에게 보내는 조심하라는 경계경보이자 도움을 요청하는 긴급 구조신호일 수 있다. 식물의 소통은 땅 위에서뿐 아니라 땅속에서도 이뤄진다. 미국 과학자가 애기장대라는 식물을 상대로 한 연구가 있다.[16] 애기장대의 잎에 '슈도모나스 시린개Pseudomonas syringae'라는 병원성 박테리아를 감염시켰다. 당연히 식

흑겨자 잎에 배추흰나비가 알을 낳은 모습.
이때 흑겨자가 내뿜는 휘발성 유기화합물질을 알아채고 말벌이 찾아온다.

물은 시름시름 앓았다. 하지만 이 식물의 뿌리에 미리 유익한 세균인 '바실루스 수브틸리스Bacillus subtilis'를 접종한 뒤 이 병균을 감염시켰더니 식물은 건강했다. 과학자들은 애기장대 잎에 병균을 감염시킨 뒤 신호가 전달되는 과정을 분자생물학적으로 조사했다. 식물의 잎은 뿌리에게 신호를 보내 탄소가 풍부한 사과산(말산)을 분비하도록 요청했다. 사과산은 감염을 막는 바실러스균이 좋아하는 먹이이다. 결국 애기장대는 병균과 싸울 우군 박테리아를 유인하기 위해 자신에게 소중한 양분을 미끼로 분비해 병에 걸리지 않도록 만드는 고도의 책략을 쓰는 셈이다.

식물을 먹고 사는 곤충은 무려 30만 종에 이른다. 지구상에서 생물학적으로 가장 중요한 상호작용이 바로 식물과 곤충 사이에서 벌어진다. 벌레라면 '징그럽다'는 생각부터 든다면, 또는 아름다운 꽃을 피우는 화초에 피해를 끼치는 어떤 곤충은 지구상에서 사라졌으면 좋겠다고 생각한다면, 과학적 연구결과를 주목할 필요가 있다. 식물은 곤충과의 싸움을 통해 매일매일 진화하고 있으며, 우리가 귀하게 여기는 맛, 향기, 약효 등 식물의 여러 형질은 그런 싸움의 결과라는 것이다. 만일 징그럽다고 곤충을 사라지게 한다면 소중한 식물의 자산마저 사라질지 모른다.

최근 미국, 캐나다, 핀란드 과학자들의 연구는 그런 점에서 주목할 만하다.[17] 연구자들은 5년 동안 야외에서 달맞이꽃을 기르면서 곤충과의 관계가 진화에 어떤 영향을 끼치는지 조사했다. 달맞이꽃은 둘로 나눠 한곳에는 한 달에 두 번 살충제를 쳐 곤충의 접근을 막았고, 다른 곳은 그냥 내버려두었다. 달맞이꽃에도 다양한 형질이 있는데, 16가지 표현형의 달맞이꽃을 똑같은 비중으로 심고 시간이 지나면서 어떻게 변해가는지 관찰했다. 살충 구역에서 벌레가 사라지자 달맞이꽃에서는 변화가 일어났다. 첫 변화는 뜻밖이었다. 천적인 벌레들이 없어졌는데도 달맞이꽃의 수가 줄어든 것이다. 민들레가 급속히 늘어나면서 달맞이꽃 종자가 싹트는 걸 방해했기 때문이었다. 민들레는 대조군에서보다 곱절로 많아졌다. 민들레 또한 그동안 수많은 딱정벌레와 나방 애벌레의 공격에 시달렸기 때문이다.

5년간의 현장실험에서 분명해진 것은 곤충이 식물을 바꾼다는 사실이다. 살충제를 뿌린 달맞이꽃은 더는 나방 애벌레가 씨앗을 갉아먹는 것을 막아주는 독성물질을 분비하지 않았다. 엄밀하게 말하면, 이제는 불필요해진 독성물질을 만드는 달맞이꽃은 그런 노력 없이 생존과 번식에 몰두한 다른 형질의 달맞이꽃에게 자리를 내어주게 된 것이다. 16가지 형질의 달맞이꽃 가운데 1가지 형질은 '멸종'했고, 3가지 새로운 형질이 출현해 총 18가지 표현형이 나타났다. 달맞이꽃의 종자기름은 전통적으로 널리 쓰이는 허브 약재이다. 만일 곤충이 사라진다면 이 오랜 약용성분도 사라질지 모른다.

벌레가 없어지자 생겨난 또 다른 변화는 꽃이 일찍 피기 시작했다는 것이다. 그전까지 달맞이꽃은 나방 애벌레가 알에서 깨 왕성하게 먹는 시기를 피해 꽃을 피웠지만 이제 그럴 필요가 없어졌던 것이다. 놀랍게도 이런 모든 변화는 불과 달맞이꽃의 3~4세대 만에 이뤄졌다.

"콩 심은 데 콩 나고, 팥 심은 데 팥 난다"라는 속담에서 알 수 있듯이 식물은 변함없음을 상징한다. 그렇지만 최근의 연구결과는 식물도 변한다는 것을 보여준다. 사실 변함없어 보이는 유리도 오랜 세월이 지나면 엿처럼 흐르지 않는가. 수백 년 된 유럽의 성당에 가보면 유리창이 울퉁불퉁해져 있음을 관찰할 수 있다. 결정이 없어 유체의 성격을 지닌 유리

  두 번째 이야기 • 진화의 수수께끼

가 서서히 흘러내렸기 때문이다. 하물며 식물은 주변환경과 끊임없이 상호작용하는 생물 아닌가. 게다가 식물의 변화는 우리가 생각해왔던 것보다 훨씬 빠르게 일어나고 있다. 이제 고정적이고 수동적이며 변화가 없다는 식물에 대한 선입견은 바꾸는 것이 타당해 보인다. 아니 식물뿐 아니라 곤충에 대한 생각도 달라져야 한다. 자연은 우리가 알던 것보다 서로 훨씬 더 밀접하게 연결된 존재임이 분명해지고 있기 때문이다.

헛개나무는
산양이 **낳아** 기른다

월악산국립공원에 산양 16마리(2마리는 회수)를 방사해 복원을 추진 중인 국립공원종복원센터 연구원들은 산양의 목에 발신기를 부착하고 그들의 먹이에서 배설물까지 빠짐없이 관찰하고 기록한다. 2011년, 산양은 26마리로 불었고 관찰기록도 두툼하게 쌓였다. 그 가운데 흥미로운 내용이 있었다. 겨울철 산양의 똥 자리에서 배설물을 분석했더니 헛개나무의 씨가 잔뜩 들어 있었고, 봄철에는 거기서 많은 헛개나무 싹이 돋아났다는 것이다.

국립공원종복원센터 산양복원팀은 산양과 헛개나무 씨앗의 발아 사이엔 뭔가 관련이 있다고 판단하고 실험에 나섰다. 모판에 배설물 속 헛개나무 씨앗을 600개 심고, 다른 모판엔 같은 월악산에서 수집한 산양이 먹지 않은 씨앗 600개를 심어 비교했다. 그랬더니 산양의 소화관을 거쳐 배설된 헛개나무 씨앗은 32.5퍼센트가 싹이 튼 반면, 산양이 먹지 않은 씨앗의 발아율은 0.8퍼센트에 그쳤다. 발아율 차이가 무려 40배에 이르렀다. 산양이 먹지 않은 헛개나무는 사실상 씨앗이 트지 않는 것이었다.[18]

헛개나무의 씨앗은 껍질이 두꺼워 발아율이 낮기로 유명하다. 알코올성 간 손상을 개선하는 약용식물로 인기가 높은 이 나무를 발아시키는 데는 황산으로 씨앗 껍질을 부식시키는 방법을 주로 쓰고 있다. 그런데 이 연구를 통해 산양이 헛개나무 열매를 먹고 되새김질을 하는 동안 씨앗의 두꺼운 껍질이 산양의 위산 등에 의해 소화돼 종자 발아를 촉진했을 것이란 추정이 가능해졌다. 또한 이 실험에서는 산양의 배설물에 든 채로 헛개나무 씨앗을 심었을 때 발아율이 48.3퍼센트로, 배설물에서 씨앗만 끄집어내 심었을 때의 발아율 16.6퍼센트보다 월등히 높았다. 배설물 속에 영양분과 함께 어떤 분해세균이 있는데, 이것이 헛개나무 씨앗 껍질을 더 빠르게 분해했을 것으로 볼 수 있다. 이와 함께 배설물이 수분을 오래 간직한다는 사실도 드러났다. 결국 헛개나무 씨앗에게 싹터 자랄 모든 조건을 잘 갖춘 산양 배설물은 태아에게 어머니 자궁과 비슷한 여건을 제공하는 셈이다.

헛개나무는 중부지방 계곡이나 산 사면의 비교적 높은 곳의 돌 틈에서 드물게 자라며 월악산과 설악산에 특히 많다. 헛개나무가 많은 곳은 우리나라에서 산양이 비교적 많이 사는 곳이기도 하다. 산양은 겨울철 양지 바른 절벽이나 능선에서 되새김질을 하면서 한곳에 배설을 하는데, 이런 곳에서 헛개나무가 집중적으로 자라난다. 산양이 헛개나무를 번성하게 하고 퍼뜨리면 결국 먹이를 구하기가 쉬워지므로 산양 자신에게도 이익이 된다. 이 연구에서 드러난 산양과 헛개나무의 관계는 공진화 이론을 뒷받침하는 사례로 포유동물의 사례가 보고된 것은 국내 최초이다.

똥 자리에서 되새김질을 하는 월악산 산양. 그 옆에 자란 대형 헛개나무.

종 복원은 돈과 시간이 많이 드는 일이다. 하지만 이 연구로 종 복원이 단순히 멸종위기종을 되살릴 뿐 아니라 식물 등 자연생태계 전반에 영향을 주어 생태계 안정에 기여할 수 있음이 드러났다. 쓸데없이 돈 낭비한 것이 아니니, 산양 연구자에겐 얼마나 다행스러운 결과인가.

새들은 어떻게
남성을 잃어버렸나

       새들의 짝짓기 행동은 허무할 정도로 짧다. 수컷은 암컷의 마음을 사로잡으려 한껏 춤과 노래를 뽐내고 먹이까지 갖다 바치면서 정성을 다하기도 하지만, 정작 정자를 암컷에게 전달하는 행위는 순식간에 끝난다. 이것은 새들의 독특한 해부학적 구조 때문이다. 배설과 생식기능을 나누지 않고 총배설강에서 모두 담당하는데, 새들의 교미는 암수가 총배설강을 열어 서로 접촉하고 그 순간 수컷이 사정하는 것이 전부이다.

  동물 진화에서 가장 큰 수수께끼의 하나는 대부분의 새 수컷에게 생식기가 없거나 아주 작게 축소됐다는 사실이다. 돌출한 생식기는 정자를 효과적으로 전달하는 데 도움이 된다. 그런데 조류의 97퍼센트인 약 1만 종의 수컷에게서 외부 생식기가 사실상 없어진 것은 무엇 때문이고 어떻게 그런 일이 일어났을까.

미국과 영국 연구자들이 이런 의문을 발달 단계에서 해명한 연구결과를 내놓았다.[19] 대부분의 새에서 수컷의 돌출 생식기는 완전히 퇴화했다. 닭, 메추라기, 꿩 등의 육상조류는 수컷의 생식기가 축소돼 흔적만 남아 있다. 반면 육상조류와 분류학적으로 가까운 오리, 고니, 거위 등 물새류 수컷은 생식기가 완전하게 발달해 있다. 또 에뮤, 타조, 키위 등 일찍 분화된 집단도 잘 발달한 수컷 생식기를 지닌다.

연구진은 수정란인 달걀과 오리알이 발달하는 과정을 자세히 조사하면서 흥미로운 사실을 발견했다. 닭이나 오리나 나중에 생식기로 자라날 부위가 처음에는 똑같이 발달한다는 것이다. 그런데 이 생식기의 '싹'이 오리는 정상적으로 발달하지만 닭은 며칠 안에 성장을 멈추고 곧 사라져 버린다. 연구진은 처음 생식기를 발달시키는 무언가가 오리에게는 있고 닭에게는 없을 것으로 생각했지만 결과는 정반대였다. 어떤 단백질이 닭에게만 '죽음의 신호'를 내보냈던 것이다. 연구진은 그것이 뼈 형성 단백질4(BMP4)임을 밝혔다. 이 단백질은 '세포 죽음(아포토시스apoptosis)'을 일으키는 인자로 작용해, 나중에 생식기로 자랄 세포가 자살하도록 이끌었다. 실험에서 이 인자의 세례를 받은 오리의 알에선 생식기가 자라지 않는 것이 확인됐다.

수탉의 생식기가 '어떻게' 축소됐는지는 밝혀졌지만 '왜' 그런지 드러난 것은 아니다. 이와 관련해선 여러 가설이 있다. 암탉이 생식기가 작은 수컷을 선택함으로써 수컷에 대한 통제력을 높였다는 것이 유력한 가설이다. 돌출한 생식기가 없는 새들은 '배설강 키스'라 불리는 교미행동을 한다. 암컷과 수컷이 배설강을 맞대고 정액을 전달하는 짧고 어설픈 동작이다. 이 경우 효과적인 짝짓기를 위해선 암컷의 도움이 필수적이다.

반면 돌출된 생식기를 지닌 오리는 암컷의 협조가 필요 없다. 일부 오리는 자기 몸보다 긴 생식기를 지녔는데, 원하지 않는 암컷에게 교미를 강제하기도 한다. 이런 성 선택 가설 말고, 생식기의 축소가 새들이 진화하면서 몸에 일어난 변화의 하나라는 가설도 있다. 특히 깃털 형성, 이빨 상실, 부리 형성은 새들의 주요한 특징인데, 모두 단백질4와 관련이 있다. 결국 3퍼센트를 제외한 대부분의 새들은 하늘을 나는 월등한 변화를 획득하는 과정에서 수컷의 돌출 생식기를 잃었다는 설명이다.

오리뿐 아니라 타조, 에뮤, 레아, 키위 등 날개가 퇴화해 땅에 사는 일부 새들도 음경을 갖고 있다. 동물원에서 타조를 구경하다가는 민망한 광경을 보기 십상이다. 타조 수컷에게는 다른 새들과 달리 음경이 있으며, 그것도 아주 크다. 서울동물원 사육사의 설명을 들어보면, 수컷 타조의 음경은 길이가 30센티미터가량인데 짝짓기를 할 때뿐 아니라 배설을 할 때도 총배설강이 뒤집히며 휘어져 삐져나온다. 그러나 교미시간은 다른 조류처럼 매우 짧다.

왜 이들에게만 음경이 있을까. 그리고 이들과 파충류나 포유류의 음경은 어떻게 다를까. 이런 질문이 처음 나온 것은 1836년이었다. 독일의 한 과학자는 타조의 음경도 다른 척추동물과 마찬가지로 혈관이 확장하면서 발기한다고 보았다. 다른 견해도 있었지만 이 문제는 이후 170년 가까이 별도의 확인 없이 당연한 것으로 받아들여졌다. 그런데 2011년 미국 연구자들이 수컷 타조와 에뮤를 해부한 결과 생식기 바로 밑에 스펀지 모양의 림프 생성 조직이 있는 것을 확인하면서 오랜 믿음이 깨졌다.[20] 타조 등은 음경이 혈액 아닌 림프에 의해 발기한다는 사실이 밝혀진 것이다. 림프는 혈액과 함께 동물의 주요한 체액으로, 노폐물의 제거와 면역

세포의 전달 등 중요한 구실을 한다.

　이번 발견은 진화론적으로 중요한 의미를 지닌다. 타조, 에뮤, 오리 등 일부 조류가 모두 림프를 이용한다는 사실은 이들의 공통 조상이 혈액 발기에서 림프 발기로 진화적 전환을 했다는 증거이기 때문이다. 그렇다면 일부 새들이 혈관을 팽창시켜 발기를 하는 척추동물과 구조는 동일하면서도 혈액 대신 림프를 쓰도록 진화한 이유는 뭘까. 연구진은 2009년 림프 음경을 지닌 오리에 대한 연구결과를 발표한 바 있는데, 거기서 답을 끌어낼 수 있다. 오리 수컷의 음경은 길이가 40센티미터에 이르며 나선형으로 꼬인 형태인데, 실험결과 20센티미터 길이로 발기하는

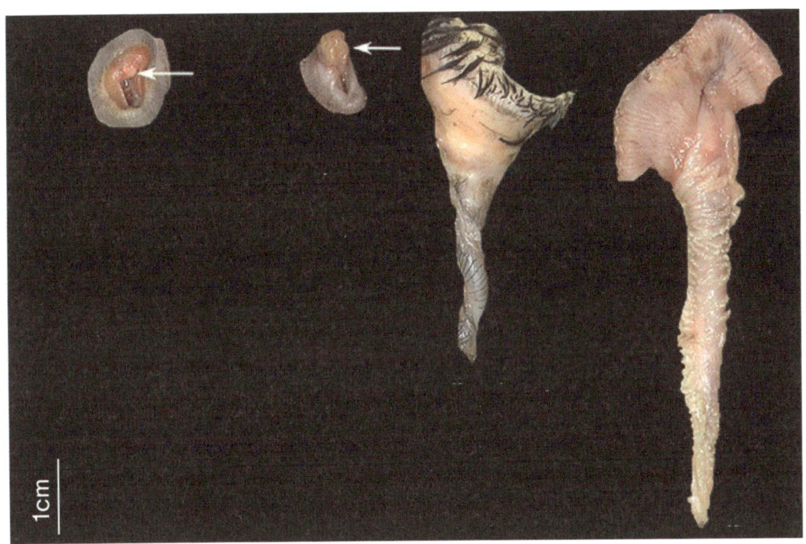

조류 수컷의 생식기 비교.
왼쪽부터 닭, 메추라기, 오리, 거위. 닭과 메추라기.
사진에서 화살표가 가리키는 돌기가 축소된 생식기이다.

데 1초도 걸리지 않았다. 연구자는 강압적으로 짝짓기를 하려는 수컷과, 원치 않는 교미를 피하려는 암컷 사이의 '성 전쟁'이 이런 결과를 낳았다고 보았다. 림프는 혈액보다 빠른 발기와 깊은 사정을 가능하게 한 것이다.

세포 크기의 한계 근접한
초미니 동물

인도네시아 수마트라 섬에는 토탄 습지가 펼쳐져 있다. 이곳에서는 빗물보다 산성도가 100배나 높은 검은빛 물이 서서히 흐른다. 영양분이 극히 적은 습지에서 곤충을 잡아 부족분을 채우려는 벌레잡이통풀이 여기저기 보인다. 아무것도 없을 것 같은 물속에도 조그만 물고기들이 헤엄친다. 이곳엔 어린 물고기만 사나? 싱가포르 대학 연구진도 처음엔 그렇게 생각했다. 하지만 채집한 물고기의 배 속엔 성숙한 알이 들어 있었다. 길이는 7.9밀리미터, 그때까지 알려진 어떤 물고기, 아니 어떤 척추동물보다 작았다.

2005년 학계에 발표된[21] 잉어과의 이 새로운 물고기는 '패도시프리스 프로제네티카Paedocypris progenetica' 다. 동물플랑크톤을 먹고 사는데, 흥미롭게도 치어의 특성을 간직하고 있었다. 몸은 투명하고 뇌를 둘러싸는 골격이 미처 발달하지 못하는 등 마치 성장을 중간에 멈춘 듯한 모습이었다. 이 물고기는 조그만 몸집 덕분에 극심한 가뭄에도 작은 물웅덩이에서 살아남을 확률이 높다. 그러나 소형화를 향한 진화의 물결은 물고기에만 미친 것은 아니었다.

수마트라 섬과 함께 동남아에서 생물다양성의 핵심지역을 이루는 파푸아뉴기니 남동부의 열대림에서 새로운 초소형 개구리가 잇따라 발견되고 있다. 미국 하와이 비숍박물관의 프레드 크라우스Fred Kraus 박사는 2010년과 2011년 다 자라도 새끼손톱만 한 초소형 개구리를 신종으로 발표해 육상에서 가장 작은 척추동물의 기록을 잇달아 갈아치웠다. 그는 2010년 머리에서 항문까지의 길이가 10~11밀리미터인 패도프리네 속 개구리 2종을 학계에 보고했고, 이듬해엔 몸길이가 각각 8.5~9밀리미터, 8.8~9.3밀리미터인 개구리를 같은 곳에서 발견했다고 발표했다.[22] 파푸아뉴기니 남동쪽 데이만 산의 해발 1,200미터 산자락 낙엽층에서 채집한 이 개구리는 가장 오래된 개구리의 하나로 발가락이 앞발에 3개, 뒷발엔 4개인 특징을 지닌다.

초소형 개구리가 주로 열대림의 숲 바닥 낙엽층과 이끼층에서 발견됐다는 건 이들이 서식지의 특성을 활용하기 위해 진화했을 가능성을 보여준다. 많은 종의 개구리가 경쟁하는 열대우림에서, 다른 큰 개구리가 먹이로 삼기에는 너무 작고 분포지도 다른 낙엽층 진드기 같은 작은 새로운 먹이에 적응한 극소형 개구리가 탄생하게 됐다는 얘기이다. 한편 물이 없는 낙엽층에서 사는 이 개구리들은 알에서 올챙이를 거치지 않고 바로 작은 개구리로 자라는 식으로 번식한다. 채집한 두 종의 초소형 개구리 가운데 5마리의 암컷은 배 속에 알이 있었는데, 그 수는 모두 2개에 불과했고 난모세포도 10여 개에 지나지 않았다. 다시 말해 1회 번식에

1~2마리의 새끼가 태어난다는 뜻이어서 개체수도 많지 않고 쉽사리 멸종에 이를 가능성도 크다.

연구자들은 이 개구리를 채집하는 데 애를 먹었다고 한다. 워낙 작은데다 마치 귀뚜라미처럼 순식간에 튀어올라, 울음소리를 기준으로 추적할 수밖에 없었다는 것이다. 다행히 초소형 개구리의 울음소리는 귀를 먹먹하게 하는 매미 소리를 뚫고 들릴 정도로 우렁찼다. 열대우림 낙엽층에서 초소형 개구리가 잇따라 발견되고 있다는 건 중요한 의미가 있다. 이제껏 개구리가 있으리라고 생각지 않았던 다른 열대우림 지역에도 초소형 개구리가 있고 힘차게 울고 있지만 벌레 울음으로 간주해 조사하지 않았을 수 있다. 조사가 거의 이뤄지지 않은 동남아와 남아메리카 열대기후의 산악지역에 초소형 개구리 서식지가 더 많이 숨겨져 있을 가능성이 높다. 실제로 패도프리네속 초소형 개구리의 발견은 최근에도 이어져 미국 루이지애나 주립대학 크리스 오스틴Chris Austin 교수 등 연구진은 2012년 파푸아뉴기니 동부 열대림 낙엽층에서 신종 초소형 개구리 '패도프리네 아마우엔시스Paedophryne amauensis'를 학계에 보고했다.[23] 이 개구리의 길이는 평균 7.7밀리미터(7.0~8.0밀리미터)로 기존의 소형 개구리는 물론 수마트라의 민물고기가 지니고 있던 가장 작은 척추동물의 기록도 깼다.

그렇다면 척추동물이 아닌 다른 동물은 얼마나 작을까. 미생물은 논외로 치고 곤충이나 거미 가운데도 우리의 상상을 넘어서는 작은 동물이 적지 않다. 이들은 예외적으로 작은 생물 집단이라기보다는 우리가 몰랐던 작은 생물들의 새로운 세계를 이루고 있는지도 모른다. 몸집이 큰 곤충은 이름에 '장수'나 '자이언트' 따위의 수식어를 달고 있지만, 아무리 커도 어른 손바닥 크기를 넘지 못하고 그 종류도 적다. 하지만 작은 곤충

가장 작은 미국 주화인 다임 위에 올라앉은 초소형 개구리 패도프리네 아마우엔시스 성체.

은 눈에 잘 띄지 않아서 그렇지 종류는 수없이 많다. 몸이 크면 적에게 발견되기 쉽지만 몸이 작으면 적게 먹어도 되고 적을 피해 살아갈 공간을 찾기도 어렵지 않다. 국립공원연구원의 자료를 보면 "우리나라에도 작은 곤충이 많이 분포하며, 파리류, 기생성 벌류와 딱정벌레류인 반날개 등에서 몸길이 1밀리미터 남짓한 곤충이 많이 알려져 있지만 분류학적인 연구가 많이 필요하다"라고 되어 있다.

곤충은 진화의 경쟁 속에서 몸집을 줄이기 위해 심장을 사실상 없애고 딱딱한 날개 대신 하늘거리는 깃털 같은 날개로 갈아치우는 등 갖은 수단을 동원한다. 극단적인 소형화의 마지막 걸림돌은 뇌 등 중추신경계이다. 신경의 단위인 뉴런으로 구성된 중추신경 없이는 어떤 행동도 할 수 없다. 그런데 알벌의 한 종은 이런 한계를 극복했다. '메가프라그마 미마리펜Megaphragma mymaripenne'이라는 이 알벌은 길이 0.2밀리미터인, 세계에서 가장 작은 기생벌의 하나로, 중추신경계를 대대적으로 줄이고도 멀쩡한 삶을 영위한다. 보통의 곤충처럼 눈과 날개가 있고 먹잇감을 찾아 활발히 돌아다닌다. 길이 1밀리미터인 삽주벌레가 낳은 알 속에 자신의 알을 낳으니 그 크기를 짐작할 만하다. 이 벌 5마리를 일렬로 세워야 자의 가장 작은 눈금을 채운다. 짚신벌레나 아메바 같은 단세포생물보다도 작다.

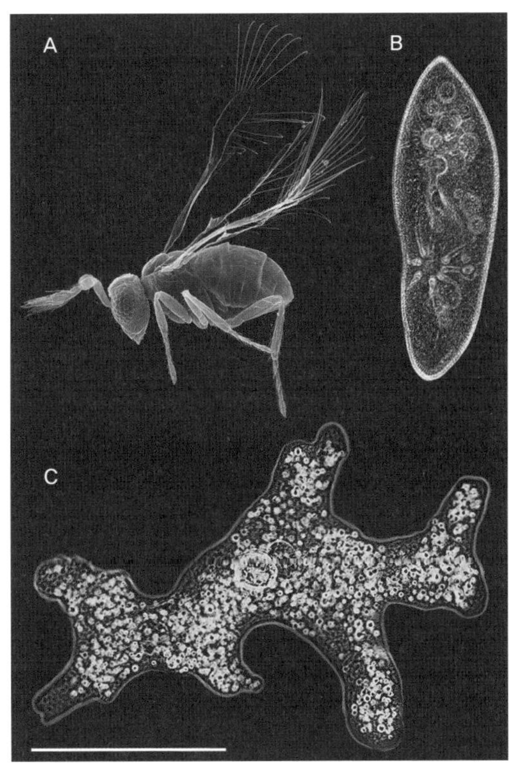

메가프라그마 미마리펜(A)과 단세포생물인 짚신벌레(B), 아메바(C)의 실제 크기 비교. 아래 잣대는 0.2밀리미터를 가리킨다.

곤충 세계에서 2013년 현재 세계 최소 기록을 가지고 있는 곤충은 '팅커벨라 나나Tinkerbella nana'라는 이름의 기생 말벌이다. 몸 전체 길이가 머리카락 굵기 정도이면서 있을 것 다 있고 할 일 다 하는 곤충이다. 중앙아메리카 코스타리카에서 캐나다 연구자가 발견해 학계에 보고한 새로운 속이자 종의 '요정말벌'이다.[24] 이 말벌은 몸길이가 0.158밀리미터로 벼룩의 10분의 1 정도이다. 하지만 1초에 수백 번 날갯짓을 하면서 빠르게 날아다니며 다른 곤충의 알 속에 자신의 알을 낳는다. 날개 끄트머리에는 마치 레이스처럼 긴 술이 달려 있다. 이름의 팅커벨은 《피터 팬》에 나오는 작은 요정을 가리키며, 나나는 같은 작품에 나오는 개 이름이지만 그리스어로 난쟁이라는 뜻도 있다. 이제까지 날아다니는 곤충 가운데 가장 작은 종은 같은 요정말벌에 속하는 '키키키 후나Kikiki huna'로 길이가 0.158밀리미터였다. 따라서 팅커벨라 나나와 타이기록이 되는 셈이다.

미니 곤충을 향한 진화는 극단에 이르렀다. 현재까지 알려진 세계에서 가장 작은 곤충은 기생벌의 일종인 '디코포모파 에크멥테리기스Dicopomorpha echmepterygis'라는 종으로 길이가 0.139밀리미터에 지나지 않는다. 이 곤충은 다듬이벌레의 알에서 태어나 평생 그곳을 벗어나지 않으며 숙주의 알 속에서 남매끼리 짝짓기를 한다. 하지만 날개도 눈도 없어서 곤충의 일반적인 특징과는 거리가 있으므로 수치상의 단순비교는 의미가 없다.

그렇다면 초소형 곤충의 한계는 어디까지일까? 과학자들은 물리적, 생리적 제약을 고려할 때 날개를 퍼덕이는 곤충이라면 0.15밀리미터, 바닥에 사는 곤충이라면 0.125밀리미터 이하는 어려울 것이라고 본다. 중추신경을 이루는 세포 크기 자체를 줄일 수는 없는 노릇이니까.

매머드가 **멸종한** 진짜 이유

　　까마득한 과거에 지구를 어슬렁거리던 동물을 우리는 '선사시대 동물'이라고 부른다. 가장 먼저 머리에 떠오르는 이름은 공룡이다. 이밖에 하늘을 날던 익룡과 바다의 어룡, 그리고 삼엽충 등도 익숙한 이름이다. 그러나 이들이 살던 시대인 1억~5억 년 전은 인류의 조상이 침팬지 조상으로부터 갈라져 나온 600만 년 전에 견주면 너무나 먼 과거여서, 공룡과 인류 조상이 함께 나오는 모습은 공상과학 영화에서조차 황당하다. 하지만 선사시대 동물 가운데서도 사람과 인연이 닿는 동물이 있으니 바로 매머드이다. 〈아이스 에이지〉라는 애니메이션 영화로도 소개돼 우리에게 익숙한 이 동물은 인류의 조상이 직접 만나서 동굴 벽화에 그 모습을 그리고, 함정에 몰아 사냥해 고기를 먹기도 했으며, 그 과정에서 거대한 발에 짓밟혀 죽기도 한 가까운 동물이다. 매머드가 요즘 주목받는 이유는 지구 환경문제 때문이다. 지난 빙하기가 끝나고 기후가 격변했을 때 멸종한 매머드는 기후변화의 격랑 속에 들어선 인류에게 중요한 교훈을 줄 것이다.

1728년 영국인 한스 슬론Hans Sloane은 시베리아에서 발굴된 매머드의 엄니와 어금니 화석을 조사해 당시 통설이던 성서 속 괴물이 아닌 코끼리의 것이라고 발표했다. 그러나 그는 코끼리가 왜 북극에서 나왔느냐는 의문에 대해 창세기 노아의 홍수가 났을 때는 북극이 열대기후였다고 주장했으나, 열대 코끼리의 주검이 대홍수 때 북극까지 떠밀려간 것이라는 반론에 부닥쳤다. 이 화석이 코끼리와는 전혀 다른 멸종한 동물의 것이라는 사실을 프랑스의 동물학자 조르주 퀴비에Georges Cuvier가 밝혔다. 사실 매머드는 시베리아 원주민들에게 오래전부터 잘 알려진 동물이었다. 이들은 매머드가 땅속에 살던 거대한 두더지의 일종이라고 믿었는데, 어쨌든 이 동물의 거대한 엄니를 거래해 쏠쏠한 이득을 보았다.

매머드는 지난 20만 년 동안 서쪽으로 스페인 북부에서 유럽과 시베리아를 거쳐 북아메리카 북부에 이르기까지 빙하기와 간빙기가 되풀이되던 북반구를 지배했다. 몸집은 현재의 아프리카코끼리보다 그리 크지 않은 어깨 높이 2.7~3.4미터에 무게 6톤이었지만 엄니는 최대 4.2미터에 91킬로그램에 이를 정도로 거대했다. 북극의 혹한에 견디기 위해 빽빽한 속털과 길이 30~90센티미터에 이르는 성근 털이 몸을 뒤덮고 있었다. 아프리카코끼리는 열을 식히기 위해 귀가 부채처럼 큰 반면 매머드의 귀는 열 손실을 줄이기 위해 아주 작았다. 이런 큰 몸집의 동물이라면 하루에 180킬로그램은 먹어야 사는데, 추운 북극에 그런 먹이가 어디에 있었을까. 이런 의문은 매머드가 눈과 얼음으로 뒤덮인 북극의 설원에서 먹이를 찾았을 것이라는 잘못된 믿음에서 비롯된다. 사실 이 동물은 풀과

빙하기 스페인 북부의 포유류를 그린 상상도.

덤불 그리고 작은 나무가 있는 초원지대에서 살았다는 사실이 당시의 옛 환경을 연구하는 과학자들에 의해 밝혀지고 있다.

매머드에 관한 또 하나의 신화는 인류가 매머드를 너무 많이 사냥해 멸종시켰다는 것이다. 발달된 석기로 만든 창을 가진 인류의 조상들이 매머드를 골짜기나 절벽의 함정으로 몰아넣어 죽였다는 증거가 실제로 여러 곳에서 발견되기도 했다. 인류가 새로운 전염병을 동물에게 전파해 이들을 멸종으로 몰아넣었으리란 주장도 있다. 실제로 매머드와 함께 빙하기를 살았던 대형 포유류 가운데 동굴사자, 자이언트사슴, 털코뿔소, 동굴곰 등이 멸종했다. 과잉 사냥에 의한 멸종설은 인류의 과도한 자연 훼손을 경고하는 환경론자들에게도 인기 있는 이론이었다.

하지만 최근 과학자들은 꼭 그런 것만은 아니라고 주장한다. 캘리포니아 대학 로스앤젤레스 캠퍼스 과학자들은 매머드의 화석과 다양한 옛 환경자료들을 망라해 연구한 결과 하나의 원인 때문에 매머드가 멸종한 것은 아니라는 결론에 이르렀다.[25] 기후변화와 그로 인한 서식지변화, 그리고 인간의 사냥이 복합적으로 작용했다는 것이다. 빙하기에서 간빙기로, 다시 빙하기로 기후가 바뀌고 그로 인해 생태계가 달라지면 매머드는 커다란 영향을 받을 수밖에 없다. 그런데 12만 년 전 대규모 기후변화를 거뜬히 이겨낸 매머드가 왜 1만 년 전 기후변화는 이기지 못했을까. 연구자들은 그 '최후의 일격'이 바로 인류의 사냥이라고 보았다.

매머드는 주로 풀과 버드나무를 먹었다. 이런 내용은 입에 풀을 물고 죽은 채 발견된 사체 등을 통해 잘 알려져 있다. 동토에 묻힌 채 발견되는 매머드의 주검 가운데는 피부와 내장까지 온전하게 보전된 것들이 적지 않다. 그런데 기후가 변해 매머드가 소화시킬 수 없는 독성이 있는 자작나무나 영양가가 적은 소나무 등 침엽수가 번창하면 매머드는 살 곳을 잃게 된다. 매머드는 장거리 이동 동물이 아니어서 기후변화에 취약했던 것이다. 또 푹푹 빠지는 늪지대인 이탄지대가 광범하게 형성된 것도 매머드를 위협했다. 이런 일은 약 1만 2,000년 전 마지막 빙하기가 끝나갈 무렵 두드러졌다. 게다가 이때는 인간이 따뜻해진 기후를 틈타 극지방에서 매머드 사냥을 본격화하던 시점이었다. 결국 늘어나던 환경 스트레스에 더해 인류가 치명적 타격을 가한 것이다.

마지막 매머드 무리는 해수면이 높아져 북극의 섬이 된 랭글 섬에서 다른 매머드가 다 사라진 뒤에도 5,000년을 더 살아남았다. 먹을 것이 부족한 작은 섬에 적응하느라 몸집이 줄긴 했지만 동토의 마지막 거대 동물은 이집트 기자에 피라미드가 들어서던 무렵인 기원전 1700년께 절멸의 운명을 맞았다. 그렇다면 매머드는 선사시대 동물이 아닌 셈이다.

오스트레일리아의 **거대 동물**은
다 어디로 갔을까

오스트레일리아에는 캥거루처럼 다른 대륙에서는 볼 수 없는 다양한 유대류 동물이 산다. 주머니를 가진 포유동물을 가리키는 유대류는 배아상태로 태어난 새끼가 어미의 주머니 속에 들어가 젖을 먹으며 몇 주에서 몇 달 동안 자란 뒤 밖으로 나온다. 이처럼 오스트레일리아에 유대류 등 색다른 동물이 많은 까닭은 오랜 고립의 역사에 있다. 오스트레일리아와 뉴기니는 약 4,000만 년 동안 주변 대륙으로부터 완벽히게 차단됐다. 유대류는 1억 년 전 다른 포유류에서 갈라져 나왔는데, 남아메리카 등 다른 대륙에서는 포유류에 밀려 대부분 사라졌지만 그런 경쟁자가 없는 오스트레일리아와 뉴기니에서는 번창한 것이다. 뉴기니는 지질학적으론 비교적 최근인 약 8,000년 전 빙하기가 끝나면서 해수면이 높아져 오스트레일리아와 분리됐다.

오스트레일리아의 동물들은 진화를 거듭하면서 지금까지 지구상에 출

주머니사자의 상상도. 오스트레일리아 대형 동물 가운데
최상위 포식자였을 것으로 추정된다.

현한 동물 가운데 가장 전문적인 킬러인 주머니사자와 4미터가 넘는 독
도마뱀 등 놀라운 거대 동물들을 출현시켰다. 이들은 모두 멸종했는데,
그 이유를 두고 논란이 계속되고 있다. 약 200만~4만 6,000년 전까지 살
았던 주머니사자(틸라콜레오속, 현생 사자와는 관련이 없다)는 몸무게 100~130킬
로그램으로 작은 사자 정도의 크기이지만 단위체중당 무는 힘은 지구에
존재했던 어떤 동물보다 강력했을 것으로 믿어지는 포식자이다. 자이언
트캥거루 등 다른 거대 초식동물을 잡아먹었던 이 동물은 강력한 앞발과
유대류에서는 볼 수 없던, 고양이처럼 감췄다 드러냈다 할 수 있는 발톱
을 지녔다. 또 캥거루처럼 꼬리 근육이 강해 꼬리와 뒷다리로 체중을 버
티고 앞발을 자유롭게 사용했을 것으로 추정된다.

자이언트캥거루(프로콥토돈속)는 여태까지 존재했던 캥거루 가운데 가장
커 키가 2미터 무게 230킬로그램에 이른다. 얼굴이 짧고 눈은 정면을 향

했으며, 발에 말의 발굽처럼 커다란 발톱이 하나 달려 있고 앞발에도 2개의 긴 발가락과 발톱이 달려 있어 현재의 캥거루와 구별된다. 주머니나무늘보는 말만큼 커 키 2.5미터 무게 200킬로그램에 이르렀다. 코가 코끼리처럼 유연했고, 4개의 강력한 발톱으로 나뭇가지와 잎을 잡아당겨 기린처럼 긴 혀로 먹었을 것으로 보인다. 자이언트웜뱃(디프로토돈속)은 유대류 동물 가운데 가장 커, 하마 크기였다. 무게 2.8톤의 이 동물은 코뿔소와 비슷하게 생겼지만 실은 현생 웜뱃과 코알라의 친척이다. 자이언트도마뱀(메갈라니아속)은 유대류는 아니지만 큰 것은 길이가 4.5미터, 무게 331킬로그램에 이르러 지금까지 알려진 도마뱀 가운데 최대였다. 현존하는 코모도도마뱀과 가까운데, 날카로운 이빨과 함께 침에는 독성분이 있어 치명적인 포식자였을 것이다.

오스트레일리아와 뉴기니의 광활한 대륙을 거닐었던 이 거대 동물들은 모두 사라졌다. 그 원인을 두고 오스트레일리아 과학자들이 〈네이처〉 〈미국립과학원회보PNAS〉 등 권위 있는 학술지에 논문을 잇달아 내며 공방을 거듭하고 있다. 논란의 두 축은 기후변화설과 인간영향설이다. 전자는 건조화로 특징지어지는 기후변화로 거대 동물이 차츰 사라졌다는 주장이고, 후자는 약 4만 5,000~5만 년 전 아시아로부터 건너온 인류가 숲에 불을 지르고 사냥해 이들을 멸종시켰다는 주장이다.

오스트레일리아 뉴사우스웨일스대 고고학자 주디스 필드Judith Field 등은 〈미국립과학원회보〉에 실린 논문에서 기후변화설을 종합적으로 정리했다.[26] 그는 거대 동물이 일제히 멸종한 시기는 사람이 오스트레일리아에 도착하기 훨씬 전인 13만 년 전과 8만 년 전의 빙하기로, 이때 88종의 대형 동물 가운데 50종이 사라졌다고 주장했다. 사람이 진출한 이후 멸종한 종은 8~14종에 불과해 훨씬 적다는 것이다. 게다가 대형 동물뿐 아니라 소형 동물도 함께 멸종했고, 초기 인류의 분포와 밀도를 과대평가해서는 안 된다고 지적했다. 일부 거대 동물의 멸종에 인간이 개입되었을 수는 있지만 입증되지는 않았고, 압도적인 증거가 가리키는 것은 사람이 살기 전 기후변화로 대부분의 종이 사라졌다는 것이다.

특히 이런 주장의 배경에는 최근 남극 빙하의 시추조사로 옛 기후변화의 양상이 상세히 드러난 사실이 있다. 시추조사의 결과를 보면, 오스트레일리아는 70만 년 전부터 급격히 건조해지기 시작했고 전례 없이 추운 빙하기와 그에 이어 갑자기 간빙기가 찾아오는 등 변덕스러운 기후변화가 잦았다. 열대우림이 건조지대로 바뀌는 등의 변화가 거대 동물에게 치명타가 되었던 것이다. 물론 인간영향설을 주장하는 쪽의 반론도 만만치 않다. 어느 종이 일제히 멸종하더라도 화석 기록은 드문드문 나타날 수밖에 없고 가장 나중의 화석이라도 그 종이 실제로 멸종한 훨씬 뒤에 만들어진다며, 화석 기록을 바탕으로 한 이번 연구결과의 신뢰성에 의문을 표시했다. 논란은 계속 이어지겠지만, 누가 결정타를 먹였건 기후변화와 인간에 의한 환경변화가 모두 놀라운 거대 동물의 최후에 책임이 있는 것은 분명해 보인다.

인류 진화의
부실 설계

　　지구에서 가장 성공한 동물을 꼽는다면 당연히 인간이다. 하지만 우리 몸을 찬찬히 뜯어보면 과연 그럴까 하는 의문을 품게된다. 세계 최대 과학모임인 미국과학진흥협회AAAS의 2013년 연례학술대회에서 언론의 주목을 받은 분과 중 하나가 '인간 진화의 흉터'였다. 만일 능숙한 엔지니어에게 인간의 설계를 맡겼다면 결코 하지 않았을 '실수'들이 도마에 올랐다. 크고 발달한 두뇌와 직립은 인간의 진화를 성공으로 이끈 공신이지만 그 대가도 만만치 않다. 허리 통증은 대표적인 예이다. 네 발 대신 두 발로 체중을 유지하는 건 쉬운 일이 아니다. 흔히 인간의 척추를 컵과 접시 24개를 교대로 쌓아올려 들고 가는 일에 비유한다. 척추를 S자로 휘어 균형을 유지하는 고육책을 쓰지만 특정 부위에 힘이 집중되는 것을 피할 수 없다. 걸으면서 발은 앞으로, 팔은 뒤로 가는 뒤틀림 동작을 수없이 반복하면 척추에 무리가 가고 마모가 일어나게 마련이다. 이밖에도 만성적인 치질, 평발, 사랑니 등이 성공적 진화의 그림자로 꼽힌다. 심장과 항문의 높이가 비슷한 네발 보행 동물에게서 치질을 찾기는 힘들다. 또한 직립을 하면서 몸의 무게를 지탱하는 발바닥의 아치가 내려앉아 평발이 되었고, 얼굴과 머리의 형태가 바뀐 탓에 사랑니가 나올 공간이 없어져버렸다.

직립의 가장 큰 대가는 여성만이 짊어지는 출산의 고통이다. 두뇌가 큰 영장류 가운데서도 인간은 유독 출산과정이 힘들다. 태아의 머리 지름은 방향에 따라 태아가 지나는 통로인 산도産道보다 크고 직립에 적응한 골반을 빠져나오기도 쉽지 않다. 그 결과 태아는 좁은 산도 안에서 머리와 몸을 뒤틀어 방향을 바꾸는, 태아와 산모 모두에게 힘겨운 동작을 해야만 세상에 나올 수 있다. 태아는 골반의 형태에 맞춰 머리의 방향을 바꾸기 위해 90도로 머리를 돌리고 이어 어깨가 빠져나오도록 다시 한 번 90도 회전을 해야 한다. 이처럼 위험한 출산과정이 오늘의 인간을 만든 원동력이라는 주장도 있다. 저명한 인류학자인 캐런 로젠버그Karen Rosenburg 미국 델라웨어대 교수는 다른 영장류가 동료 눈에 띄지 않는 곳에서 홀로 출산하는 데 견줘 사람의 몸은 구조적으로 누군가의 도움이 필요하다는 데 착안했다.[27]

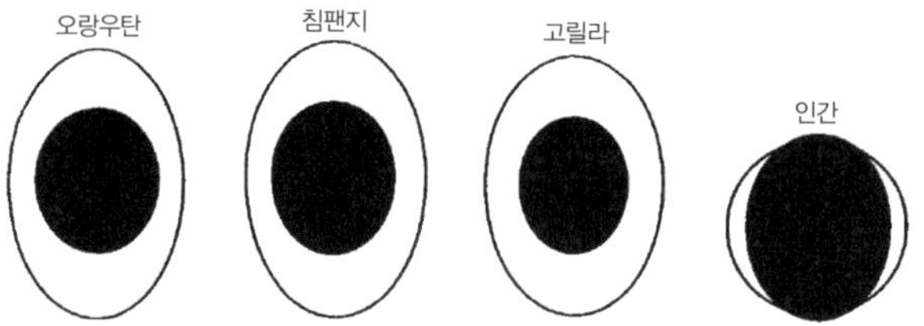

영장류의 산도 들머리와 태아 두개골의 크기 비교.

영장류는 쭈그리고 앉은 자세에서 태아가 어미를 향한 채 산도를 빠져나오므로 출산 뒤처리를 어미가 홀로 할 수 있다. 반면 사람의 태아는 앞서 살펴본 제약 때문에 엄마가 볼 때 머리를 뒤로 한 채 태어나 자칫 산모가 아기를 다루다가 목을 부러뜨릴 우려가 있다. 따라서 산모와 아기의 생존을 위해서 누군가의 도움이 필수적이다. 어머니뿐 아니라 할머니, 형제, 가까운 친척이 임신 말기부터 출산과정과 산후에 이르기까지 돕는 행동이 인류 조상의 두뇌가 급팽창한 400만~600만 년 전에 이미 나타났으며, 그것이 사회적 연대의 토대가 됐다는 것이다.

진화는 그때그때 최선의 선택을 할 뿐 완벽함을 향해 나아가는 것이 아니다. 기근이 잦은 외딴섬 사람을 살아남게 했던 비만유전자나, 강한 자외선으로부터 피부를 보호하려 진화한 피부색이 일과의 대부분이 건물 안에서 이루어지는 풍족한 도시생활 속에서 무력해진 것은 단적인 예이다. 그렇다고 인체의 진화를 의심에 찬 눈초리로 볼 것만은 아니다. 맹장은 다윈의 주장처럼 거친 음식을 먹느라 진화했으나 이제는 쓸모없게 된 장기가 아니라, 심각한 감염이 일어났을 때 유익한 장내 세균을 보호하는 구실을 한다는 이론이 유력해지고 있다. 실제로 맹장은 포유류 사이에서 적어도 32번이나 진화했다는 연구결과도 있다.

물속에 오래 담근 손빌에 주름이 잡히는 이유에도 진화적 의미가 있음이 최근 밝혀졌다.[28] 주름진 손은 젖은 물체를 미끄러뜨리지 않고 쥐는 데 팽팽한 손보다 훨씬 유용하다는 것이다. 트레드가 있는 타이어가 빗길에서 잘 미끄러지지 않는 것과 마찬가지 이치이다. 쭈글쭈글한 손가락은 습지에서 먹을 것을 찾아 헤매던 우리 조상이 남긴 유산인 셈이다. 인체에는 '부실 설계'보다 우리가 모르는 신비가 더 많다.

호모사피엔스의
비약

인간은 동물이다. 백과사전에서 '인간'을 찾아보면, 인간의 위치는 분류 단계별로 동물계 척색동물문 포유강 영장목 사람과 사람속에 포함되는 사람종이라고 나온다. 스웨덴의 박물학자 카를 폰 린네Carl von Linné가 1758년 이 종에 '호모사피엔스'라는 학명을 붙였다. 인간은 매우 특이한 동물이다. 김찬호 성공회대 교수가 정리한 내용을 보면, 두뇌가 크고 말과 불을 사용하는 것 말고도 여러 측면에서 인간은 다른 동물과 큰 차이를 보인다.[29]

우선 고래나 개미의 예에서 드러나듯이 일반적으로 몸이 큰 동물은 개체수가 적고, 몸이 작은 동물은 많다. 그런데 사람은 몸이 큰데도 수가 아주 많다. 어릴 때부터 코끼리, 기린 등 큰 동물을 주로 익혀서 그런지 우리는 스스로가 얼마나 큰 동물인지 실감하지 못한다. 사실 지구에 있는 생물의 95퍼센트는 달걀보다 작다. 흙 1그램 속에는 수천만 마리의 박테리아 등 수많은 미생물이 산다. 눈에 보이지 않는 미생물의 영역으로 들어가면 우리는 아는 것보다 모르는 것이 더 많은 새로운 생물권을 접하게 된다. 미국 매사추세츠 공대 샐리 치점Sallie Chisholm과 우즈홀해양연구소 로버트 올슨Robert Olson이 발견해 1988년 공개한 극미소플랑크톤이 그런 예이다. 이들은 바닷물 한 방울 속에서 2만~10만 개에 이르는 새로운 종류의 식물플랑크톤이 있음을 발견했다. '프로클로로코쿠스Prochlorococcus'라고 이름붙인 이 미생물은 주로 따뜻한 바다의 표면부터 200미터 깊이 사이에 주로 분포하는데, 바다의 면적에 비추어 엄청난 숫자에 이를 것으로 추정된다.

보전생물학자 에드워드 윌슨Edward Wilson은 이처럼 중요한 많은 생물이 20세기 말에야 발견됐음을 가리켜, 우리는 거대한 먹이 피라미드의 꼭대기 부분만 들여다보고 있었다고 개탄했다. 사실 바다를 보는 우리의 일반적인 시각은, 가끔 물고기가 돌아다니는 거의 빈 공간이었다. 그러나 새로운 연구결과가 가리키는 바다는 투명하기는커녕 셀 수 없이 많은 식물플랑크톤으로 바글거리는 생물권이다.

몸도 크고 수도 많은 인간은 당연히 그 둘을 곱한 생물량도 많다. 최근 한 연구를 보면, 지구의 인간 성인 무게를 모두 합치면 2억 8,700만 톤에 이른다.[30] 전체 무게로 쳐 지구에 사는 어떤 단일 종보다 무겁다. 중생대 공룡도 1,000종 이상으로 이뤄져 단일 종으로는 인간에 필적하지 못한다. 아마도 모든 개미 종을 합치면 인간의 무게와 비슷할지 모른다.

인간의 또 다른 특징은 입이 작다는 것이다. 개나 고양이가 하품을 할 때 그 '거대한' 입을 보면, 우리의 입이 얼마나 왜소한지 실감할 수 있다. 인간의 유력한 무기인 입은 소통수단으로 바뀌면서 작아지고 약해졌다. 턱 근육이 약해져 무는 힘이 침팬지의 3분의 1, 고릴라의 10분의 1에 불과하다. 오래 달리기를 위한 적응 과정에서 다른 동물이 보기엔 우스꽝스럽게 털이 없어지고 땀샘이 발달했다. 성장기간이 길어 부모가 오래 돌봐야 하는 것도 약점이다. 김찬호 교수는 인간이 이런 취약점을 극복하게 된 요인으로 큰 두뇌와 언어·소통능력, 사냥에 필수적인 오래 달리기, 불의 사용을 꼽았다. 여기에 더해 인간에겐 다른 어떤 동물도 따라오지 못할 생물학적 능력이 있다. 잘 죽지 않고 오래 산다는 것이다.

독일 막스플랑크인구연구소 연구진은 최근 선진국 국민과 아프리카 부시먼 등 수렵채취인 그리고 침팬지의 사망률을 전 연령대에 걸쳐 비교한 결과 놀라운 사실을 발견했다.[31] 수렵채취인의 사망률 곡선은 현대인보다 오히려 침팬지에 가까웠던 것이다. 수렵채취가 인간 역사의 대부분을 차지한 삶의 형태임을 고려할 때, 최근 1~2세기 동안 급격하게 이루어진 인간의 변모는 주목할 만하다. 사망확률 면에서 일본의 72세 노인은 아프리카 칼라하리 사막에 사는 30세 수렵채취인과 같다. 수렵채취인은 이미 다른 영장류보다 수명이 긴 상태임에도 그렇다. 예를 들어 15세 야생 침팬지와 63세 수렵채취인의 연간 사망확률은 4.7퍼센트로 같다. 15세 수렵채취인의 사망확률 1.3퍼센트는 69세 스웨덴인의 수치와 같다. 15세인 선진국 사람은 같은 나이 수렵채취인에 비해 사망률이 100분의 1에 그친다.

기대여명으로 따져본다면, 수렵채취인으로 태어나면 31세까지 살고 스웨덴인은 1800년 32세에서 1900년 52세, 요즘엔 82세까지 산다. 인류 역사 전체인 8,000세대 가운데 마지막 4세대 동안 종 차원의 비약을 한

것이다. 연구진은 이런 변화가 여러 나라에서 비슷하게 나타나고 동물실
험 결과보다 크므로, 유전적 변화보다는 공공보건, 위생, 영양, 교육, 주
택 등 환경변화 때문이라고 설명했다. 다만 다른 동물은 이런 지속적인
환경 개선을 경험한 적이 없기 때문에 인간만의 현상이라고 단정하기는
곤란하다고 덧붙였다.

자 연 에 는   이 야 기 가   있 다

동물도 사람처럼 느낀다

외나무다리에서 고깃덩이를 물고 가던 욕심쟁이 개가 물속에 비친 자신의 모습을 다른 개인 줄 알고 짖다가 고기를 놓쳤다는 이솝 우화가 있다. 이야기의 주제는 개가 아니라 욕심이라지만, 이솝은 개가 얼마나 영리한지 잘 몰랐던 것 같다. 이런 실험이 있다. 개 앞에 큰 고기와 작은 고깃덩이를 주면 당연히 개는 큰 것을 고른다. 그러나 주인이 작은 고깃덩이에 관심을 보이면 개는 작은 것을 택한다. 개는 주인과의 소통 면에서 뛰어난 지적 능력을 자랑한다. 손가락으로 어떤 물체를 가리키면 개는 손가락이 아니라 그것이 가리키는 물체를 바라본다. 사람은 돌 이전 말을 하지 못할 때도 손가락으로 사물을 가리켜 의도를 표현하는데, 이 행동이 언어 발달의 출발점이다. 침팬지도 그런 몸짓을 한다. 동료와 털 고르기를 할 때 손가락으로 가려운 부위를 가리키며 긁어달라고 주문한다. 유인원인 보노보는 적이 나타났을 때 동료에게 손가락으로 그 위치를 알린다.

이런 지시적인 몸짓이 유인원이나 가축화한 개를 넘어 야생동물에게 서도 발견되고 있다. 똑똑하기로 유명한 까마귀는 손은 없지만 부리를 이용해 의도를 담아 가리키는 행동을 한다는 사실이 밝혀졌다. 독일 막스플랑크 조류연구소 연구진은 철새까마귀가 이끼나 돌, 나뭇가지를 부리에 물고 몸을 한동안 움직이지 않는 방식으로 동료에게 특정한 방향을 가리킨다는 사실을 확인했다.[1]

지적이기는커녕 흔히 대표적으로 머리 나쁜 동물로 간주하는 물고기도 몸짓으로 의사 표시를 한다는 사실이 밝혀졌다. 산호 주변에 사는 그루퍼와 무늬바리 등 바리과의 육식성 물고기는 다른 포식자와 협동해 사냥한다. 장어처럼 생긴 곰치나 문어가 산호 틈에 숨어 있는 먹이를 밖으로 쫓아내면 무늬바리가 빠른 속도로 헤엄쳐 잡는 것이다. 먹이를 잡으면 포식자들의 잔치가 벌어진다. 협동 사냥을 위해 무늬바리는 먼저 곰치가 숨어 있는 곳에서 빠르게 온몸을 떠는 몸짓을 한다. 함께 사냥하러 가자는 신호이다. 곰치가 내켜하지 않으면 곰치를 바라보며 떨다가 잠깐 멈추는 행동을 여러 차례 거듭하며 끈질기게 재촉한다.

여기까지는 그리 지적인 동작으로 보이지 않을 수 있다. 사냥이 시작돼 먹이기 산호 틈에 숨어들면 무늬바리는 두 번째 행동을 보인다. 먹이가 숨은 곳을 머리로 가리키며 꼿꼿이 선 자세로 머리를 흔든다. 곰치에게 '여기 먹이가 있으니 어서 들어가 몰아'라는 의사를 표시하는 것이다. 이 연구를 한 영국 케임브리지대 연구진은 "무늬바리는 곰치가 오기를 기다리며 먹이를 가리키는 신호를 25분이나 지속하기도 했다. 침팬지 못지않은 기억력이다"라며 혀를 내둘렀다.[2]

무척추동물 가운데서도 머리 좋기로 유명한 동물이 바로 문어, 낙지, 오징어 등 두족류이다. 이들은 먹이를 잡는 교묘한 위장행동과 학습능력 등이 척추동물 못지않게 뛰어나, 한때 '외계에서 온 게 아닐까' 하는 의문을 불러일으키기도 했다. 까치나 까마귀가 사람을 알아본다는 사실은 널리 알려져 있는데, 문어도 사람을 알아본다. 미국 시애틀 수족관 연구자 등은 실험을 통해 문어가 새 못지않은 인식능력이 있음을 증명했다.[3] 수족관의 문어에게 한 사람은 먹이를 주고 다른 사람은 약을 올리는 식으로 역할을 나눠 11일 동안 계속한 뒤 각자가 따로 나타났을 때 문어의 무늬, 먹물뿜기 행동, 호흡률 등을 비교했다. 그랬더니 괴롭히는 사람이 나타났을 때 먹물을 뿜고 눈 주변에 위장무늬가 나타나며 호흡률이 높아졌다.

문어는 수족관 수면에 떠 있는 장난감에 물총을 쏘며 놀아 사람들을 놀라게 하는 지적 동물이다. 이미 기원전 330년 아리스토텔레스도 문어는 똑똑한 동물이라고 기록했다. 문어는 음식을 찾아서 닫혀 있는 단지의 뚜껑을 열고, 미로찾기를 잘하며, 야생에서는 지형지물을 기억해두었다가 길을 찾을때 이용하고, 도구를 사용한다는 사실이 밝혀져 있다. 사실 문어를 포함한 두족류는 몸에서 뇌 무게가 차지하는 비중이 대부분의 물고기나 파충류보다 크며, 무척추동물 가운데 최대이다. 시애틀 수족관의 연구자는 문어를 오랫동안 기르면서 관찰한 결과, 갇혀 있는 문어가 활기를 유지하게 하려면 문어의 행동을 풍부하게 만드는 노력이 필요하다고 강조했다.[4]

시애틀 수족관에는 '파괴자'라고 불리는 유명한 암컷 문어가 있는데, 어느 날 수조 밑바닥의 자갈을 들어내고 거름망을 뜯는 등 여과장치를 파괴했다. 이 행동이 알을 낳을 곳을 찾기 위한 것이었는지 또는 단순히

문어는 무척추동물 가운데서도 머리가 좋은 동물로 유명하다(위).
수족관의 문어가 바라본 사람의 모습. 문어는 먹이를 준 쪽과 괴롭힌 쪽을 구별했다.

호기심에 의한 탐구행동인지는 알 수 없었지만, 수족관 관계자들은 환경을 좀 더 풍부하게 만들자고 결론을 내렸다. 사실 문어는 동물계에서 '예술적 경지'에 이른 탈출 전문가이다. 이 수족관에서 무게 약 20킬로그램인 어느 문어는 돌로 눌러놓은 30킬로그램짜리 합판 덮개를 밀어내고 탈출했다. 다른 문어는 자기 수조에서 탈출해 이웃 수조에 들어가 먹이를 먹은 뒤 자기 수조로 돌아왔다. 이런 탈출행동은 수질 등 여건이 좋지 않을 때 잦은데, 흥미롭게도 관람창 쪽 문어의 탈출 사례는 안쪽보다 적었다. 문어가 '전망 좋은 방'을 선호한다는 건데, 연구자는 문어가 관람객을 일상의 지루함을 달래는 풍부화 요소로 활용한다고 보았다.

이런 관찰을 바탕으로 연구자는 문어의 행동풍부화를 위해 복잡한 환경, 장난감, 적당한 은신처, 살아 있는 먹이 등을 제공해줄 것을 권고했다. 산 게를 주었을 때 문어는 특히 행복해했다. 문어는 게를 추격해 덮친 뒤 등딱지에 치설齒舌로 작은 구멍을 하나 뚫어 독성이 있는 침을 주입했다. 그러면 게가 마비되어 곧 죽는데, 이 침이 소화액 구실을 해 게의 가는 다리 근육까지 쉽게 빼 먹을 수 있게 해준다. 결국 문어는 게를 다리 끝까지, 관절 하나까지 껍질만 빼고 깔끔하게 먹어치우는데, 1마리 먹는 데 두 시간 이상이 걸린다. 1분 안에 먹어치우는 냉동사료보다 시간은 오래 걸려도 먹는 재미는 비길 바가 아니다.

하등이냐 고등이냐는 사람의 잣대일 뿐이다. 개가 영리해 보이는 건 사람 곁에서 적응하며 진화한 결과이다. 개나 고양이하고만 관계를 맺고 나머지 동물은 이용 대상으로 취급하는 건 그래서 인간중심주의이다.

외로움은
코끼리도 말하게 한다

에버랜드 동물원에 있는 1990년에 태어난 수컷 인도 코끼리 '코식이'는 '말하는 코끼리'로 유명하다. '좋아' 등 몇 가지 단어를 사람처럼 말한다는 사실이 외신을 통해 널리 알려지기도 했다. 코식이의 이런 특별한 능력을 학술적으로 연구한 논문이 저명한 국제학술지에 실렸다.[5] 오스트리아 빈 대학 인지생물학자 등 연구자들은 코식이의 '말'을 음성학적으로 분석하는가 하면, 한국인이 그 말을 얼마나 알아듣는지, 코식이가 어떻게 말을 시작하게 됐는지 등을 알아봤다. 코식이가 흉내 낼 수 있다고 사육사가 주장한 단어 6개를 녹음해 16명의 한국인에게 들려주고 소리 나는 대로 적어보라고 요청했더니 '안녕' '앉아' '아니야' '누워' '좋아' 등 5개를 성공적으로 흉내 낸다는 사실이 확인되었다. 자음보다는 모음을 정확히 발음했는데, 모음을 제대로 흉내 낸 비율은 67퍼센트였다. 예를 들어 코식이가 흉내 낸 '좋아'라는 말을 들은 한국인의

에버랜드에서 사람 말을 흉내 내는 코식이의 소리를 녹음하는 오스트리아와 독일 연구진.

38퍼센트는 '보아'로, 23퍼센트는 '모아'로 들었다. 정답률은 '안녕'이 56퍼센트, '아니야'가 44퍼센트, '누워'가 31퍼센트, '앉아'가 15퍼센트였다.

연구진은 코식이가 사람, 특히 사육사 목소리의 음색과 높이를 고스란히 재현하는 데 놀라움을 감추지 못했다. 자연상태에서 성대가 긴 코끼리는 사람보다 주파수가 훨씬 낮은 소리를 내기 때문이다. 한편 코식이는 코를 말아 입속에 넣어 성대에 바람을 불어넣고 입술로 바람세기를 조절하는 방식으로 말을 흉내 냈는데, 연구진은 이것을 "학계에 보고된 바 없는 전혀 새로운 발성방식"이라고 평가했다. 코끼리는 윗입술이 코와 합쳐져 긴 코가 됐기 때문에 '우' 같이 입술을 둥글게 모아야 하는 모음을 발음할 수 없는데, 이런 형태적 한계를 극복했다는 것이다. 그러나 코식이는 단지 말을 흉내 낼 뿐 이해한다는 증거는 없다.

그렇다면 코식이는 왜 '말'을 하기 시작했을까. 연구진은 이 코끼리의 생애사에서 그 단서를 찾았다. 코식이는 1990년 서울대공원에서 태어나 1993년 에버랜드로 옮겨졌다. 그로부터 2년 뒤까지 2마리의 암컷 인도코끼리와 함께 지냈다. 하지만 1995년부터 2002년까지는 홀로 지냈는데 사육사 등 사람이 유일한 동료였다. 사육사가 코식이가 말을 중얼거리는 것을 발견한 때가 2004년이니 아마 그전부터 말을 하기 시작했을 것이다. 연구진은 이런 배경으로 보아 "코식이가 사람의 말을 흉내 내게 된 결정적인 요인은 유대와 발달이 중요한 시기에 동료 코끼리 없이 인간과만 접촉할 수 있었던 사회적 결핍 때문"일 것이라고 밝혔다.

지적이고 사회적 동물인 코끼리 코식이는 외로움을 이기려고 사육사에게 말을 거는 방법을 알아냈다. 이것은 음성 학습을 통해 사람과 코끼리처럼 전혀 다른 종 사이에 의사소통이 제한적으로나마 이뤄질 수 있음을 보여준다. 한편 카자흐스탄 동물원에서도 인도코끼리가 러시아어와 코자크어를 중얼거린다고 알려져 있으나 기록이 남아 있지는 않다. 코끼리는 매우 지적이며 사회성이 강해 무리의 유대를 유지하는 것이 동물복지의 핵심 과제로 알려져 있다. 미국 동물원수족관협회는 번식을 위한 코끼리는 6~12마리 무리를 유지할 것을 권고하고 있고, 영국 동물원수족관협회는 2살 이상의 암컷을 적어도 4마리 이상 함께 둘 것을 권하고 있다. 우리나라에 이런 기준을 충족하는 코끼리 우리는 없다. 코끼리는 선한 표정과 동작으로 동물원에서 가장 인기 있는 동물의 하나이지만, 긴 속눈썹에 감춰진 눈망울에는 무리와 헤어진 슬픔이 담겨 있다.

행복한 돼지는
더럽다

돼지는 진흙탕 목욕을 좋아한다. 멧돼지는 늘 다니는 길의 물웅덩이에서 하루에도 몇 번씩 뒹굴며 시간을 보낸다. 그런 본능을 잊지 못한 밀식 사육장의 돼지는 자기 배설물 위에라도 드러눕는다. 이러한 돼지의 진흙목욕이 체온을 조절하기 위한 행동일 뿐 아니라 몸속에 각인된 행동으로서 동물복지에 중요한 요인이라는 주장이 나왔다. 네덜란드 와게닝언 대학 및 연구센터의 가축 연구자는 돼지의 진흙목욕 행동에 관한 66편의 과거 연구를 검토한 끝에 이런 결론을 얻었다고 발표했다.[6]

그의 연구는 진흙목욕이 돼지에게서 흔히 보이는 행동이고 현재의 사육시스템이 이런 욕구를 거의 충족시켜주지 못하는데도 동물복지 관점에서 관심이 없다는 문제의식에서 출발했다. 진흙 수렁이 있는 곳에서 돼지는 하루에 최고 15번까지 1~9분 동안 목욕을 즐긴다. 수렁 속에 몸을 굴리면서 진흙을 묻히고, 목욕 뒤에는 마른 진흙을 떨어내는 몸단장을 한다.

이 논문은 돼지가 진흙목욕을 즐기는 데는 진화론적 뿌리가 있다고 보았다. 돼지와 유전적으로 가까운 하마, 물소, 고래는 모두 진흙목욕을 좋아한다. 이들은 몸에 털이 적고 땀샘이 발달하지 않았다. 물소의 땀샘 밀도는 보통 소의 6분의 1에 지나지 않는다. 북극에 사는 흰돌고래도 자갈이 깔린 얕은 바다에서 진흙목욕 비슷한 행동을 통해 낡은 피부를 벗겨낸다.

그렇다면 돼지는 왜 진흙목욕을 할까. 연구진은 그동안의 연구를 통해 체온조절, 해충 퇴치, 피부 관리, 성적 행동 등에서 동기를 찾았다. 이 가운데 과학적으로 인정받은 동기는 체온조절이다. 돼지의 몸은 쉽게 과열된다. 지방층이 단열재 구실을 하는데다 땀샘도 적고 몸이 통 모양이어서 체중당 표면적도 작다. 게다가 하루에 1킬로그램씩 자라는 빠른 성장 속도도 많은 열을 발생시킨다. 진흙목욕은 체온을 2도 떨어뜨리는 효과를 낸다. 몸에 들러붙은 진흙은 약 2시간에 걸쳐 서서히 마르면서 증발열을 빼앗아가, 피부에 바른 물이 마르기까지의 시간인 15분보다 체온감소 효과가 오랫동안 지속된다.

정량적 증거가 부족하지만 체온조절 이외의 목욕 효과도 무시할 수 없다. 멧돼지는 진흙목욕을 통해 부상을 치료하며, 햇빛의 자외선을 차단하고, 진드기 등 기생충을 제거하며, 냄새 확산을 통해 영역을 확보한다. 실제로 돼지는 체온조절이 필요 없는 추운 날에도 기꺼이 진흙목욕을 한다. 연구진은 돼지의 진흙목욕 같은 복잡한 행동을 과학자들이 충분히 이해했다고 속단하는 것을 경계한다. 진흙목욕을 대신할 냉방시설과 해

진흙목욕을 즐기는 돼지.

충 제거 처방을 '해결책'으로 내놓는 것은 과거 영양식을 공급함으로써 동물들의 먹이를 찾는 행동을 대신할 수 있다고 믿었던 잘못을 되풀이하는 것이라는 문제의식이다. 그런 잘못된 판단의 결과 닭이 동료의 꽁무니를 심하게 쪼거나 돼지가 다른 돼지의 꼬리를 물어뜯는 등 심각한 문제가 벌어졌다.

이 연구는 무엇보다 진흙목욕이 돼지이기 때문에 그저 좋아서 하는 행동일 수 있다는 점에 주목한다. 닭이 땅을 헤집으며 모이를 찾고 모래로 목욕하는 것은 가장 닭다운 행동인 것처럼, 진흙목욕은 가장 돼지다운 행동이라는 것이다. 그렇다면 이 행동은 적극적 동물복지의 대상이 된다. 연구진은 사람이 수영하고 목욕하는 행동을 동물학자가 분석한다면 돼지의 진흙목욕과 비슷한 결과가 나올 거라고 본다. 수영이 몸을 깨끗이 하는 효과가 있고 더운 날일수록 자주 한다는 등의 분석결과가 나오겠지만, 실제로 수영의 가장 큰 동기는 즐거움일 것이다.

"행복한 돼지는 더럽다"는 말이 있다. 그 말처럼 진흙목욕은 돼지의 괜찮은 삶에 중요한 요인일지 모른다. 실제로 일부 축산 선진국에선 돼지의 진흙목욕을 동물복지의 하나로 적극 도입하고 있다. 세계 돼지고기 수출량의 약 20퍼센트를 차지하는 세계적 돼지고기 생산국 덴마크는 2000년부터 돈사를 설계할 때 체온조절을 위해 샤워시설이나 진흙 수렁을 마련해야 하며, 돼지가 가지고 놀 수 있도록 짚, 건초, 나무 조각 등을 제공하도록 규정하고 있다. 덴마크는 이에 앞서 1998년에도 항생제 사용을 금지하고 돼지 사육농가에서 돼지분뇨의 4분의 3을 반드시 거름으로 사용하도록 하는 등 유럽연합보다도 강력한 환경규제와 동물복지 제도를 도입했다. 점점 더 많은 사람들이 '내가 먹는 돼지는 행복한 돼지인가' 하고 묻고 있기 때문이다.

새와 기린의
장례식

　　슬픔은 고양된 정신활동이다. 더욱이 영원한 상실을 뜻하는 죽음은 각별한 슬픔이고 정신적 충격이다. 그래서 죽음을 애도하는 건 가장 인간적인 행동의 하나로 꼽힌다. 그런데 동물도 슬퍼하는 행동을 보인다는 연구결과가 적지 않다. 이런 발견은 동물에게도 마음이 있느냐는 오랜 논란에 다시 불을 지핀다.

　놀랍게도 지능이 높은 사회성 동물인 침팬지나 코끼리가 아닌 새에게서 마치 죽음을 애도하는 것 같은 행동이 잇따라 발견되고 있다. 까마귀과 새의 일종인 서부덤불어치는 동료가 죽으면 시끄럽게 울면서 주검 주변에 모인다. 평소에 이 새는 무리를 이루지 않는다. 죽은 동료를 발견한 어치는 이 가지 저 가지로 돌아다니며 시끄럽게 울기 시작한다. 그러면 다른 어치도 가까이 날아와 따라 울고 조용히 주검을 지켜보기도 한다. 동료의 죽음을 목격한 어치들은 이틀이 지날 때까지 먹이를 먹지 않는

죽은 동료에게 모여들어 시끄럽게 울며 애도하는 듯한 행동이 관찰된 서부덤불어치.

것으로 밝혀졌다.[7] 어치는 동료의 죽음을 슬퍼해 장례식 비슷한 의식을 치르고 금식행동을 한 것일까. 미국 캘리포니아대 데이비스 캠퍼스의 과학자들은 다르게 설명한다. 동료의 죽음을 부른 위험을 널리 알리려는 행동이라는 것이다. 금식행동도 위험에 노출되는 걸 피하려는 동기에서 나왔을 가능성이 있다.

그러나 똑똑하기로 유명한 까마귀과 새들은 단지 위험 정보를 나누는 것으로는 설명이 힘든 '장례행동'을 보인다고 알려져 있다. 캐나다 캘거리에서 벌어진 일이다. 포플러나무에 날아와 가지에 앉던 까치 1마리가 무슨 이유에선지 포장도로에 떨어져 죽었다. 그러자 5분 안에 까치 10여 마리가 모이더니 주검을 둥글게 둘러쌌다. 주검을 쪼거나 하는 행동은 없었다. 까치 1마리는 주검에 다가가 부리로 가볍게 건드리고 떠났다. 나머지 새들은 약 5분간 그 자리에 머물다 일제히 날아갔다. 이들은 특이한 죽음을 맞은 동료에게서 어떤 정보를 얻으려 한 것일까, 아니면 의식적인 모임이었을까. 이 관찰은 학술지에 보고된 것이다.[8]

흔히 동물 세계는 약육강식이 지배하는 곳으로 묘사된다. 새끼나 동료가 포식자에게 잡아먹혀도 자연의 섭리일 뿐, 슬퍼할 일이 아니다. 그럴 시간이 있다면 먹고 짝짓기를 해 더 많은 자손을 남기는 쪽이 유리하다. 말은 다리가 부러져도 포식자를 불러 모을 비명을 지르지 않는다. 자연의 논리는 비정하다. 그러나 동물 세계에도 예외가 있다. 침팬지나 코끼리 같은 지적이고 사회생활을 하는 동물은 '죽음'이라는 개념을 확실히 가지고 있음을 보여주는 행동을 한다.

침팬지는 어미와 자식 사이의 유대가 남다르다. 새끼가 죽으면 어미는 포기하지 않고 죽은 새끼를 한동안 안고 다니고 젖을 물리려 한다. 다른 동료도 이 의식에 동참한다. 잠비아의 한 침팬지 보호구역에서 이런 일이 있었다. 9살짜리 수컷이 죽자 보호구역에 있는 43마리 가운데 30여 마리가 주검 둘레에 모였다. 이들은 주검을 조용히 지켜보았다. 앞발가락으로 가볍게 만지거나 냄새를 맡기도 했다.[9]

아프리카코끼리도 동료 코끼리의 죽음을 애도하는 행동으로 유명하다. 동료가 죽으면 큰 소리를 내고 귀를 펄럭이며 포식자가 접근해 주검을 훼손하지 못하도록 지킨다. 이어 주검을 코, 발, 엄니로 더듬으며 애도의 몸짓을 하기도 한다. 그런 '의식'은 거의 하루 종일 계속되기도 한다. 이들은 아마도 동료의 죽음을 가장 오래 기억하는 동물일 것이다. 오래전 죽은 코끼리의 뼈를 보면 흥분하고 코와 발, 상아로 건드리며 꼼꼼히 조사한다. 특히 상아는 그 코끼리가 살아 있을 때의 기억을 되살리는 부위여서인지 오래 자세히 조사한다. 마치 성묘하듯, 친척의 유골을 찾아간다는 주장도 있다.[10]

그런데 죽음을 느끼는 동물 목록에 기린을 추가해야 할지 모른다. 일본 교토대 영장류연구소 및 야생동물연구센터 교수는 기린이 새끼의 죽음을 대하는 특이한 행동 사례를 보고했다.[11] 2010년 케냐에서 있었던 일이다. 엄마 기린이 새끼를 낳았다. 안타깝게도 뒷다리가 꼬인 기형으로 태어났다. 새끼는 한 달쯤 지나 자연사했다. 그런데 엄마를 포함해 암컷 기린 18마리가 이상한 행동을 했다. 기린들은 경계 태세에 들어갔고 흥분한 상태로 새끼를 지켰다. 사흘 뒤 새끼는 다른 동물에 의해 반쯤 먹힌 상태였지만, 엄마는 여전히 자리를 뜨지 않고 코로 새끼를 뒤적이고 냄새를 맡고 주변을 경계했다. 나흘 동안 엄마 기린이 보인 행동은 강한 가족 간의 유대 이외의 어떤 것으로도 설명하기 힘들다.

2011년 나미비아에서는 젊은 암컷 기린이 죽은 지 3주일 뒤 주검이 있는 곳에 기린 무리가 찾아왔다. 기린들은 주검 앞에 멈춰 물을 마실 때처럼 다리를 넓게 벌리고 주검에 코를 들이대 조사하는 행동을 차례로 했다. 2011년 잠비아에서 연구자가 직접 목격한 젊은 기린 어미는 새끼를 사산했다. 첫 출산인 듯했다. 어미는 수 분 동안 새끼의 냄새를 맡고 뒤적이며 조사하는 동작을 여러 차례 되풀이했다. 이런 행동은 무리에서 떨어져 두 시간 넘게 계속됐다. 기린은 좀처럼 개별행동을 하지 않는 것으로 알려져 있음에도 말이다. 기린의 어미와 새끼 사이 유대는 태어난 직후에 형성되며 긴밀함을 알 수 있다.

어쩌면 동물에게 사람과 같은 마음은 없을지 모른다. 애도처럼 보이는 행동은 죽음에서 위험에 관한 정보를 얻고 이를 나누려는 본능에 따른 것일 수도 있다. 하지만 죽은 이의 뜻을 받들고 넋을 기리는 우리의 행동도, 따지고 보면 죽음에서 얻은 정보를 공유하려는 것 아닐까.

붕어도 꽃게도
아픔을 느낀다

조금 전 일도 쉽게 까먹는 사람을 '붕어 기억력'이라고 놀린다. 미끼를 물었다 빠져나간 붕어가 3초만 지나면 다시 미끼를 문다는, 믿거나 말거나 얘기도 있다. 붕어는 이렇게 머리가 나쁘고 사람과 많이 다르니 함부로 다뤄도 상관없지 않을까. 영국의 한 과학자가 과연 그런지 실험을 했다. 송어의 입에 벌침을 주입했을 때의 반응을 보았다. 송어는 낚싯바늘에 걸린 것처럼 깜짝 놀라더니 입술을 수조 바닥과 벽에 비비는 행동을 했다. 그리고 벌침을 주입하지 않은 송어에 비해 다시 먹이를 먹기까지 2배의 시간이 걸렸다.[12]

네덜란드의 연구자는 낚시에 걸린 잉어의 반응을 관찰했는데, 잉어는 갑자기 돌진하거나 토하고 머리를 흔드는 등 스트레스 행동을 보이더니 오랜 시간이 지나서야 다시 먹이를 먹었다. 이런 실험결과를 보면, 바늘 맛을 보고도 또 미끼에 덤볐다는 붕어 이야기는 실제가 아니거나 먹이가 너무 부족한 환경 때문이었을 가능성이 크다. 실제로 산천어를 낚는 플라이 낚시꾼은 그럴듯한 미끼를 거들떠보지 않는 고기를 만나면 최근에 다른 낚시꾼에게 잡혔다 풀려났다는 것을 안다.

동물도 고통을 느끼느냐는 질문은 논쟁이 많고 어려운 주제이다. 무엇보다 '아프다'는 건 주관적인 느낌이어서 동물이 그렇게 느끼는지 알 길이 없기 때문이다. 원래 고통은 신체의 손상을 최소화하기 위한 일종의 경보 체계에서 출발했다. 뜨거운 냄비에 손을 댄 인간이나 손에 잡힌 지렁이 모두 손상을 피하려 반사행동을 한다. 우리가 말하는 고통은 이런 즉각적인 반사행동에 더해 뇌가 관여된 괴로움을 가리킨다.

척추동물은 모두 대뇌피질에 통각을 처리하는 부위가 있다. 아픈 감각을 뇌가 처리해 다음엔 그런 아픔을 겪지 않도록 행동을 바꾸어야 '고통을 느낀다'고 보는 것이다. 그중에서도 사람이나 유인원은 사고영역인 신피질에서 심리적 고통까지 느낀다. 배우자를 잃는 등 통각을 자극하지 않는 고통도 느끼는 것이다. 최근엔 개나 고양이, 새도 심리적 고통을 느낀다는 보고가 있다. 어쨌든 대뇌피질이 고통을 인식하는 핵심 부위라고 한다면 그것이 발달한 순서대로 고통을 잘 느낄 것이다. 즉 유인원, 포유류, 조류, 파충류, 양서류, 어류 순서다.

이 순서의 끄트머리에 있는 어류도 포유류처럼 고통을 느낀다는 사실이 밝혀지고 있다. 만일 고통을 느꼈을 때 먹이를 먹지 않고 반복적으로 특이한 행동을 한다면, 호흡과 심장박동이 빨라지고 스트레스 호르몬 방출이 늘어나는 생리적 변화가 나타난다면 그것은 단순한 반사행동을 넘어 두뇌가 개입한 복잡한 반응을 한다는 뜻이다. 그렇다면 물고기는 분명히 사람과 비슷한 고통을 느끼는 셈이다.

물고기는 포유류와 마찬가지로 고통을 받으면 숨이 가빠지고 외부 자극에 무뎌지는 등의 생리반응을 보이고, 모르핀을 투여하면 이런 현상이 사라진다.[13] 낚시에 걸린 물고기가 한동안 먹이를 먹지 않는 행동은 사람이 사고를 겪고 상처가 아문 뒤에도 심리적 트라우마가 남는 것과 유사한 측면이 있다. 그래서 유럽과 미국의 낚시인 사이에는 잡은 고기를 놓아주는 것만으로는 부족하니 미늘 없는 바늘을 쓰고 잡은 뒤 최대한 빨리 놓아주자는 캠페인이 벌어지고 있다. 나아가 상업적 어획과 밀식 양식의 비윤리성을 지적하는 목소리도 높아지고 있다. 포획된 물고기는 깊은 바다에서 빨리 끌어올린 그물로 인해 눈이 튀어나오고 위장이 부풀어 입 밖으로 나온 모습을 흔히 볼 수 있다. 뱃전에 올려져서도 서서히 질식하거나 동료에 눌려 압사하게 마련이다.

사실 인간의 고통을 줄이는 문제도 해결하지 못하고 있고 돼지와 닭을 산 채로 매장하는가 하면 사료가 없다며 소를 굶겨 죽이는 마당에 물고기의 고통이란 한가한 얘기처럼 들릴지 모르겠다. 하지만 별다른 이유 없이 다른 동물에게 불필요한 고통을 주고, 애초 그런 사실 자체를 모른다면 정말 곤란하지 않을까.

문제는 여기서 끝나지 않는다. 고통의 하한이 어류에서 그치지 않는다는 주장이 나오고 있다. 게와 새우 등도 고통을 느낀다는 연구결과가 있다.[14] 영국 과학자들은 암초가 많은 해변에서 흔히 보이는 게로 실험을 했다. 불을 환하게 밝힌 수조 양끝에 숨을 곳을 만들어놓고 게 90마리를 풀어놓았다. 게는 천적을 피해 모두 피난처로 숨어들었다. 비슷한 수의 게가 양쪽으로 나뉘었다. 그 상태에서 한쪽 피난처에는 약한 전기를 흘려 게가 고통을 느끼도록 했다. 이 게들을 모아 다시 풀어놓고 어떤 피난처

영국 벨파스트 퀸스 대학 연구진이 게가 고통을 느낄 수 있는지 실험하고 있다.

로 가는지 보았더니 대부분 처음 골랐던 곳으로 향했다. 절반쯤은 어김 없이 전기충격 세례를 받았다. 그러나 세 번째로 풀어놓은 게들은 전기가 흐르는 피난처를 거들떠보지도 않았다.

연구자들은 게들이 두 번의 경험으로부터 고통을 회피하는 법을 학습했다고 보았다. 현재의 고통을 반사적으로 피하는 것은 모든 동물에 공통된 것이지만, 미래의 고통을 피하기 위해 중요한 자원(피난처)을 포기하고 행동을 바꾸었다면 포유류 등의 고통 인식과 다를 바 없다는 것이다. 이 연구자는 집게를 대상으로 한 이전의 연구에서도 고통을 피하기 위해 더 나은 집(소라껍데기)을 포기하는 '회피 학습' 능력을 확인한 바 있으며, 이런 능력이 게와 새우 등에 널리 퍼져 있을 가능성이 있다고 밝혔다.

일련의 연구결과는 사실 받아들이기에 불편하다. 식탁에 자주 오르는 꽃게와 새우까지 동물복지의 대상이 돼야 한단 말인가. 유럽연합은 물고기까지, 캐나다 동물보호협회는 문어까지 동물복지 대상에 넣고 있지만 아직 게와 새우는 포함돼 있지 않다. 하지만 분명한 건 우리처럼 고통을 느끼는 동물의 영역이 점점 확장되고 있다는 것, 따라서 당장 게와 새우를 먹지 말자는 게 아니라, 이런 동물에게 불필요한 고통을 주어선 안 된다는 사실이다.

개는 **하품한다,**
고로 **공감한다**

마치 허파 속의 공기를 모두 새것으로 바꾸려는 듯 입을 있는 대로 벌리고 공기를 들이마신다. 고막이 길게 늘어나며 쩍 하는 소리를 낸 뒤 길게 숨을 내쉬며 찔끔 눈물이 맺힌 눈을 끔뻑인다. 하품이다. 온몸을 쭉 펴는 스트레칭 동작인 기지개를 켤 때 반드시 하품으로 마무리하니, 기지개도 하품의 일종이라 할 수 있다. 우리는 피곤하거나 지루할 때 또는 스트레스가 심할 때 하품을 한다. 이런 일상적인 동작을 왜 하는지 또 어떻게 하게 됐는지는 정확히 알려져 있지 않다. 하품의 중요한 특징인 옆 사람으로 옮기기가 무엇 때문인지도 논란거리다.

흥미롭게도 하품은 인간의 전유물이 아닌 물고기와 뱀, 새와 침팬지까지 널리 공유하는 동작이다. 게다가 일부 동물은 사람처럼 하품을 전파한다. 침팬지와 개코원숭이가 그런 동물인데, 여기에 개가 추가된다. 개가 하품에 관한 한 사람과 비슷하다는 사실은 하품을 왜 하게 됐느냐는

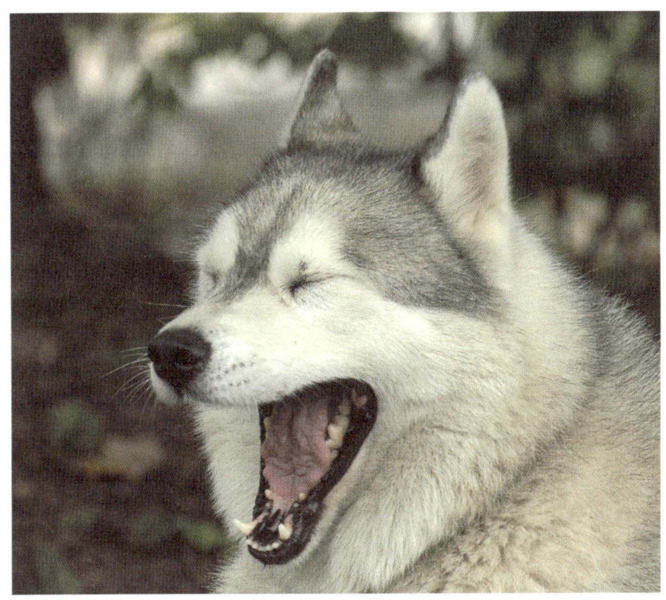

하품하는 허스키 품종의 개. 하품은 이심전심의 표현이다.

의문을 풀 단서를 제공한다. 최근 인지과학자들이 개를 앞에 앉혀놓고 연방 하품을 하는 이유이기도 하다.

스웨덴 룬드대 연구자들은 4~14개월짜리 개 35마리를 데리고 실험을 했디.[15] 제미나게 놀아주고 쓰다듬고 하다가 개 이름을 불러 주의를 끈 다음 늘어지게 하품을 했다. 이 모습을 빤히 쳐다본 개의 69퍼센트가 따라서 하품을 했다. 이 실험이 이전 연구와 다른 건, 나이에 따라 하품을 따라 하는 빈도가 다른지를 알아본 점이다. 그랬더니 하품 전파는 7개월 이후의 강아지에게만 나타났다. 이 사실은 개는 일곱 달이 돼야 다른 개들의 감정상태를 제대로 안다는 점과 관련이 있었다.

  세 번째 이야기 • 동물도 사람처럼 느낀다

사람은 하품 옮기기의 선수다. 실험을 해보면 옆 사람이 하품을 하는 것을 본 어른의 45~55퍼센트가 하품을 따라 하는데, 직접 보지 않더라도 하품하는 소리를 듣거나 또는 (이 글을 읽고) 하품에 대해 생각하는 것만으로도 하품을 하게 된다. 또 가까운 사이일수록 하품이 쉽게 전파되는 것으로 알려졌다. 한 실험에서는 낯선 사람, 지인, 친구, 친척으로 갈수록 하품이 더 잘 옮겨지는 것으로 나타났다. 그런데 4세 이전의 아이는 하품을 따라 하지 않는다. 이 나이가 돼야 아이는 비로소 상대의 감정을 정확히 아는 인지능력을 얻는다. 여기서 하품의 전파가 감정이입, 곧 공감하는 능력과 관련이 있음을 알 수 있다.

개가 침팬지나 개코원숭이보다 인지능력이 떨어지는데도 이런 공감능력을 갖게 된 것은 오랜 가축화의 역사에서 비롯된다. 개는 사람의 감정을 예민하게 알아챈다. 주인이 슬퍼하면 자기도 기분이 가라앉고, 위로하려는 행동을 하기도 한다. 어떤 개들은 이런 공감능력이 지나칠 정도로 높다. 스웨덴 연구자들은 실험에 나선 일부 개들이 하품을 하는 주인의 '지루하고 졸린' 감정을 내면화해 실험 도중 잠에 빠지기도 했다고 밝혔다.

그렇다면 이처럼 하품을 전파하는 이유는 뭘까. 공기 속 산소가 부족하기 때문이라는 설도 있지만, 사회성 동물 사이에서 긴장을 높이기 위한 집단적 방어술로 진화했다는 설명이 유력하다. 졸리거나 지루하면 무리의 경계가 느슨해져 포식자의 공격에 취약해지기 때문에 일제히 하품을 해 긴장을 높인다는 것이다. 늑대 무리가 울음으로 집단을 일체화하는 것처럼 말이다. 어쨌든 가족 중 누가 나와 제일 가까운지 궁금하다면, 모두가 모인 자리에서 늘어지게 하품을 한 뒤 누가 먼저 따라 하는지 보면 된다.

화분 속, 어항 속
그들은 **즐거울까**

　　　　실내에서 화초를 재배하거나 물고기를 기르는 사람이 많다. 접하기 힘들어진 자연을 집 안에서 만나는 것은 분명 행복한 일이다. 정서적으로 도움이 될 뿐 아니라 공기 속 오염물질을 흡수하고 메마른 실내에 습기를 공급하는가 하면 아이들에겐 소중한 생태 공부의 재료가 되기도 한다. 그런데 입장을 바꿔 화분에서 자라는 식물과 어항에서 헤엄치는 물고기는 과연 행복할까. 그게 무슨 상관이랴 싶기도 하지만 적어도 그들에게 고통을 주지 않아야 내 마음도 편할 것이다.

　식물이 자라면서 화분은 점점 비좁아진다. 분갈이를 해주지 않으면 뿌리가 더 자랄 공간이 없어 화분 모양으로 뭉치기도 한다. 분재로 키울 게 아니라면 더 큰 화분에 옮겨주어야 잘 자란다. 비좁은 화분 속에서 식물은 갑갑해할까? 감정이 있는 것은 아니지만 그와 비슷한 행태를 보인다는 사실이 최근 밝혀졌다.[16] 식물 뿌리는 장벽을 만나면 성장속도를 늦추고 그로부터 도망치려는 듯한 모습을 보인다는 것이다.

독일의 한 식물학자는 의학진단용 자기공명영상MRI 장치를 이용해 화분 속 뿌리가 자라는 모습을 입체적으로 들여다봤다. 보리와 사탕무의 뿌리는 2주도 안 돼 화분에 도달했다. 그러자 뿌리가 줄기에 무슨 신호를 보낸 것처럼 광합성이 줄어 식물의 성장속도가 뚝 떨어졌다. 흥미롭게도 식물 뿌리의 4분의 3은 화분의 바깥쪽 공간에 몰려 있어, 마치 틈만 있으면 화분 바깥으로 도망치려는 듯한 형태였다. 연구진은 화분의 크기를 2배로 늘리면 식물의 무게는 43퍼센트 커지며, 화분의 크기에 영향을 받지 않으려면 화분 용량당 식물의 수분을 제거한 무게가 리터당 2그램을 넘어서는 안 된다는 결론을 내렸다. 대부분 가정에서 기르는 화분은 이 기준에 비춰보면 터무니없이 작다.

수조 속에서 관상어는 먹이를 잘 먹고 번식을 하며 경쟁자와 싸움도 벌일 만큼 활기차다. 잡아먹힐 위험에 늘 노출되는 자연보다 나은 환경 같다. 정말 그럴까. 미국의 한 생태학자는 인기 있는 관상어인 미다스시클리드를 대상으로 공격성을 연구한 결과 가정에 널리 보급된 크기의 수조로는 이 물고기의 스트레스를 막지 못한다는 결론을 얻었다.[17] 수조 속의 물고기는 먹이를 차지하거나 새끼를 지키느라 사나워졌다. 수조가 좁고 단조로울수록 공격성은 더했다. 넓은 호수라면 먹이를 찾고 헤엄치고 숨느라 서로 싸울 틈이 없겠지만 좁은 수조 안에선 공격적일수록 먹이를 먼저 많이 먹고 더 빨리 자랄 수 있다. 비좁은 환경이 공격성을 부추기는 것이다. 그리고 공격성은 부상을 부르고 힘없는 물고기는 스트레스로 병에 쉽게 걸린다. 물론 관상어 매장처럼 물고기를 고밀도로 넣으면 싸움은 줄겠지만 동시에 자연적 행동도 사라진다. 연구자는 적은 수의 미다스시클리드가 '행복'하게 살기 위해서는 적어도 폭이 150센티미터는 되는 380리터 용량의 상당히 큰 수조가 필요하다고 밝혔다. 또 어항에 뚜껑을 덮고 수조 속에 복잡한 구조물이나 돌, 수초 등을 배치하면 공격성이 줄어든다고 조언했다.

식물이나 물고기가 자연에서처럼 살게 하려고 집 안에 거대한 화분과 수조를 들여놓을 수는 없는 노릇이다. 공장제 축산의 문제점을 알았다고 당장 채식주의자가 되기 힘든 것과 마찬가지다. 하지만 불편하더라도 자연의 처지에서도 생각하는 것이 자연을 진정으로 사랑하는 길이 아닐까.

잡아먹히느냐 사느냐,
먹이동물들의 **스트레스**

인왕산 백사실계곡은 서울 4대문 안에서 유일하게 도롱뇽이 사는 곳이다. 도롱뇽은 봄이면 맑은 계곡물이 흐르는 시내에 우무처럼 생긴 자루 속에 알을 낳아놓는다. 알에서 깬 새끼는 머리가 크고 꼬리가 길어 언뜻 올챙이처럼 생겼지만, 자세히 보면 네 다리가 나와 있고 나뭇가지 모양의 겉아가미가 밖으로 삐져나온 모습이 특이하다. 도심의 '비밀정원'을 흐르는 깨끗한 물속에서 도롱뇽의 봄은 고즈넉하고 평화로워 보인다.

하지만 그건 밖에서 사람이 바라본 풍경일 뿐, 물속에선 소리 없는 전쟁이 벌어진다. 도롱뇽 새끼는 포식성이 강하다. 주로 물밑에 사는 무척추동물을 먹고 살지만, 올챙이나 형제인 도롱뇽 새끼도 잡아먹는다. 먹느냐 먹히느냐를 결정하는 건 입의 크기이다. 동료보다 빨리 자라 머리가 커진 도롱뇽은 동종포식에 나선다. 어차피 다른 먹이보다 크기도 하고 영양가도 높으니까. 그렇다면 무엇이 물벌레를 먹던 도롱뇽을 동료에게 입맛을 다시는 포식자로 바꿔놓을까. 삼육대학 행동과학연구실 정훈 교수팀은 백사실계곡 등에서 구해온 도롱뇽 알을 부화시켜 여러 가지 실험을 하면서 이런 의문에 도전했다.[18]

일반적으로 도롱뇽은 다른 '입 큰' 도롱뇽의 공격을 받거나 곁에서 동종포식을 목격하는 직접적인 경험을 하면 머리가 커지는 등 변신을 하는 것으로 알려져 있다. 그러나 정 교수팀은 물이 드나드는 불투명한 플라스틱 수조를 이용한 실험에서 어린 도롱뇽이 직접 경험하지 않고도 주변의 다른 개체들이 동료에게 잡아먹히는 화학신호를 감지하는 것만으로도 머리가 커진다는 사실을 확인했다. 도롱뇽은 주변에서 동종포식이 벌어지는지에 아주 민감하게 반응하는 것이다. 그런가 하면 버들치의 냄새를 맡는 것만으로도 머리가 커진다는 실험결과도 얻었다. 버들치는 도롱뇽 새끼를 잡아먹는 포식자이다.

물속 생태계에서 벌어지는 포식자와 그 먹이동물 사이의 관계는 우리의 생각보다 훨씬 복잡하고 다양하다는 사실이 밝혀지고 있다. 포식자가 작은 동물을 잡아먹어야 변화가 생기는 것이 아니라, 포식자의 존재 그 자체가 생태계를 바꾸어놓는다. 특히 잡아먹히는 쪽의 대응이 만만치 않다. 포식자는 굶느냐 머느냐의 문제이지만 먹히는 쪽에겐 목숨이 걸려 있으니까. 그래서 도롱뇽처럼 약한 동물들은 포식자에 관한 화학적 단서를 감지하는 전문가로서, 그에 따라 자신의 행동, 형태, 그리고 생활사까지 바꾼다.

첫 화학적 단서는 포식자의 특징적 냄새이다. 그 화학물질을 감지하느냐에 생사가 달렸다. 포식자 때문에 놀란 다른 먹이동물이 내는 화학정

보도 요긴하다. 놀란 먹잇감은 종종 오줌과 함께 암모니아를 순간적으로 방출한다. 공격받은 개체의 조직이 파괴되면서 나오는 화학물질도 강력한 경고이다. 원생생물부터 양서류까지 동물들은 부상당한 동료가 방출하는 화학적 단서를 감지하는 능력이 있다. 포식자를 감지하면 먹이동물은 활동을 줄이고 은신처에서 더 오래 머무는 식으로 대응한다. 어떤 가재는 포식자의 단서에 집중하느라 먹이를 감지하는 능력이 일시적으로 떨어지기도 한다. 포식성 물고기가 있는 연못의 잉어는 포식자가 삼키지 못하도록 몸의 폭을 넓히는 쪽으로 형태가 변했다. 어떤 개구리의 알은 알을 공격하는 거머리 냄새를 가하면 부화 시기가 앞당겨지기도 했다.

포식자도 쫄쫄 굶고 있는 것만은 아니다. 미국 동부 미시시피 강 유역에 사는 해적농어는 이름처럼 개구리, 작은 물고기, 물벌레 등을 닥치는 대로 잡아먹는다. 그런데 최근 과학자들은 놀라운 사실을 발견했다.[19] 불투명한 플라스틱으로 칸막이를 해 서로 모습을 볼 수 없는 수조를 이용한 실험에서 개구리나 물벌레는 다른 포식성 물고기가 있으면 산란을 줄이는 등 민감하게 반응을 했지만 해적농어는 전혀 개의치 않아 마치 천적이 없는 것처럼 행동했던 것이다. 연구자들은 해적농어가 자신의 냄새가 나지 않도록 가려 '유령 물고기'가 되는 것으로 파악했지만, 그 메커니즘을 알아내지는 못했다. 평화로워 보이는 물속에선 포식자와 먹이동물 사이에 진화적인 군비경쟁이 벌어지고 있다. 승패를 좌우하는 건, 사람의 군사분쟁에서처럼 적의 동태를 감지하는 능력이다.

캐나다 과학자들이 잠자리 애벌레를 이용해 실험해봤더니, 포식자가 주변에 있는 것만으로도 죽어가는 개체가 있었다.[20] 그 효과는 두고두고 지속되어 잠자리로 탈바꿈하는 시기까지 이어졌다. 연구자들은 미국 미주리 주의 연못에 사는 잠자리 애벌레를 채집해 실험실에서 포식자인 블루길과 왕잠자리 애벌레에게 노출했다. 왕잠자리 애벌레는 물고기가 없는 연못의 최상위 포식자이다. 실험실에서는 수조에 칸막이를 해 애벌레가 포식자의 냄새를 맡을 수는 있지만 잡아먹히지는 않도록 했다. 포식자의 먹이로는 잠자리 애벌레를 따로 주었다. 실험결과 블루길과 자리를 함께한 잠자리 애벌레의 사망률은 포식자가 없는 수조에서 기른 애벌레보다 4배나 높았다. 왕잠자리에 노출된 애벌레의 사망률도 2.5배 높았다. 이런 결과는 포식자에게 직접 잡아먹히지 않더라도 그 존재만으로도 먹이동물이 스트레스로 인해 사망에 이를 수 있음을 보여준다.

연구진은 포식자에 노출한 뒤 살아남은 잠자리 애벌레가 탈바꿈하는 과정도 추적했는데, 정상 개체에 견줘 탈피 때의 사망률이 1.2배 높았다. 포식자 스트레스가 오랜 기간 영향을 끼친다는 증거이다. 그렇다면 왜 포식자의 존재로 인한 스트레스가 사망을 불러일으킬까. 연구자들은 에너지 획득의 감소와 병원체에 대한 취약성 증가를 꼽았다. 대부분의 먹이동물은 포식자가 주변에 있는 것을 감지하면 먹이 섭취를 중단한다. 따라서 포식자와 함께 있으면 성장이 억제돼 사망으로 이어질 확률이 높아진다. 또한 스트레스 호르몬 분비가 늘어나면 면역력이 약화되며 부정적인 생리반응이 나타난다. 성장 억제와 잦은 감염이 사망을 부른다는 것이다.

포식자와 먹이의 관계는 생태학자들의 큰 관심거리이다. 직접 잡아먹지 않고도 영향을 끼치는 사례가 잇따라 발표되고 있다.[21] 미국 과학자들이 메뚜기를 들판의 사육장에서 길렀다. 새들은 사육장 위에 앉아 주변에서 잡은 메뚜기를 먹는 등 메뚜기에게 공포를 불러일으켰다. 천적을 의식한 메뚜기는 움직임을 삼가고 풀 위로 높이 올라가지 않았다. 하지만 생존에 급급하다보니 번식에 신경 쓸 겨를이 없어 번식률은 떨어졌다. 이스라엘 네게브 사막에 사는 도마뱀을 대상으로 천적인 때까치가 있을 때 먹이동물의 행동이 어떻게 달라지는지 살펴본 연구에서도, 도마뱀이 덜 움직이는 경향이 분명했다. 평소 좋아하는 먹이를 찾아다니기보다는 가까운 곳에서 구할 수 있는 것으로 때우고 작은 먹이로도 만족했다.

최근 〈사이언스Science〉에 실린 메뚜기 연구는 포식자가 먹이동물의 화학조성을 바꾸어놓으며, 결국 토양 생태계까지 변화시킨다는 결과를 보고해 눈길을 끈다.[22] 연구진은 메뚜기 사육장 두 곳 가운데 하나에 천적인 거미를 집어넣었다. 거미의 입을 접착제로 붙여 메뚜기는 잡아먹히지는 않지만 공포에 사로잡히도록 했다. 공포는 메뚜기에게 스트레스 반응을 일으켜 몸속의 에너지 소비가 증가했고, 결과적으로 공포를 겪지 않은 메뚜기에 비해 영양물질인 질소의 체내 함량이 줄어들었다. 연구진은 스트레스에 시달린 메뚜기와 정상 메뚜기의 주검이 분해돼 흙으로 돌아가는 과정을 정밀하게 추적했다. 분해기간은 약 40일로 같았지만 스트레스 메뚜기의 주검은 질소 함량이 낮아 토양 미생물 성장이 억제되고 결국 토양의 영양순환이 느려지는 것으로 드러났다.

동물의 행동은 사회현상을 쉽게 설명하는 비유로 종종 동원된다. 그런데 설명이 엉뚱해 과학적 사실을 왜곡하기도 한다. 정치권, 야구, 시장 등에서 꽤 인기 있는 비유인 이른바 '메기론'이 단적인 예이다. 이 비유는 포식자와 먹이동물 사이의 관계를 왜곡해 설명한다. 이를테면 미꾸라지가 사는 논에 메기 1마리를 같이 넣으면 그렇지 않은 논에서보다 건강하게 잘 자란다는 것이다. 앞에서 보았듯이 자신의 목숨을 앗아갈지도

포식자 공포로 인해 몸의 화학조성이 바뀐 메뚜기.

메뚜기와 함께 사육장에 풀어놓은 육식성 거미.
입 부분을 막아 메뚜기에게 위협만
줄 수 있도록 했다.

모를 포식자 앞에서 미꾸라지는 기운이 나기는커녕 스트레스로 수명이
짧아질 것이다. 메기론은 약자에 대한 강자의 억압을 합리화하고 그로
인한 스트레스를 미화하는 치명적 약점을 지닌다. 최근의 생태 연구는
과학적으로 그 주장이 근거가 없음을 보여준다. 하지만 굳이 과학을 들
이대지 않더라도, 과밀한 수조에 메기를 넣어 미꾸라지를 놀라게 하면
당장은 생기를 불어넣은 것처럼 보일지라도 머지않아 산소와 에너지 고
갈로 사망률이 높아질 것임은 쉽게 짐작할 수 있다.

세 번째 이야기 • 동물도 사람처럼 느낀다

슬픈
동물원

2013년 3월 20일 영국 런던동물원에 새로운 명물이 등장했다. 수마트라호랑이 2마리를 위해 2,500제곱미터의 터에 360만 파운드(약 61억 원)를 들여 만든 새로운 개념의 동물사가 문을 연 것이다. 영국 일간지 〈가디언The Guardian〉이 사설을 통해 "(동물원이) 구경거리에서 과학을 향해 오랜 여정을 거친 끝에 도달한 정점"이라고 칭송한 사육시설이다. 이곳은 '호랑이가 먼저, 구경꾼은 나중'이라는 개념에 충실했다. 인도네시아 정글을 떠올리도록 나무를 무성하게 심고 웅덩이도 마련해 관람객들은 호랑이를 찾기가 쉽지 않다. 또한 답답한 지붕을 걷어내는 대신 지름 3밀리미터의 스틸케이블로 그물망을 만들고 높이 20미터의 기둥 4개로 받쳐 거대한 거미줄처럼 천장을 덮었다. 높은 곳에서 사방을 조망하는 것을 좋아하는 호랑이의 습성에 맞춰, 사람이 동물을 내려다보는 게 아니라 호랑이가 사람을 내려다보는 곳을 만들기도 했다. 먹이인 고기는 공중에 매달아 점프를 해서 발톱으로 낚아챌 수 있도록 배려했다. 만일 두 수마트라호랑이가 동물원에서 태어난 개체가 아니었다면 고향에 왔다고 느꼈을지도 모른다.

1828년 런던동물학회는 리젠트공원 안에 런던동물원을 열었다. 이를 시초로 유럽과 오스트레일리아, 북미의 다른 도시들도 앞 다퉈 공원에 동물원을 만들기 시작했다. '과학적인 목적으로 만든 세계에서 가장 오래된 동물원'이라는 수식어가 런던동물원에 따라다니는 이유이다. 그런 만큼 이 동물원의 시설은 동물원의 산 역사이기도 하다. 동물원은 영국이 세계의 식민지를 경영하던 빅토리아시대의 분위기에 걸맞은 시설이었다. 점차 늘어나던 중산층 사람들은 여가생활에 대한 욕구가 컸고, 새롭게 개척하는 식민지에서 들여온 신기한 동물을 구경하면서 화제가 될 새로운 지식을 갈구했다. 동물원을 바라보는 이때의 시각은 아직까지 많은 동물원에 그대로 살아 있다.

런던동물원에서 가장 유명한 시설은 1934년 건설한 펭귄 풀이다. 러시아에서 망명한 건축가 베르톨트 루베트킨Berthold Lubetkin이 설계한 이 시설은 펭귄이 2개의 나선형 경사로를 따라 오르내리는 모습을 구경꾼이 마치 미인대회를 보듯 볼 수 있도록 한 아름답고도 모던한 걸작이었다. 사람이 보기에는 그랬다. 하지만 당시 어느 누구도 펭귄 처지에서 이 시설을 보자는 생각은 하지 않았다. 새하얀 경사로는 펭귄에게 너무 눈부셨고 콘크리트 바닥은 펭귄의 발에 상처를 내곤 했다. 풀의 수심은 펭귄이 자맥질하기엔 너무 얕았다. 이 시설은 2003년에야 폐쇄가 결정됐다. 새롭게 만든 펭귄 비치는 사람보다는 펭귄에게 더 편리하도록 설계돼 2011년 문을 열었다. 동물들의 감옥이던 동물원이 동물복지를 생각하는 시설로 바뀌게 된 것은 그리 오래전의 일이 아닌 셈이다.

1909년 일반에게 문을 연 창경원은 우리나라 동물원의 효시이다. 하지만 조선시대 5대 궁궐의 하나인 창경궁을 '원'으로 격하한 것은 일제였다. 일제는 순종의 오락장을 만든다는 명분으로 궁궐 안에 동물원과 식물원을 세웠다. 어쨌거나 창경원은 1970년대까지 그림책에서나 보던 신기한 외국 동물을 구경하고 봄철 꽃놀이를 하는 시설로 시민의 사랑을 받았다. 벚꽃이 절정을 이루는 4월이면 창경원 일대는 관람객으로 인산인해를 이루었다.

우리나라의 1970년대는 영국에서 런던동물원이 만들어지던 1820년대 빅토리아시대와 비슷했다. 1970년 252달러이던 1인당 국민소득은 1977년 1,012달러로 4배 뛰었다. 연간 수출액 100억 달러를 달성한 것도 당시였다. 1975년엔 승용차 보급도 170명에 1대꼴로 늘었다. 레저 수요가 폭발적으로 늘었지만 갈 곳이 없었다. 창경원에는 해마다 300만 명이 찾아와 북새통을 이뤘다. 이에 정부는 수도권 외곽으로 창경원을 이전하고 그곳에 대규모 국민 레저시설을 짓기로 했다. 애초에 방점은 레저시설에 있었고 동물원은 같은 규모로 이전할 계획이었다. 하지만 세계의 동물원을 시찰하면서 동물원이 비좁은 전시시설에서 자연적인 공원 형태로 바뀌고 있음을 파악한데다, 평양동물원보다 더 큰 동물원을 건설하라는 박정희 전 대통령의 지시로 인해 서울대공원 동물원은 오늘날의 큰 규모를 갖추게 되었다.[23]

서울대공원은 1984년 문을 열었다. 현재 동식물원이 222만제곱미터에 놀이시설인 서울랜드는 81만 7,000제곱미터의 크기이다. 우리나라를 대표하는 동물원이고 다른 지자체의 동물원이나 사설 동물원과는 견주기

서울대공원 고릴라사. 사람의 편의에 앞서 고릴라의 안정을 고려한 관람창.

힘들 정도로 좋은 시설이지만, 국제적인 기준에는 많이 떨어진다는 평가를 받고 있다. 2004년 환경운동연합 동물복지모임인 하호가 내놓은 보고서 〈슬픈 동물원〉은 충격적이었다. 철창에 갇혀 한 번도 날아보지 못하는 독수리, 물이끼로 얼룩져 녹색 곰이 된 북극곰, 바닷물이 아닌 민물에 살면서 눈에 백태가 낀 물범, 하루 종일 무언가를 핥고 있는 기린을 비롯해 좁은 우리에 갇혀 스트레스로 인한 정형행동을 벌이는 수많은 동물이 세상에 알려졌다. 자연 다큐멘터리 등을 통해 시민들의 눈높이는 갈수록 높아지는데도, 입장료 수입에 의존하며 투자를 게을리하는 사이 시설은 점점 낙후되어 관람이 줄어드는 상황이 벌어졌다. 동물원 관계자 스스로

'동물원의 위기'를 말하는 상황이 왔다.

2011년 취임한 박원순 서울시장이 일찍이 동물권에 눈떴다는 사실은 서울동물원의 역사에 중요한 전환점을 불러온 것으로 보인다. 남방큰돌고래 제돌이를 제주 바다로 돌려보내고 돌고래쇼를 중지한다는 결정은 서울동물원에게 엄청난 결정이었다. 돌고래쇼는 연간 100만 명 가까운 관람객이 몰리는 서울동물원의 간판 프로그램이었기 때문이다. 돌고래쇼를 보기 위해 한두 시간 기다리는 것은 당연한 일로 받아들일 정도였다. 2011년 433만 명을 기록하던 입장객이 이 쇼를 중단한 이듬해에는 353만 명으로 급감한 데서도 이 프로그램의 인기를 짐작할 수 있다. 하지만 서울동물원은 입장료 수익 대신 동물복지와 동물원의 생물다양성 보전기능을 중시하는 새로운 비전과 발전계획 수립에 나섰다.[24] 미국 브롱스 '동물원'이 '종보전센터'로 명칭을 바꿨을 정도로 세계의 동물원이 변신을 모색하는 흐름을 중시한 것이다.

사실 동물원은 자연의 압축된 모습이다. 자연은 그것이 국립공원이든 동네의 야산이든 인간에게 둘러싸여 있다. 남한에서 호랑이는 이미 멸종했지만 동물원엔 적지 않은 수가 살아 있다. 세계의 야생에 서식하는 호랑이는 3,000여 마리로 추정되는데, 세계의 동물원에서 기르는 호랑이 수도 그 정도는 된다. 야생에선 밀렵꾼에 쫓기고 조각난 서식지에 머물며 고립될 수밖에 없지만 동물원들은 호랑이 정보를 교환하며 유전다양성을 높이기 위한 '국제결혼'을 주선하는 일에 열성적이다. 동물감옥에서 출발한 동물원은 이제 자연에서 사라지는 생물을 보존하는 노아의 방주가 되고 있는 것이다.

사람과 동물이 **다르다**는
당신에게

깃이나 모자 끝을 북미산 너구리인 라쿤 털로 장식한 외투가 유행하자 한 동물보호운동가가 온라인 매체에 '몸을 따뜻하게 하는 데 별로 도움이 되지 않으면서 동물에게 고통만 주는 이런 옷을 입지 말자'는 내용의 글을 올렸다. 쉽게 예상할 수 있듯이, 반발하고 비아냥거리는 댓글이 적지 않았다. 이들의 목소리엔 '인간보다 먹이사슬에서 열등한 동물이 사람 손에 죽는 게 뭐가 문제냐', '왜 동물을 사람 취급하느냐' 하는 불만이 깔려 있다. 심지어 동물보호운동이 나치의 잔재라는 비난도 나왔다. 히틀러Adolf Hitler가 채식주의자였던데다 동물애호와 환경보전을 주창하고 생체실험에 반대한 건 사실이지만, 그렇다고 동물보호에 나치의 낙인을 찍을 일은 아니다. 오히려 유대인 학살은 동물에 대한 잔인한 도살과 학대에 더 가까워 보인다.

독일 사회학자 테오도어 아도르노Theodor Adorno는 "누군가 도살장을 바라보며 '그들은 동물일 뿐이야'라고 생각할 때마다 아우슈비츠는 시작된다"고 적었다. 나치의 유대인 학살 같은 비인간화는 동물을 무시하는 것에서부터 시작된다는 말이다. 동물보호단체 누리집의 자유게시판에 들어가보면, 동물학대를 고발하는 제보가 끊이지 않는다. 종종 엽기적이고 일상화된 이런 행위는 대체 왜 생기는 걸까? 개나 고양이를 학대하는 사람도 가족이나 이웃 또는 직장 동료에게는 살가운 사람일 수 있다. 하지만 그 대상이 외국인 노동자나 동성애자 같은 소수집단이라도 그럴까. 이것이 요즘 사회심리학자들이 던지는 '비인간화의 뿌리가 무엇인가' 하는 질문에 닿아 있다.

역사적으로 내가 속한 집단 밖에 있는 외집단을 '동물 같다'고 바라본 예는 많다. 제2차 세계대전 때 진주만 기습공격을 받은 미국에서 일본인은 '노란 원숭이'나 '쥐'로 묘사됐다. 〈뉴욕 타임스The New York Times〉는 일본의 토속신앙을 '야만 문화'라고 표현했다. 한 역사가는 "눈이 째진 일본 조종사는 총탄을 똑바로 발사하지 못하고 해군 장교는 어두울 때 앞을 잘 보지 못한다"고 적기도 했다. 외집단에 속한 사람을 인간보다는 동물에 가깝다고, 그래서 감정과 고통을 느끼지 않는다고 간주함으로써 동정과 존중을 받을 자격이 없다고 믿는 것이다. 이로부터 외집단을 배제하고 학살하고 노예화하는 차별행동이 나온다.

인간과 인간이 아닌 동물을 구분하는 생각은 부지불식간에 인간 집단 내부에서도 동물에 가깝다고 간주되는 외집단을 만들어낸다. 그래서 흑인을 원숭이에 가깝다고 느끼는 백인일수록 흑인 범죄용의자에 대한 폭력을 더 인정하는 경향을 보인다. 캐나다의 심리학자들은 최근 실험을 통해 사람과 동물이 다르다고 굳게 믿을수록 이민자에 대한 편견도 깊다는 사실을 밝혀냈다.[25] 그리고 사람과 동물의 유사성에 관한 신문기사를 읽은 뒤 이민자도 캐나다 사람과 비슷하다고 생각하는 이가 늘어난 것으로 드러났다. 인간과 다른 동물이 결코 분리되는 존재가 아니라는 사실은 과학적으로 점점 분명해지고 있다. 그런데 뜻밖에도 이 문제는 범죄 예방과 관련해 시사하는 바가 크다. 개와 고양이를 잔인하게 죽인 사람의 다음 표적은 어린아이가 될 수 있기 때문이다. 미국연방수사국FBI의 범죄심리분석관이 장차 나타날 폭력행동을 평가할 때 사용하는 네 가지 지표 가운데 하나가 동물학대이다. 한 연쇄살인범 프로파일러는 "대부분의 살인범들은 어릴 때 동물을 죽이거나 고문한 경험이 있다"고 말했다.[26]

자 연 에 는   이 야 기 가   있 다

사람이 바꾸는 자연

샥스핀의
저주

상어가 낚싯바늘을 문 채 배 위로 끌려 올라오면, 선원은 일단 머리 아래쪽을 길게 베어 몸부림을 제압하고 재빠른 손놀림으로 등지느러미를 잘라낸다. 아직 꿈틀거리는 상어를 바다로 다시 집어던지는 데는 채 1분도 걸리지 않는다. 등지느러미를 잘린 상어는 간신히 붙어 있는 머리를 건들거리며 맥없이 바다 밑으로 가라앉는다. 2010년 골드만환경상 수상자로 뽑힌 코스타리카의 거북 생물학자이자 자연보호운동가인 란달 아라우즈Randall Arauz가 자신의 누리집에 올린 동영상 속 모습이다.[1] 세계에서 가장 권위 있는 환경상의 하나인 골드만환경상은 해마다 6개 대륙에서 민중 환경영웅을 선정해 각각 15만 달러(약 1억 7,000만 원)의 상금을 수여하는데 그가 남아메리카 수상자로 선정된 것이다. 바다거북 보호운동을 하던 아라우즈는 2003년 대만 어선이 3만 톤의 상어 지느러미를 불법으로 하역한 사실을 폭로해 큰 충격을 낳았다. 그만한

지느러미가 잘린 상어들.

양의 지느러미를 얻으려면 상어 3만 마리를 죽여야 한다.

　동태평양은 18종의 상어가 서식하는 곳으로 풍부한 상어 자원을 노려 중국, 대만, 인도네시아 등의 어선이 몰려든다. 이 연승어선들은 수 킬로미터 길이의 줄에 많은 낚시를 매달아 바다 표면을 회유하는 상어 등을 잡는다. 문제는 주낙에 걸린 상어 고기의 가격이 킬로그램당 50센트인데 견줘 상어 지느러미는 그 140배인 70달러에 이르러, 어선들은 잡힌 상어의 지느러미만을 잘라낸 뒤 거추장스러운 몸체는 바다에 버린다는 것이다. 상어 지느러미로 만선을 이루면 한 번 항해에서 수백만 달러를 벌

수 있다. 이렇게 수확한 상어 지느러미는 중국과 전 세계 중국음식점의 상어 지느러미(샥스핀) 수프의 원료로 팔린다. 과거 사치품이던 상어 지느러미 수프가 대중화하면서 수요도 급증해, 수요에 맞추느라 해마다 약 1억 마리의 상어가 잡히고 있는 것으로 알려진다. 우리나라 어선도 부산물로 잡히는 상어의 지느러미를 잘라내는 어획을 하는 데서 예외가 아니다. 국립수산과학원 연구자가 2006년 34일 동안 동태평양 다랑어 연승어선에 승선해 조사한 결과, 부산물로 잡히는 상어는 전체 어획물의 21.5퍼센트인 413마리에 이르렀다. 이 가운데 몸통과 지느러미를 함께 보관한 것은 38퍼센트였을 뿐, 62퍼센트는 통째로 버리거나 지느러미만 잘라내고 폐기한 것으로 밝혀졌다.[2]

2013년 3월 태국 방콕에서 열린 멸종위기종의 국제거래에 관한 협약 CITES 제16차 당사국 총회에서는 마침내 상업적으로 거래되고 있는 상어류 5종에 대한 규제안이 178개 참가국에 의해 채택됐다. 귀상어 등 5종의 상어가 이 협약 부속서2에 올라, 앞으로 이 상어를 거래할 때는 관련국의 허가가 필요하며 합법적으로 잡힌 상어만 거래가 되도록 했다. 애초 상어의 국제 거래를 일절 중지하려던 시도는 중국 등의 강력한 반대로 채택되지 못했다. 이 협약은 멸종위기 야생동물을 보호하는 가장 강력한 장치의 하나로 평가받고 있다. 대체 상어는 어떤 상황이기에 국제적인 거래 규제가 시작된 것일까. 그리고 상어는 왜 보호가 필요한 것일까.

캐나다와 미국의 어류학자들은 공식적으로 집계된 통계뿐 아니라 비공식어획, 불법어획 규모를 모두 고려해 상어의 어획 실태를 추정한 결과를 발표했다.[3] 그 결과를 보면, 2000년을 기준으로 전 세계에서 어획된 상어는 모두 144만 톤으로 상어의 평균적인 무게로 환산하면 약 1억 마

중국식당에서 팔리는 상어 지느러미 수프.

리에 해당한다. 상어 남획에 대한 국제적 우려의 목소리가 높아지고 선진국에서 상어의 지느러미 채취가 규제되던 2010년에도 상황은 그리 달라지지 않아, 약 141만 톤(9,700만 마리에 해당)의 상어가 잡혔다. 연구진은 불확실성을 고려해 최소한 6,300만 마리에서 최고 2억 7,300만 마리의 상어가 해마다 세계에서 어획되고 있다고 추정했다.

상어 남획이 문제가 되는 것은 상어는 성장이 늦고 번식률이 낮아 과도한 어획은 어족자원의 붕괴로 이어질 우려가 크기 때문이다. 인기 있는 어획 대상 상어는 대개 10년이 지나야 성숙해 번식할 수 있다. 연구진

네 번째 이야기 • 사람이 바꾸는 자연

은 전체 상어 가운데 해마다 6.4~7.9퍼센트가 잡혀 죽는 것으로 추정했다. 이는 상어의 연간 재생산율인 4.9퍼센트를 웃도는 수치이다. 상어의 개체군과 해양생태계를 회복시키려면 사망률을 현저히 떨어뜨려야 하는 것이다. 상어와 같은 최상위 포식자가 줄거나 사라지면 생태계 먹이그물의 밑바닥에 이르기까지 연쇄적인 영향이 나타난다는 사실이 점점 분명해지고 있다.

언론이 상어로 인한 공격 사례를 과도하게 보도해 정작 멸종위기에 몰리고 있는 상어의 처지로부터 눈을 돌리게 한다는 지적도 나온다. 우리나라에서도 백상어나 청상어가 잡히면 언론에서 특별한 근거 없이 '식인상어'가 잡혔다고 보도하곤 한다. 2012년 미국 플로리다 대학 국제 상어 공격 파일에 수록된 상어의 인간 공격은 그해에 모두 80건으로 이 가운데 사망자는 7명이었다.

앞에서 언급했듯이, 상어가 상업적으로 이용되는 가장 큰 시장은 지느러미 수프를 내놓는 중국식당이다. 바다 생태계 먹이사슬의 꼭대기에 위치한 상어의 몸속에 수은 등 중금속이 잔뜩 들어 있다는 사실은 널리 알려져 있다. 그에 더해 알츠하이머병이나 루게릭병 같은 퇴행성 뇌질환을 일으킬 수 있는 신경독성물질도 고농도로 축적돼 있다는 사실이 미국 마이애미대 데버러 매시Deborah Mash 교수 등 연구진에 의해 밝혀졌다.[4] 값비싼 상어 지느러미 요리를 일상적으로 먹는 이는 없겠지만, 반대로 그렇게 많은 돈을 주고 몸에 나쁘고 자연에도 해로운 음식을 먹을 이유도 없지 않을까.

고래사냥
잔혹사

포경선이 가장 즐겨 잡던 참고래라는 고래가 있다. 길이 16미터에 70톤까지 나가는 큰 몸집이지만 연안에 사는데다 배가 접근해도 도망치지 않고, 무엇보다 죽으면 물속에 가라앉는 다른 고래와 달리 작살에 맞아 죽어도 가라앉지 않고 물에 뜨는 '착한' 특징을 지녔다. 영어로 '(잡기에) 딱 좋은'이라는 뜻의 라이트웨일Right Whale로 불리고 우리말로도 '참'이라는 접두어를 얻게 된 데는 이런 슬픈 사연이 있다. 고래는 먼저 잡는 사람이 주인인 수산자원으로 취급받아왔다. 연안의 고래가 고갈되고 마지막 남은 고래 천국인 남극해에서 1925년부터 1985년까지 잡힌 대형 고래는 200만 마리가 넘는다. 그러나 1986년 세계적인 고래잡이 금지조처는 고래를 바라보는 시각의 일대 전환을 가져왔다.

고래의 두뇌는 크고 잘 발달했다. 혹등고래는 몇 달에 걸쳐 복잡한 노래를 만들고 여러 마리가 공기방울 그물을 만들어 생선을 사냥하기도 한다. 학습능력이 뛰어나고 자식과의 유대도 깊다. 일본, 노르웨이, 아이슬란드 등 상업적 고래잡이를 하는 나라들이 종종 야만국 취급을 받는 것은 이런 고래를 잔인하게 죽이기 때문이다. 얼마 전 국제포경위원회IWC 총회에서 우리나라가 고래잡이에 나서겠다고 하자 미국, 오스트레일리아 등이 외교적 항의에 나선 것도 고래 보호에 관한 자국의 강한 여론을 잘 알아서였다.

'현대화'가 됐다지만 고래잡이는 한 세기 전이나 지금이나 크게 달라진 게 없다. 포경선은 몇 시간이고 고래를 쫓는다. 공포에 질린 고래의 호흡이 가빠지고 물에 떠오르는 빈도가 잦아지면 고래와의 거리를 좁히고 작살포를 쏜다. 포수가 고래를 겨냥하는 일은 쉽지 않다. 40~60미터 밖에서 수면을 들락거리는 동물을 파도에 올라탄 배 위에서 정확히 맞혀야 하기 때문이다. 종종 고래에게 두 번째 작살포를 발사하고, 그래도 죽지 않으면 소총을 발사하기도 한다. 요즘 상업적 포경선은 펜트라이트 수류탄 작살을 발사한다. 작살은 고래의 몸을 찢으며 깊이 30센티미터까지 파고든 뒤 폭발해 폭 20센티미터가량의 상처를 낸다. 문제는 고래의 뇌를 정확히 겨냥하는 것이 사실상 불가능해 몸통에 큰 상처를 입은 고래가 끔찍한 고통 속에서 죽음을 맞게 된다는 점이다.

작살포를 맞은 뒤 죽을 때까지의 시간을 줄이는 건 '고래 복지'의 중요한 관심사이다. 노르웨이와 일본은 그 시간을 2~3분으로 줄였다고 주장하지만, 어떤 고래는 1시간 반에 이르기도 한다. 게다가 '즉사'의 비율도 노르웨이가 80퍼센트, 일본은 60퍼센트에 지나지 않는다. 고래의 죽음을 판정하는 기준도 논란거리다. IWC는 아래턱이 늘어지고 지느러미 움직임이 없으며 가라앉으면 죽었다고 본다. 하지만 과학자와 수의사는 고래

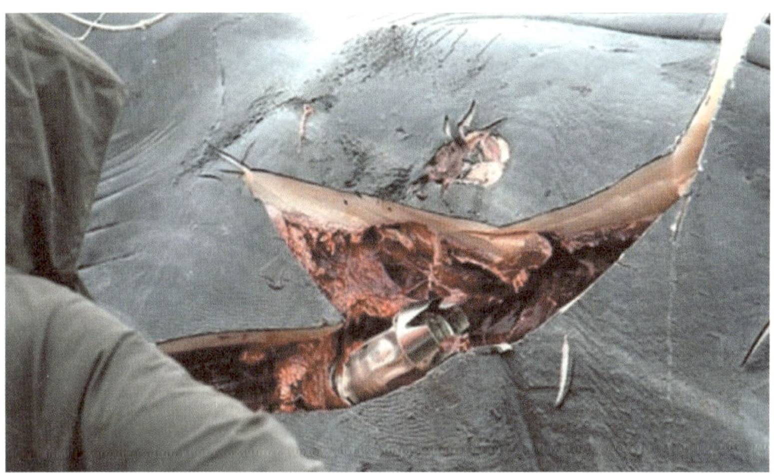

새끼를 데리고 있는 혹등고래(위).
고래 몸속에서 작살포가 폭발한 모습.
치명상을 입히지 못해 두 번째 작살포나 소총 사격으로 이어진다.

의 독특한 생리에 비춰 죽은 것처럼 보여도 실은 훨씬 오랫동안 고통스러운 삶을 연장하고 있을 가능성이 높다고 본다. 고래는 오랜 잠수 때 꼭 필요한 기관을 뺀 몸의 나머지 부위에 혈액 흐름을 줄이고 신진대사를 낮추는 잠수행동을 보인다. 그러니까 고래는 응급상황을 맞아 핵심기관에 생명력을 모으며 전체적으로는 죽은 것처럼 보일 수도 있다. 토착민의 전통적 고래잡이도 윤리적인 면에서 상업적 포경보다 못한 경우가 많다. 러시아의 원주민은 2009년 귀신고래한테 작살을 쏘아 건지기까지 77분이 걸렸으며 추가로 260발의 소총을 쏘았다.

세계동물보호협회WSPA는 고래잡이가 국제적인 도축 지침에도 어긋난다고 지적한다. 고속의 선박 소음으로 몰아대고, 작살 줄로 끌어당겨 상처를 확대시키며, 임신 마지막 시기엔 도축하지 않는 기준도 적용하지 않는 현재의 고래잡이는 잔인하고 비인도적이라는 것이다. 영국 BBC 방송의 유명한 자연 다큐멘터리 진행자인 데이비드 애튼버러David Attenborough 경은 "고래 부위 가운데 대체품이 없는 것은 없으며, 고래를 인도적으로 죽일 수 있는 방법 또한 없다"고 말한다. 반세기 전 남극해 포경선에 승선했던 한 의사는 고래를 죽이는 방법을 두고 "배 속을 갈가리 찢는 창 두세 개가 꽂힌 말을 줄에 매단 도살차가 런던 시내를 피를 뿌리며 지나가는 것과 뭐가 다르냐"고 개탄했다.

물론 어민들도 고통을 겪고 있다. 어장은 비어가는데 포경 금지라니, 그나마 있는 고기마저 빼앗기는 심정일 것이다. 하지만 그 고통을 우리 근해의 고래가 겪어야 할 고통과 비교할 수 있을까. 이미 한 해에 수백 마리씩 그물에 걸려 질식해 죽는 고통에 더해서 말이다.

미야자키 하야오의 장편 애니메이션 〈바람계곡의 나우시카〉에는 산업문명이 붕괴한 뒤 곰팡이가 지배하는 세계가 나온다. 거대한 곰팡이 숲에서 피어오른 포자가 방사능과 독성물질에 오염된 세상에 눈처럼 휘날리는 모습이 섬뜩하게 아름다웠던 기억이 난다. 그곳을 부패의 바다, 곧 '부해腐海'라고 작가는 불렀다. 바로 균류의 세계이다.

곰팡이, 버섯, 효모로 이뤄지는 균류는 동물도 식물도 아닌, 그리고 박테리아와도 구별되는 독립된 왕국을 이룬다. 권오길 강원대 명예교수의 쏙쏙 들어오는 설명을 인용하자면 "낯짝의 버짐, 발가락 사이의 무좀, 이불이나 책갈피에 피는 곰팡이나 가을 송이가 다 한통속"이다.[5] 균류는 죽은 생물체 등 유기물을 분해해 식물이 섭취할 수 있는 무기물로 만들어 자연의 순환고리를 이어주는가 하면, 발효에 관여하고 약용물질을 생산하는 등 인간을 위해서도 없어서는 안 되는 존재다. 하지만 균류가 지닌 무서운 얼굴을 잊어서는 안 된다. 병원성 곰팡이가 세계에 어두운 그림자를 드리우고 있다.

2012년 4월 12일자 〈네이처〉는 영국 임피리얼 칼리지 런던의 매슈 피셔Matthew Fisher 박사 등의 논문을 '곰팡이 공포'라는 제목의 표지기사로 실었다.[6] 연구진은 지난 20년 동안 세계적 추세를 분석해 곰팡이로 감염되는 병이 박테리아와 바이러스를 합친 것보다 동식물과 생태계에 더 큰 위협이 되고 있다는 결론을 내렸다. 곰팡이는 해마다 쌀, 밀, 옥수수, 감자, 콩 등 주요 작물 1억 2,500만 톤의 수확 감소를 초래하는데, 이는 6억 명이 먹을 식량이다. 연구진은 만일 5대 작물이 동시에 곰팡이로 인한 타격을 입는다면 그 피해는 9억 톤에 이를 수 있으며 이는 42억 명이 굶주리는 세계적 기근으로 이어질 것이라고 경고했다.

사실 곰팡이가 식물에 얼마나 큰 타격을 입힐 수 있는지는 19세기 아일랜드에서 100만 명의 목숨을 앗아간 감자병, 20세기 들어 영국에서만 2,500만 그루의 느릅나무를 고사시키는 등 유럽과 북아메리카에 큰 피해를 준 네덜란드느릅나무병의 사례에서 극적으로 드러난 바 있다. 동물도 재앙을 비켜가지 않음이 최근 드러나고 있다. 개구리 등 양서류의 피부에 감염돼 죽음에 이르게 하는 항아리곰팡이는 1997년 처음 발견된 이래 세계 54개국 500종에 번져 생태계 자체를 흔들고 있다. 세계의 모든 양서류 종의 절반이 이 곰팡이 때문에 감소하고 있고 중앙아메리카 일부 지역에서는 양서류 종의 약 40퍼센트가 사라졌다. 우리나라에서도 개구리의 약 8퍼센트가 이 곰팡이에 감염된 것으로 알려졌다.

병원성 곰팡이는 개구리뿐 아니라 꿀벌, 바다거북, 산호, 가재, 물고기 등으로 확산되고 있다. 곰팡이는 생물 멸종을 초래하는 병원체의 70퍼센

항아리곰팡이에 감염된 개구리.

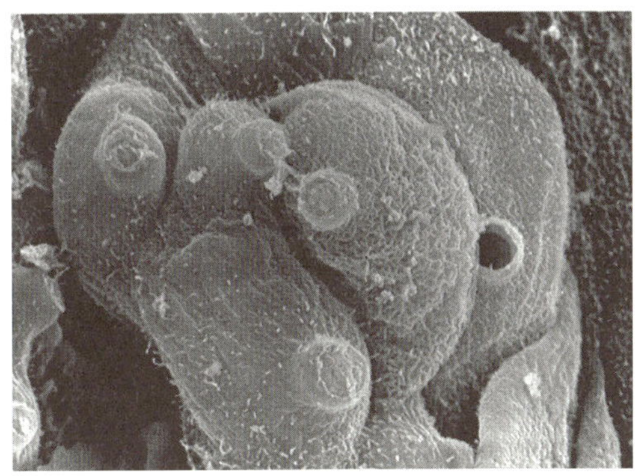

항아리곰팡이에 감염된 개구리 피부의
전자현미경 사진.
돌출된 둥근 물체가 곰팡이 포자이다.

트를 차지한다. "우리는 '부패자'가 승리자가 되는 세계로 향하고 있다"
는 피셔 박사의 우울한 예언은 '나우시카'의 부해를 떠올리게 한다. 사실
곰팡이는 약 2억 5,000만 년 전 지구 최대의 생물 멸종사태 때 세계의 숲
을 죽음으로 몰아넣은 주역이기도 했다. 시베리아를 형성한 대규모 용암
분출로 인한 기후변화로 쇠약해진 방대한 침엽수림은 썩음병곰팡이의
공격에 맥없이 무너졌다.

병원체가 아무리 독성이 심해도 숙주를 멸종으로 몰아넣지는 않는다
는 것이 생태계 원리이다. 감염 대상이 드물어지면서 병원체의 확산이
어려워지기 때문이다. 그러나 곰팡이는 다르다. 워낙 번식력이 높아 숙

주의 밀도가 떨어지기도 전에 거의 모든 개체를 감염시킬 수 있다. 곰팡이의 포자는 어디에나 있다. 버섯 하나가 흩날리는 포자만 해도 지구의 인류보다 많다. 잔나비불로초라는 버섯이 6개월 동안 생산하는 포자를 다 합치면 5조 4,000억 개에 이른다는 보고도 있을 정도다. 게다가 포자는 어떤 악조건도 견뎌낸다.

문제는 병원성 곰팡이가 기승을 부릴 환경을 우리가 만들고 있다는 사실이다. 기후변화와 세계화에 따른 교역과 이동의 증가는 감염 기회를 늘린다. 또한 생태계 교란으로 신종 감염성 곰팡이가 진화할 가능성은 점점 커지고 있다. 균류는 죽음의 얼굴과 부활의 얼굴 모두를 갖고 있다. 어느 쪽이 드러날지는 인류에 달려 있다.

매운탕 속 대구가
작아지는 이유

　　찬바람이 옷깃을 파고드는 계절이 되면 뜨끈한 대구 매운탕이 제 맛을 내기 시작한다. 우리나라 근해에서도 대구가 약간 잡히기는 하지만 90퍼센트 이상은 원양, 그러니까 북태평양에서 잡힌다. 그런데 세계에서 가장 큰 대구어장은 대서양에 있다. 그중에서도 캐나다 동부 뉴펀들랜드의 대구어장은 세계에서 손꼽는 대규모 어장이었다. 그러나 대서양 대구어장은 끝이 없어 보이는 자연자원도 인간의 무지한 남획 앞에선 얼마나 속절없이 허물어지는지 잘 보여주는 유명한 사례이기도 하다.

　　캐나다의 뉴펀들랜드 주에 처음 이주해온 영국과 아일랜드 사람들은 신대륙의 무궁무진한 자연자원에 흥분했다. 먼 바다의 대구가 1월에서 3월 사이 연안으로 알을 낳으러 미친 듯이 몰려들었다. 대구가 너무 많아 어선들이 항해하기가 힘들 정도였고, 낚시가 없어도 뱃전에서 양동이를 내리기만 하면 대구를 퍼낼 수 있었다는 이야기들이 전해진다. 길이 180센티미터, 무게 100킬로그램의 거대한 대구가 낚이기도 했다. 이런 전설이 오래 계속되지는 않았지만 대구는 여러 세기 동안 뉴펀들랜드 지역 어민들의 삶이 기대어온 유일한 자원이었다. 하지만 이 세계 최대의 대구어장은 1990년대 들어 완전히 붕괴됐다. 1992년 2년 시한으로 내려진 어획 금지 조처는 현재까지 무제한 연장되고 있다. 도대체 뉴펀들랜드 대구에게 무슨 일이 벌어진 걸까.

뉴펀들랜드의 대구잡이는 16세기로 거슬러 올라간다. 유럽의 배들이 대구를 쫓아 이곳에 드나들었고, 곧 이주민들이 캐나다 동부 해안에 정착했다. 그 후 제2차 세계대전이 끝날 때까지 어민들은 바람의 방향과 물새들의 움직임 따위를 단서로 삼아 대구를 잡는 전통적인 어업을 계속했다. 그런데 1950년대 들어 공장식 대형 저인망 어선이 등장하면서 상황은 달라졌다. 연안에서의 전통어업은 그대로였지만 먼 바다에서 거대한 그물로 바닥을 훑는 배들이 겨울철 대구의 집결지를 공략했다. 어획량은 가파르게 치솟았다. 1500년에서 1750년까지 250년간 잡은 대구가 800만 톤이었는데, 그만한 양을 1960년에서 1975년까지 불과 15년 사이 잡아댔다.

깊은 바다에 사는 대구는 성장이 느린 편이다. 4~5년이 돼야 성숙하고 6~7년생부터 산란을 한다. 사람이 얼굴을 들이밀 수 있을 만큼 머리가 커다란 대구가 되려면 10년은 훌쩍 넘어야 한다. 당연한 얘기지만 어획은 큰 대구에 집중됐다. 수산자원 관리에서 가장 큰 딜레마는 자원이 얼마나 있는지 정확히 알기가 어렵다는 데 있다. 19세기까지 수산업계에선 '바닷물고기는 결코 고갈되지 않는다'는 믿음이 널리 통용됐다. 큰 어장이라도 부침은 있기 마련이다. 어민들은 한때 고기가 잡히지 않더라도 언젠가는 고기가 다시 돌아온다는 사실을 오랜 경험에서 알고 있었다. 설사 남획이 국지적으로 파괴적인 결과를 빚더라도 더 작은 물고기를 잡는다거나 더 넓은 해역에서 어획을 함으로써 남획의 증거는 발견되지 않는 경우가 많았다.

1970년대 들어 대구 어획량은 평소의 3분의 1로 곤두박질쳤다. 캐나다 정부는 200해리를 배타적 경제수역으로 정하는 새 해양법 체제 아래 처음으로 대구 자원을 과학적으로 관리하기 시작했다. 캐나다 정부는 연구 끝에 대구 자원 양의 20퍼센트로 어획량을 한정했고, 그런 노력 덕분에 1988년엔 1976년보다 대구 자원이 5배로 늘어났다고 발표했다. 그러나 이런 낙관과는 달리 연안 어민들은 1980년대 초반부터 불길한 조짐을 발견했다. 어획량은 해마다 증가했지만 "큰 고기가 안 잡힌다"는 것이었다. 한동안은 아무도 어민들의 '비과학적'인 주장에 귀 기울이지 않았다. 그러나 대구어업은 이 지역에서 민감한 정치적 현안이다. 연근해 어민들의 자원감소 호소가 빗발치자 정부는 1986년 과학자들에게 조사를 시켰다.

1986년 키츠 보고서는 이미 적정 어획량의 3배까지 남획이 이뤄지고 있다고 밝혔다. 논란이 벌어지자 새로운 위원회가 꾸려졌고, 1988년의 앨버슨 보고서는 "최근 둔해지긴 했어도 자원량은 증가하고 있다"고 새롭게 보고했다. 그러나 조사 내용에서의 문제가 드러나자 새로운 논란이 불거졌다. 당황한 정부는 독립적인 조사를 시작했다. 마침내 1990년 해리스 보고서는 대구 자원 양이 기존에 알려진 것의 절반 이하라는 충격적인 결과를 내놓았다.

1992년 대구 자원량이 초기의 1퍼센트 수준으로 줄어들자 캐나다 정부

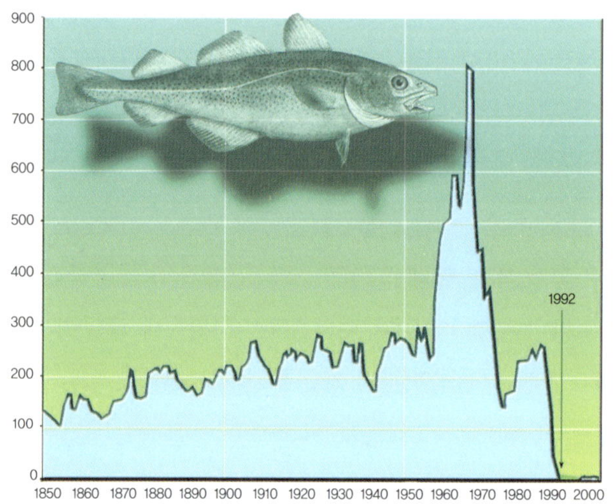

대서양 대구 자원의 붕괴과정을 보여주는 연도별 대구 어획량(단위: 1만 톤).

는 긴급 어획금지 조처를 내렸다. 500년간 계속되던 뉴펀들랜드 최대 산업은 무너졌다. 캐나다 역사상 최대인 3만 명이 일자리를 잃는 사태가 났다. 어황조사를 위한 시험 조업조차 위험하다는 평가를 받을 정도였다. 500년 동안 계속된 세계 최대의 대구어장이 말 그대로 붕괴한 것이다. 일부 연구를 보면 대구의 체형마저 바뀌고 있다. 비쩍 마른데다 등이 휘고 머리가 아래로 구부러진 모습이 두드러진다. 텅 빈 바다에서 먹이가 부족하자 바닥에 떨어진 먹이를 찾느라 체형이 변형됐다는 추정이 나온다. 찬물을 좋아하는 대구가 떼로 얼어 죽는 사태가 발생하기도 했다. 먹이 부족과 오염으로 인한 바다 바닥의 산소 부족으로 쇠약해진 탓이다. 캐나다 수산당국은 대구어장이 회복되지 않는 이유로 먹이생물 부족, 북대서양의 수온 하락, 대형 대구 남획에 따른 유전자 질 저하 등을 들었다.

대구어장은 2005년부터 회복의 초기 조짐을 보이고 있지만 안정적으로 늘어날지는 불확실한 상태이다. 어획금지 이후 20여 년이 지났지만 금지가 언제 풀릴지는 아무도 모른다.

뉴펀들랜드 대구어장은 개릿 하딘Garrett Hardin이 말한 '공유지의 비극'을 고스란히 보여준다. 누구나 사용할 수 있는 공유지에서 저마다 소를 끌고 와서 풀을 뜯게 한다면 토지는 금세 황폐화된다. 먼저 차지하는 사람이 임자라는 생각이 지배적인 곳에선 파멸이 불가피하다. 그리고 이 비극적 사례는 먼 캐나다만의 일도 아니다. 우리나라에서 기록적인 어획량을 기록했던 1920년대 정어리와 1970년대 참조기, 1980년대 쥐치, 그리고 1990년대 이후 붕괴한 명태 등은 자원남획이 고갈로 이어진 분명한 사례이다. 이런 자원붕괴를 늦추는 데 과학은 별 도움을 주지 못했다. 최근 바다의 불확실성을 고려한 생태학적 접근방법과, 경험에서 비롯한 전통 지혜를 살리는 어민 참여가 강조되는 것은 이 때문이다.

왜소한 자연 부른
큰 놈부터 잡아라

자연계에서 포식자는 어리거나 늙은 개체를 주로 잡아먹는다. 반면 사람은 어획이든 사냥이든 가장 큰 성체부터 잡는다. 자연계 최강의 포식자인 인간의 이런 독특한 취향은 자연을 어떻게 변화시켰을까. 미국 캘리포니아대 연구진은 인류가 동식물의 진화속도를 증가시켜 장기적으로 그들의 생존을 위협하고 있다고 밝혔다.[7] 연구진은 사람의 포획 압력을 받는 종은 그렇지 않은 종보다 진화속도가 3배나 빠르다는 사실을 발견했다. 몸 크기는 20퍼센트 작아지고, 번식에 이르는 시기는 25퍼센트 앞당겨졌다. 이 연구는 인간에 의해 '수확'되는 29종의 동식물이 겪는 형질변화를 정량적으로 측정하는 방법으로 이뤄졌다.

호랑이, 사자 같은 자연계 포식자는 먹이를 사냥할 때 갓 태어난 새끼나 병들고 늙은 대상을 고른다. 부상의 위험과 포획할 때 드는 에너지 소비를 줄이기 위해서다. 덕분에 생식력이 가장 왕성한 다 자란 개체는 살아남아 번식의 주역이 된다. 포식자로서 사람은 정반대이다. 수산업에선 일정한 길이를 정해 그 이하의 어린 물고기는 잡지 못하게 한다. 그물코를 규제하기도 하는데, 그물을 빠져나가는 작은 물고기일수록 생존확률이 높아진다. 개체의 크기가 작아지면 상대적으로 먹이가 풍부해지고, 이는 물고기가 일찍 성숙하도록 이끈다. 즉 다 자란 개체들이 사라진 바다에서 조숙한 미성숙 개체들이 번식에 참여하는 일이 늘어난다.

사냥도 마찬가지다. 캐나다에선 일정한 크기 이상의 큰뿔양만 잡을 수 있도록 한 결과, 지난 30년 사이에 이 양의 길이와 몸무게가 20퍼센트 줄어들었다. 식물도 예외가 아니어서, 북미산 산삼 채취가 늘어나면서 산삼의 크기도 차츰 감소하고 있다. 아마도 가장 유명한 사례는 코끼리의 엄니 이야기일 것이다. 밀렵꾼들은 큰 엄니를 가진 코끼리만을 노린다. 이것은 큰 엄니를 만드는 형질을 솎아내는 결과를 빚었다. 잠비아에서 엄니가 없는 아프리카코끼리 암컷의 비율은 1969년 10퍼센트였지만 1989년엔 40퍼센트에 육박했다. 인도코끼리는 수컷에만 엄니가 있는데, 밀렵이 기승을 부린 스리랑카에서는 수컷 중에서도 단 5퍼센트에서만 엄니를 찾아볼 수 있다.

이런 양상은 우리나라에서도 드러나고 있다. 국립수산과학원의 조사를 보면, 2005년 우리나라 연근해에 사는 갈치의 99.1퍼센트가 성숙체장 25센티미터에 미치지 못했다. 1970년까지만 해도 미성어의 비율은 44.1퍼센트에 지나지 않았다. 이밖에 삼치의 거의 모두, 참조기의 93.5퍼센트, 참돔의 62.3퍼센트가 미성어였다. 잡히기 전 작고 어릴 때 번식하는 것은 포획 압력에 대응하는 한 전략일 수 있다. 그러나 미성숙 번식은 부실한 자손을 낳을 수밖에 없고, 이는 결국 해당 종의 재생산 능력을 위험에 빠뜨릴 가능성이 높다.

역설적으로 사람은 가축을 기를 때는 자연을 대할 때와 다르게 행동한다. 어린 가축을 도축하고, 가장 크고 건장한 씨앗가축만을 골라 번식에 활용한다. 우량 한우 씨수소 1마리는 약 2만 마리 암소를 임신시킬 정도다. 자연으로부터 가장 크고 훌륭한 개체부터 솎아내려 덤비는 것과는 대조적이다. 노인한테서 늘 듣던 "우리 어릴 때는 엄청 컸지" 하는 얘기를 자식들에게 또 해야 할 판이다.

식인 사자를 위한 변명

유명한 동아프리카의 식인 사자 이야기를 만화, 동화 또는 영화를 통해 한번쯤은 들어봤을 것이다. 1898년 영국은 빅토리아 호수에서 인도양 해안까지 철도를 놓기 위해 케냐 차보 강에 철교를 건설하고 있었다. 밤마다 사자가 철도 노동자들을 습격했다. 모닥불을 피워놓아도 숙소에 가시 울타리를 둘러보아도 사자의 공격을 막을 수 없어 주로 인도인 노동자 135명이 잡아먹혔다. 겁에 질린 노동자들은 달아났고 공사는 중단됐다. 결국 영국에서 피견된 기술지 존 페터슨John Patterson이 2마리의 '악마'를 사살한 뒤에야 공사는 재개됐다. 이 유명한 사자 가죽은 당시로선 거액인 5,000달러에 미국 시카고 필드박물관에 팔렸고, 길이 3미터의 갈기 없는 수사자 2마리는 박제로 되살아나 현재도 관람객에게 공포를 선사하고 있다. 패터슨의 책은 세계로 팔려나갔고 이를 주제로 한 할리우드 영화도 세 편이 나왔다. 그러나 유명해진 차보 사

철도 노동자 135명을 잡아먹은 것으로 악명을 떨친 차보 사자의 박제 표본.

자의 모습엔 편견과 과장이 적잖게 들어 있음이 드러나고 있다.

차보 사자의 박제를 보관하고 있는 시카고 필드박물관이 그런 신화를 걷어내는 주역이라는 사실은 역설적이다. 이 박물관의 큐레이터인 (앞의 패터슨과 전혀 다른 사람인) 브루스 패터슨Bruce Patterson 박사는 2009년 이 식인 사자들이 잡아먹은 사람은 135명이 아니라 35명이라는 연구결과를 발표했다.[8] 연구진은 차보 사자의 털과 뼈, 그리고 케냐의 초식동물과 당시 살았던 사람의 조직 속 동위원소 분포를 비교했다. 사자가 죽기 전 몇 달 동안 먹은 동물의 동위원소 분포는 사자의 몸에 고스란히 남아 있기 때문이다. 그 결과 사자 1마리는 사람 24명을 먹었는데, 식사의 절반은 다른 초식동물이었다. 이 사자는 아래턱 송곳니 부위가 심하게 곪은 상태였다. 다른 한 마리는 11명의 사람을 먹었지만 주 식단은 초식동물이었다. 당시 가뭄과 돌림병 때문에 초원의 먹잇감이 급감하던 상황에서 사자들은 새롭게 몰려든 잡아먹기 손쉬운 사람에게로 눈을 돌렸지만, 사람을 주식으로 한 것은 부상당한 사자 1마리뿐이었다.

물론 동위원소를 이용한 계산의 오차 때문에 잡아먹은 사람의 수는 최고 75명일 가능성도 있고, 드러난 것은 먹은 사람의 수이지 죽은 사람의 수가 아니라는 점도 고려해야 한다. 그리고 35명도 적은 수는 아니다. 당시 우간다 철도회사가 추정한 사망자는 28명이었지만 언론은 공명심에 들뜬 기술자 패터슨의 주장을 더 신뢰해 135명이라고 발표했다. 수컷임에도 위엄 있는 갈기가 없는 차보 사자의 모습은 사악한 이미지를 보탰다. 하지만 패터슨 박사는 미국 전역의 동물원 사자의 갈기를 조사해 더운 곳에 사는 사자일수록 갈기가 성글거나 없음을 밝혔다. 차보 지역의 사자는 종종 갈기가 없다.

혹시 식인 사자는 사람 고기에 '맛'을 들였던 게 아닐까. 최근의 연구는 잡식동물에 비해 육식동물은 단맛 등 일부 미각을 잃어버렸음을 보여준다. 돌고래와 바다사자는 단맛과 함께 아미노산이 주는 감칠맛도 느끼지 못하는 것으로 드러났다. 단맛을 선호하는 너구리, 곰 등 잡식성 동물과 대조적이다. 육식동물은 맛이 아니라 살기 위해 먹는 쪽에 가깝다. 그러나 미디어는 야생동물의 한 측면만을 과도하게 보여준다. 다큐멘터리 속 사자는 쉬지 않고 극적인 사냥을 거듭한다. 반면 실제 사자는 하루 평균 21시간을 자면서 휴식을 취한다. 그러고도 비만이 되지 않는 게 신기할 정도다.

식인 사자 이야기는 현재 진행형이다. 사자의 가장 큰 사인은 사람이

나 가축과의 갈등이다. 사자는 지금도 사람을 잡아먹지만, 동시에 가난한 아프리카 국가에 귀한 외화를 가져다준다. 멋진 수사자의 머리로 거실을 장식하려는 미국과 유럽의 사냥꾼이 내는 돈은 야생지역을 보호하고 밀렵을 방지하는 자금으로 요긴하게 쓰인다. 아프리카 사자의 30~50퍼센트가 분포하는 탄자니아는 해마다 사자 500마리와 표범 400마리의 사냥을 허용하고 있다. 사자 1마리를 사냥해 가져가려면 사냥꾼은 3주 동안 하루 3,000달러의 요금과 사자 값 1만 2,000달러를 내야 한다. 1999년부터 2008년 사이 이처럼 사냥해 외국으로 반출한 사자는 9,224마리에 이르며 이 가운데 절반이 미국으로 향했다.

물론 합법적 사자사냥도 사자 집단의 감소를 불러온다. 수사자를 죽이면 새로 우두머리가 된 수사자는 기존의 새끼를 모두 죽이기 때문이다. 7살 이상 된 '늙은' 사자를 사냥하면 좋겠지만 비싼 요금을 낸 사냥꾼은 젊고 멋진 사자를 쏘길 원한다. 우리가 미디어를 통해 야생동물의 과장된 한 측면을 '소비'하는 동안, 수백만 년간 진화가 이룩한 멋진 최고의 포식자는 멸종위기에 몰리고 있다.

입으로 새끼 낳는 개구리,
그리고 멸종과 복원

오스트레일리아의 양서류학자 마이클 타일러Machael Tyler 교수는 1974년 개구리가 입으로 새끼 개구리를 낳는 희한한 모습을 관찰하고 깜짝 놀랐다. 퀸즐랜드 열대우림에서 두 해 전 발견된 개구리였다. 1981년 그는 이 믿기지 않는 번식방법을 〈동물행동Animal Behaviour〉이라는 학술지에 발표했는데, 이 개구리 암컷 1마리의 배를 눌렀더니 토하는 행동과 함께 1초도 안 돼 6마리의 새끼 개구리가 튀어나왔다고 한다.[9] 이 위장번식 개구리 암컷은 수정이 된 알을 삼켜 배 속에서 올챙이를 거쳐 개구리가 될 때까지 6주일 동안 키운다. 그동안 위산 분비는 멈추고 당연히 아무것도 먹지 않는다. 자라나는 올챙이와 개구리 때문에 배가 점점 부풀어올라 허파는 완전히 쪼그라들어 어미는 피부호흡으로 견딘다. 타일러 교수는 '출산' 전 새끼 개구리 20여 마리가 어미 몸무게의 40퍼센트를 차지했다고 밝혔다.

위장번식 개구리의 투과 사진.
배 속에 올챙이가 가득 들어 있다.

위장 속에서 수정란을 20여 마리의 새끼 개구리로 길러내
는 위장번식 개구리가 다 자란 새끼를 게워내고 있다.

알에서 깬 새끼를 입속에 보관하는 물고기도 있고 알이나 올챙이를 지고 다니는 개구리도 있다. 하지만 여태껏 위장을 자궁으로 쓰는 동물은 없었다. 안타깝게도 이 개구리는 1983년, 채집해 기르던 개체를 끝으로 멸종하고 말았다. 연구자들이 서식지를 아무리 뒤져도 1마리도 찾을 수 없었다. 이듬해 퀸즐랜드 북부에서 같은 속의 위장번식 개구리 다른 종이 발견됐지만 이마저도 곧 멸종했다. 벌목, 오염, 항아리곰팡이 등이 멸종 원인으로 지목됐지만 정확한 이유는 알려지지 않았다.

오스트레일리아 연구진이 이 특이한 개구리를 되살리는 프로젝트에 나섰다. 방법은 체세포 핵 이식을 통한 복제, 곧 황우석 전 서울대 교수가 쓰던 방식이다. 사실 황 교수도 인간 배아줄기세포 복제로 나아가기 전엔 멸종동물 복제에 이 기술을 쓰겠다는 포부를 밝히기도 했다. 멸종된 동물의 DNA를 가까운 친척 동물의 핵에 넣어 발생을 유도하는 기술이다. 오스트레일리아 뉴사우스웨일스대 마이크 아처Mike Archer 교수는 타일러 교수가 냉동 보관하던 위장 번식 개구리의 조직에서 핵을 떼어내 이 개구리와 먼 친척뻘인 다른 개구리의 난자 핵과 바꿔치기한 뒤, 이를 수정란처럼 세포분열하는 배아로 만드는 데 성공했다. 연구진은 "지난 5년간의 실험 끝에 이제 몇 가지 기술적 관문만 남겨놓았다"고 밝혔다. 이 개구리가 자라나면 멸종한 위장번식 개구리의 유전자를 갖춘 개구리가 부활하는 셈이다.

아처 교수는 "우리가 멸종시킨 종은 우리가 되살릴 도덕적 책임이 있다"고 주장한다. 종 부활의 실질적인 효과도 있다. 개구리의 알과 올챙이가 내보내는 위액분비 억제 물질을 연구하면 위궤양 치료나 위장 수술 뒤 빠른 회복 등에 응용할 수도 있을 것이다. 또한 전체 종의 40퍼센트가 멸종위기인 세계의 양서류를 보존할 최후 수단이 될지도 모른다. 하지만 기술의 성공 가능성을 차치하더라도 여러 가지 문제가 생길 수 있다. 멸종한 종의 복원은 그저 잃어버린 종을 되살리는 단순한 문제가 아니다.

멸종한 종의 복원, 곧 '탈멸종de-extinction'의 목록에는 개구리만 올라 있는 게 아니다. 대중의 상상력과 호기심, 그리고 상업적 관심이 쏠리는 종은 매머드, 검치호랑이, 태즈메이니아호랑이 등 크고 멋진 카리스마 있는 동물들이다. 이들의 복원은 개구리보다 기술적으로 훨씬 복잡하고 철학적인 문제도 따른다. 부활한 동물이 살 어건이 되는지는 무엇보다 중요하다. 위장번식 개구리의 서식지만 해도 야생화한 돼지, 외래종 잡초, 항아리곰팡이가 도사리고 있다. 빙하기 동물인 매머드를 되살려 어디에 풀어놓을까. 가뜩이나 비좁은 동물원에 가두려고 멸종동물을 부활시키는 것도 무책임하고 비윤리적이라는 지적이 나온다. 부활시킨 동물을 자연에 돌려보내려면 거기 맞춰 온전한 생태계 자체를 부활시켜야 할지도 모른다. 검치호랑이를 되살리고 나면, 그 먹이인 낙타와, 그 낙타의 먹이인 빙하시대 풀…… 하는 식으로 부활 대상이 늘어날 터이다.

더 현실적인 문제는 돈이다. 탈멸종 기술엔 돈이 많이 든다. 멸종한 멋진 동물을 되살리는 데 가뜩이나 부족한 보존 예산을 써버리느니 현재 살아 있는 멸종위기종을 지키는 데 투자하는 편이 현명하다는 주장이 설득력 있게 들린다. 이 주장은 우리나라에서도 논의될 수 있다. 반달가슴곰, 산양, 황새, 따오기 등 멸종했거나 멸종위기인 인기 동물을 복원하려는 시도가 한창이다. 하지만 거기 들어가는 돈으로 눈에 띄지 않는 작은 멸종위기종 보호에 투자하거나 올무와 덫을 제거하는 노력을 더 해야 한다는 주장도 있다.

지금 세계는 15분에 한 종이 사라지는 생물다양성의 위기에 직면해 있다. 그런데 그 대부분은 해양 무척추동물이나 토양생물처럼 일반인은 관심도 없는 작은 생물들이다. 우리가 '스타 생물'만 쳐다보고 있는 사이 그를 떠받치는 생태계 전체는 조금씩 허물어지고 있다.

홍적세 다음
인류세를 아십니까

지질시대 하면 격변이 떠오른다. 지구에 운석이 충돌해 공룡이 멸종하고, 대륙이 충돌해 산맥이 솟으며, 대륙이 열려 새 바다가 탄생하는 큰 변화만이 새로운 지질시대의 이름을 얻는다. 그런데 인류가 큰일을 해냈다. 스스로의 힘으로 새로운 지질시대를 만들어내고 있다. 노벨화학상을 수상한 네덜란드 대기화학자 파울 크뤼천Paul Crutzen은 2000년 '인류세'라는 지질시대를 만들자고 제안했다. 마지막 빙하기가 끝나고 약 1만 2,000년 전부터 계속되고 있는 따뜻한 시기를 가리키는 홍적세에 이어, 지구 역사상 처음으로 하나의 종이 생물권을 변화시키고 있는 이 시기를 새로운 지질시대로 구분해야 한다는 것이다. 인류세를 산업혁명이 시작된 18세기 후반부터로 정의할지 등에 관해서는 논의가 필요하지만 지질학계는 이 견해를 대체로 받아들이고 있다.

도대체 인류가 지구를 얼마나 바꿔놓았기에 지질시대까지 달라지는

가. 몇 가지 데이터를 보자. 지구 생산력의 원천인 햇빛을 이용한 광합성의 25~40퍼센트는 인류가 먹는 농작물을 생산하기 위한 것이다. 바다에서도 인류는 어획을 통해 해양동물의 기초먹이인 식물플랑크톤이 하는 광합성의 25~35퍼센트를 가져간다. 지구 표면 대지의 30~50퍼센트와 담수의 절반은 오로지 인간을 위해 쓰인다. 그 결과 지구의 온도는 지난 40만 년 이래 가장 높고, 15분마다 생물 한 종이 멸종하는 제6의 대멸종이 진행 중이다. 게다가 이 두 가지만큼 유명하지는 않지만 심상치 않은 조짐이 지구 차원에서 벌어지고 있다. 바로 영양 과잉이다.

얼마 전 북한산 계곡에서 이상한 모습을 보았다. 시냇가 한쪽에 고인 물이 녹색으로 썩어가고 있었다. 옆으로는 수정처럼 맑은 물이 흐르는데도 말이다. 주변엔 음식점 같은 오염원이 전혀 없는데 왜 부영양화富營養化 현상이 일어나는지 알 수가 없었다. 최근 미국 연구진이 그 궁금증을 풀어주었다.[10] 알래스카를 비롯해 북반구의 외딴 호수 대다수의 퇴적층에서 인간이 방출한 다량의 질소 성분을 검출했다는 것이다. 인위적 질소는 1895년부터 나타나 1970년대 급증했다. 주거지나 농지, 산업단지로부터 수천 킬로미터나 떨어진 호수에 질소 성분이 쌓인 것은 비료나 화석연료의 질소가 공기를 통해 전달됐기 때문이다. 그렇다면 북한산 계곡을 썩게 만든 원흉은 대기에 섞이거나 빗물에 쓸려 들어온 자동차 배기가스의 질소산화물이었을 가능성이 높다. 우리는 지난 100년 넘게 지구 구석구석에 원하든 원치 않든 비료를 뿌려댄 것이다.

질소는 단백질의 주요 성분이고 식물의 필수 영양소이다. 질소는 대기의 78퍼센트를 차지할 만큼 지구에 흔한 물질이지만 생물이 쓸 질소는 드물다. 질소 원자 2개가 단단히 3중 결합을 해 생물이 이를 떼어내 이용하기가 어렵기 때문이다. 질소를 생물이 이용할 수 있는 형태로 만드는 방법은 번개가 치거나 콩과 식물에 기생하는 뿌리혹박테리아가 질소고정窒素固定하는 길밖에 없다. 그래서 농촌 사랑방에 모여 놀던 마을 사람들도 질소가 든 거름을 만들기 위해 '일'은 자기 집에 가서 보았던 것이다. 그런데 20세기 초 질소와 수소를 고온고압 상태에서 반응시켜 질소화합물인 암모니아를 제조하는 하버-보슈법이 나오자 상황이 달라졌다. 자연계의 귀중품인 질소영양염이 질소비료란 이름으로 대거 쏟아져나오게 된 것이다. 현재 인류는 자연계에서 만들어내는 양을 웃도는 질소 성분을 지구에 내놓고 있다. 질소 과잉인 바다는 플랑크톤이 번창해 썩어 산소가 고갈된 죽음의 바다가 된다. 한중일 근해는 세계에서도 질소 농도가 높아 멕시코 만의 30배에 이른다.

한양대 박재우 교수팀의 집계를 보면, 우리나라에서 한 해에 추가되는 질소의 양은 129만여 톤인 데 비해 나가거나 사라지는 질소는 63만여 톤으로 절반에 그친다. 막대한 양의 질소가 쌓여가고 있는 것이다.[11] 화학비료 사용량은 31만 톤으로 식물이 고정하는 질소 9만 톤보다 3배 이상 많다. 질소비료로 키운 사료와 곡물을 막대한 양 수입하는 것이 질소 과잉의 주요 원인이다. 바다에 내버려온 축산 분뇨를 앞으론 고스란히 땅에서 처리해야 하므로 상황은 더 나빠질 것이다. 영양 과잉은 사람의 비만처럼 지구의 건강을 해친다. 이미 서유럽에선 영양 과잉인 농촌보다 도시의 생물다양성이 높다. 콩과 식물은 차츰 경쟁력을 잃고 도태될 것이다. 인류는 자원·에너지의 고갈과 영양분·이산화탄소 과잉이라는 전례 없는 지구 차원의 위기를 스스로 초래한 첫 생물이기도 하다. 새로운 지질시대에 제 이름을 붙인다고 이상할 것도 없다.

자 연 에 는   이 야 기 가   있 다

자연과 더불어 사는 미래

아마존은
원시림이 아니다

        인간과 자연이 공존하는 길을 모색할 때 아마존 열대 우림처럼 적절한 예는 없을 것이다. 해마다 4월 22일 '지구의 날'이 오면, 세계의 유력매체들은 아마존의 파괴와 훼손을 예로 들며 환경보전의 필요성을 역설한다. 숲을 태워 목장과 경작지로 만드는 현지 주민과 농업자본으로부터 '지구의 허파'를 지키자는 것이다. 앨 고어Albert Gore 전 미국 부통령은 "아마존은 우리 모두의 것"이라고 말했다. 미하일 고르바초프 Mikhail Gorbachyov 전 소련 서기장은 "브라질은 아마존에 대한 권리를 적절한 국제기구에 위임해야 한다"고 했고, 영국 총리였던 존 메이저John Major 는 "아마존 지역에 대한 국제 환경운동은 (…) 실행단계에 접어들었으며 이 단계에서는 당연히 직접적인 군사적 간섭도 포함된다"고 선언했다. 브라질의 산림파괴가 극심했던 1980년대의 이야기이지만, 이런 생각은 아직도 일반인은 물론 세계 환경론자에게서 흔히 발견할 수 있다. 결론부터 말하자면, 아마존 열대우림에 대한 우리의 믿음은 상당부분 환상에 불과하다. 아마존은 지구의 허파가 아니며, 지구를 위해 아마존 주민들의 삶을 유보하고 개발을 억제하자는 주장은 심각한 주권 침해일 뿐이다.

아마존 유역의 면적은 650만 제곱킬로미터에 이른다. 남한 전체의 65배에 이르는 넓이이다. 페루 안데스 산맥에서 시작된 아마존 강은 적도를 따라 6,450킬로미터를 흐른 뒤 대서양에 도달한다. 1500년 아마존 강 하구를 탐험한 스페인 탐험가 비센테 핀손Vicente Pinzón은 자신이 '발견'한 것이 강인 줄 모르고 '짜지 않은 바다'라고 불렀다. 하구의 폭이 322킬로미터에 이르니 그럴 만도 했다.

세계 열대우림 식물종의 절반이 분포하는 아마존에 대한 가장 널리 퍼진 오해는, 이곳에서 식물이 광합성을 통해 방출하는 산소가 지구 전체 산소 생산량의 80퍼센트에 달한다는 것이다. 이런 주장은 아마존 숲이 사라지고 있다는 소식에 당장 숨이 막힐 듯한 위기감을 느끼게 만들기에는 적당해도, 과학적 근거는 전혀 없다. 아마존처럼 오래되고 성숙한 숲에서는 산소가 생산된 양만큼 소비된다는 것이 과학계의 상식이다. 숲의 양이 계속 늘어나는 젊은 숲은 광합성을 통해 이산화탄소를 목재 형태로 가둔 만큼 산소를 공기 속에 내뿜겠지만, 자란 만큼 죽어 분해되는 장년기 숲에서는 들고 나는 산소의 양이 비슷하다는 것이다. 사실 지구에 산소를 공급하는 주인공은 맨눈으로는 보이지도 않는 바닷물 속 식물플랑크톤이다. 바닷물 한 방울에 수십만 마리가 들어 있는 프로클로로코쿠스 속 등 1988년 처음 발견된 극미소 플랑크톤은 광합성을 통해 지구 산소의 절반을 생산한다.

아마존에 관한 더 심각한 오해는 사람의 손길을 차단해야 아마존을 지

아마존 강 위성사진.

아마존 강. 아마존 열대우림에 대한 우리의 믿음은 상당 부분 환상에 불과하다.

킬 수 있다는 것이다. 서구 언론과 환경단체에 널리 퍼진 이런 생각의 뿌리는 깊다. 미국의 저널리스트인 마크 런던Mark London과 브라이언 켈리Brian Kelly는 25년 동안의 아마존 취재 기록을 담은 책《숲 그리고 희망The Last Forest》에서 아마존 연구의 권위자인 베티 메거스의 1950년대 연구가 아마존에 대한 편견을 만들었다고 지적했다.[1] 메거스의 연구는 요컨대, 아마존의 토양은 양분이 폭우에 씻겨나가 너무 척박하기 때문에 지속적인 문명을 건설할 여건이 되지 못한다는 내용이다. 그는 자신의 이론을 확장해 아마존이 건드리면 쉽게 파괴되는 놀랄 만큼 복잡한 모래성 같다는 주장을 폈다. 이런 주장은 1970년대 아마존 횡단 고속도로 건설 등으로 인해 아마존의 산림이 황폐화되자, 아마존에 손을 대면 안 된다는 주장을 뒷받침하는 증거로 받아들여졌다.

그러나 1990년대 들어 아마존을 전혀 다른 시각으로 보는 경험적인 연구결과들이 잇따라 나왔다. 인간은 오래전부터 아마존에 살아왔으며, 따라서 아마존은 잃어버린 낙원이 아니라 인간에 의해 변형된 자연이라는 것이다. 1992년 〈미국지리학회지American Geography Journal〉에 발표된 연구에 따르면 유럽인이 들어가기 훨씬 전부터 원주민들은 아마존을 환경과 조화를 이루는 방식으로 개발해왔다는 것이다. 마크 런던과 브라이언 켈리는 앞의 책에서 "인간은 결코 아마존을 그대로 둔 적이 없다. 1만 년 이상 된 열대우림 대부분은 순수하지도, 원시적이지도 않았다. 유럽인들이 질병을 퍼뜨리고 잔인한 방법을 사용하기 전, 초기 문명이 성공적으로 아마존에 정착했다면 다시 성공하지 말란 법이 없지 않은가?"라고 묻고 있다.

콜럼버스 일행이 가혹한 기후와 질병을 무릅쓰고 아메리카를 '발견'했을 때 이미 수만 명의 원주민이 문명을 이루고 잘 살고 있었듯, 유럽에서 이주한 청교도들이 한 번도 도끼질을 당해본 적이 없는 수백 년 된 참나무를 베어내 집을 지었다는 얘기도 신화이기는 마찬가지다.

자연보전을 입에 올리기는 쉽다. 사람의 접근을 막으면 자연은 저절로 살아날 것 같기도 하다. 그러나 실제로 자연으로부터 사람을 내쫓는 방식의 자연보호는 성공한 적이 없다. 자연을 섬세하게 이해하고 지속가능한 방식으로 이용하는 법을 아는 이들이 사라지면, 자연에 무지하고 냉혹하게 이윤만 추구하는 도시인들이 몰려들기 때문이다. 결국 자연을 어떻게 현명하게 관리할 것인지가 관건이다. 텃밭을 가꾸는 사람이 바로 자연을 지혜롭게 다룰 줄 아는 사람이다.

텃밭은 작은 경이를 안겨준다. 고추, 열무, 토마토 같은 채소를 슈퍼마켓에서 구입하는 것과 모종을 심고 물과 퇴비를 주어 수확하는 것은 전혀 다르다. 농산물의 소비자와 생산자라는 차이만이 아니다. 텃밭은 우리에게 자연을 느끼게 한다. 텃밭 가꾸기는 농산물을 생산하는 행위를 넘어 맑은 공기를 마시고 흙냄새를 맡으며 밭에서 사는 온갖 생물과 접촉하는 기회를 제공한다. 텃밭 농사는 더 근본적인 성찰의 시간이기도 하다. 채소를 재배하다보면 책상 앞에서는 생각지도 못한 문제와 부닥치게 된다.

먼저 잡초와의 전쟁이 시작된다. 일주일만 한눈을 팔면 밭의 주인이 바뀌고 만다. 억울하게도 제 이름 대신 '잡초'로 뭉뚱그려지는 다양한 식물들은, 밭처럼 햇빛이 잘 들고 경쟁자가 없는 곳의 개척자로 진화했다. 잡초는 재빨리 신천지를 장악하고 신속하게 자라 번식하는 억센 속성을 타고났다. 그에 맞서 농부는 잡초만 골라 제거하는 '자연선택'을 함으로

써 작물만의 세상을 창조한다. 뿌리째 뽑혀 시들어가는 잡초가 불쌍하다
는 생각을 하는 농부는 없다. 농작물은 자연계의 기준으로 본다면 터무
니없이 연약하고 사람이 수확하는 부위가 비대해진 기형적인 식물이다.

　잡초 말고도 새와 곤충, 토양생물들이 농작물을 노린다. 그러지 않는
게 오히려 이상한 일이다. 이랑에 나란히 뿌려진 콩을 발견한 굶주린 멧
비둘기를 어떻게 나무랄 수 있을까. 그렇다면 텃밭 농부는 자신의 이익
만을 생각하는 자연 파괴범인가. 텃밭을 가꿔본 사람이라면 이런 질문에
화를 낼 것이다. 농사를 지어본 사람은 자연을 더 잘 이해하기 마련이다.
자연은 사람과 분리되었을 때보다 그 속에 사람을 받아들일 때가 더 ‘자
연적’이다. 그리고 그 과정에서 우리는 자연을 현명하게 이용하고 보전하
는 지혜를 배울 수 있다.

산불이 부른
희귀나비

나무가 가득 들어찬 외국의 숲 모습이 낯설던 때가 있었다. 우리나라는 1950년대만 해도 난방과 취사 등에 필요한 에너지의 대부분을 나무를 태워 얻었고, 1960년대에도 그 비중은 절반을 넘었다. 산에 나무가 자랄 틈도 없이 베어 썼다. 그러나 1973년 본격적으로 산림 녹화를 시작한 지 40년 만에 숲 속 나무의 양은 10배로 늘었다. 우거진 숲은 물을 많이 머금고 토양침식을 막으며 이산화탄소를 흡수할 뿐 아니라 생물이 깃들고 사람이 즐길 공간을 제공한다. 숲의 공익기능은 연간 110조 원이 넘는다고 산림청은 주장한다. 그러나 얻는 것이 있으면 잃는 것도 있는 법, 숲이 울창해지면 사라지는 생물도 있다. 그들은 숲이 훼손될 때 비로소 돌아온다.

국립산림과학원 산림생태연구과 권태성 박사팀은 2007년 4월 1,000헥타르의 숲을 태운 울진 산불 직후부터 5년 동안 산불 피해 지역에서 다달

이 출현하는 나비를 조사했다. 산불 지역에서 나비의 애벌레는 모두 불에 타 죽었지만 인근 숲에서 나비들이 날아들었다. 산불이 난 이듬해 흥미로운 현상이 나타났다. 숲이 빽빽하게 들어서면서 자취를 감췄던 초지성 나비들이 모습을 드러낸 것이다.[2] 애벌레가 제비꽃이나 억새의 잎을 먹고 자라는 왕은점표범나비, 지리산팔랑나비, 큰흰줄표범나비, 파리팔랑나비, 흰줄표범나비 등이었다. 권태성 박사는 "나비는 다양한 식물을 먹고 여러 차례 발생하는 일반종과 특정한 식물만 먹고 한 번 발생하는 특수종으로 나눌 수 있는데, 숲이 울창해지면 특수종이 줄어든다"고 말했다. 그는 또 "우리나라는 산림녹화의 성공과 지구온난화 때문에 특히 북방계 초지성 나비가 현저히 줄어들고 있는데, 대규모 산불로 큰 초지가 형성되자 이들이 나타나게 된 것"이라고 설명했다.

멸종위기종으로 지정된 왕은점표범나비는 그런 대표적인 예이다. 이 나비는 울진 산불 지역에서 산불 이듬해부터 몇 마리씩 출현하기 시작했다. 왕은점표범나비는 티베트 동부, 중국, 러시아 극동의 우수리와 아무르, 한국, 일본 등에서 볼 수 있는 동아시아 고유종인데, 최근 주 분포지인 한국과 일본에서 급격히 감소해 종 보존에 빨간불이 켜진 상태이다. 일본에선 이 나비의 채집이 거의 불가능해 나비 애호가들 사이에선 '꿈의 나비'라고 불린다. 왕은점표범나비는 1938년부터 1996년까지 3차례에 걸친 조사에서 모두 전국적으로 널리 분포하는 것으로 돼 있다. 그러나 2007년부터 2010년까지 4년 동안 전국 395곳에서 이뤄진 조사에서 이 나비가 발견된 곳은 강원도 계방산과 경북 울진 두 곳밖에 없었다.

그런데 서식지인 계방산과 울진의 고산 초지에서 온종일 다녀봐야 몇 마리 볼 수 없는 왕은점표범나비를 하루에 수백 마리까지 관찰할 수 있

굴업도에서 흔히 볼 수 있는 멸종위기종 왕은점표범나비.

는 곳이 있다. 한때 핵폐기장 건설 후보지로 논란이 벌어졌던 서해의 섬 굴업도가 그곳이다. 인천시 옹진군 덕적면에 속하는 굴업도는 인천에서 90킬로미터 떨어진 면적 1.71제곱킬로미터의 작은 섬이지만, 최근 천연기념물로 지정된 해식와(海蝕窪, 바다의 염분으로 움푹 파인 지형)와 사구, 사빈 등 다양한 해안 퇴적 및 침식 지형을 간직하고 있으며 구렁이, 매, 흑두루미 등 다수의 희귀동물이 서식하는 곳이기도 하다. 특히 섬 서쪽 개머리초지는 왕은점표범나비의 국내 최대 서식지로 학계가 주목하고 있다. 동아시아환경생물연구소 김성수 소장 등 연구진은 2011년 〈한국응용곤충학회지〉에 실린 논문에서 왕은점표범나비가 굴업도 전체 나비 개체수의 32퍼센트를 차지한다고 밝혔다. 연구진이 추정한 이 나비의 개체수는 약 1,000마리이며, 유충은 4,000~7,000마리에 이른다.

개머리초지는 1970년대까지 소를 방목해 길렀으며 현재는 방목한 흑염소와 꽃사슴이 어린나무를 뜯어먹어 초지가 숲으로 바뀌는 것을 막고 있다. 이처럼 희귀나비가 대량 서식하는 이유로 연구진은 이 초식동물들이 지속적으로 풀을 뜯어 이 나비 애벌레의 먹이인 키 작은 제비꽃이 자랄 수 있는 환경이 조성됐고, 나비 성체가 꿀을 빠는 금방망이와 엉겅퀴가 많은 점을 들었다. 권태성 박사는 "비무장지대에서 군부대가 시야를 트기 위해 나무를 베어내는 사계청소射界淸掃를 한 곳에 희귀나비가 많다. 방목이나 산불 같은 교란이 있어야만 살아남을 수 있는 희귀나비를 위한 맞춤형 보전대책이 필요하다"고 말했다.

언론매체나 학교 교육이 우리에게 알게 모르게 주입하는 자연에 관한 일종의 신화가 있다. '자연이 제일 잘 안다'거나 '사람이 없어야 자연이 산다'는 생각이 그것이다. 그러나 자연과 문화(인간)를 구분하고 그 둘을 대립시키는 사고방식으로 결코 사람과 자연은 공존하지 못한다. 산불이 희귀나비를 불러왔는데, 산불이 좋으냐 나쁘냐 묻는 건 어리석다.

황소개구리는 악당?
외래종의 정치학

아이들과 개울에 생태체험 공부를 하러 갔던 때의 일이다. 반두로 민물고기를 잡아 수조에 넣어 관찰한 다음 놓아주는, 아이에게나 어른에게나 신나는 행사였다. 그런데 그물에 낯선 물고기가 걸려 나왔다. 손가락 마디만 한 어린 고기였는데 햇빛에 반사된 노란 줄무늬가 무척 아름다웠다. "이게 무슨 고기예요?" 호기심 어린 아이들의 질문에 멈칫했다. 원래 어린 고기는 무슨 종인지 가려내기 힘든 법이다. 하지만 이번엔 그게 아니라, 오전에 아이들에게 설명해주었던 '흉포한 외래종' 배스의 새끼이기 때문이었다. 토종 물고기의 씨를 말리는 이 외래 물고기를 건졌으니 땅에 패대기쳐 죽이는 게 옳을까. 하지만 그날 어린 배스는 강물로 무사히 돌아갔다. 뭐라고 이의를 제기하는 아이는 하나도 없었다.

사실 배스 방류를 둘러싼 논란은 루어낚시꾼 사이에서 본격적으로 벌

토종 붕어를 물고 있는 외래종 배스.

어졌다. 배스든 뭐든 잡은 고기를 풀어주는 게 낚시꾼의 신사도라는 단체와 외래종을 퇴치해야 한다며 잡은 배스를 노획물을 전시하듯 땅바닥에 죽 늘어놓는 낚시단체 사이에 격렬한 논쟁이 벌어졌다. 전자는 애초 사람이 잘못 풀어놓은 생명을 왜 학대하느냐고 주장했고, 후자는 생태계를 보호하기 위해선 사람이 어느 정도 개입하는 것이 불가피하다고 반박했다. 모두 일리 있는 주장이다. 언론이 그려내는 '외래종=악당'이라는 단순한 이미지는 복잡한 현실을 잘 반영하지 못하고 있다.

외래종, 곧 원래 살았던 곳을 (주로 사람에 의해) 벗어나게 된 생물이 일으키는 문제는 심각하다. 세계적으로 생물다양성을 위협하는 가장 중요한 요인으로 서식지 파괴 다음으로 외래종 도입을 꼽는다. 그것은 추상적이고 막연한 얘기가 아니다. 예를 들어 지중해 동부 해역엔 지난 2011년부터 태평양과 인도양이 원산인 복어가 나타나기 시작했다. 어민들은 처음

본 이 물고기가 뭔지 알아보기 위해 당연히 맛을 먼저 보았다. 레바논의 어민 7명이 사망했고 이스라엘에서도 응급실에 실려가는 환자가 속출했다. 홍해에 살던 복어가 지중해에 진출한 것은 수에즈 운하 때문이었다.

우리나라에서 외래종의 상징은 황소개구리다. 한때 정부가 황소개구리를 상대로 '전쟁'까지 선포하고 퇴치에 나섰다. 하지만 2000년대 들어와 남부 지역의 일부를 빼고는 황소개구리의 확산 추세가 멈추었고, 이제 우리 땅에 정착한 게 아니냐는 분석도 나왔다. 황소개구리의 기세가 왜 수그러들었는지에 대해서는 근친교배로 인한 유전적 다양성 감소, 기생충, 토착 포식자의 학습 등 여러 가설이 나왔지만 아직 설득력 있는 결론은 나지 않은 상태이다.

그런데 중국 과학자들이 황소개구리와 관련해 흥미로운 연구결과를 발표했다.[3] 중국 저장성에도 1990년대 중반부터 북아메리카산 황소개구리가 퍼져나갔다. 우리나라처럼 양식을 하려다 산 먹이 공급 등이 여의치 않자 방치해 자연으로 퍼져나간 것이다. 과학자들은 이 문제의 근본부터 생각했다. 일반적으로 외래종이 새로운 지역에서 기승을 부리는 까닭은 무엇보다 그 지역의 동물이 새 포식자를 겁내지 않는 데 있다. 17세기 유럽 선원이 인도양의 외딴섬 모리셔스에 도착했을 때, 오래전에 날개가 퇴화한 대형 새 도도는 이 새로운 동물을 구경하러 몰려들었다가 신선한 고기에 굶주린 선원들에 의해 결국 멸종했다. 진화의 역사에서 외래종인 사람을 겪어보지 못한 모리셔스 토종 새 도도가 새로 등장한 천적을 몰라보았던 것이다. 중국 과학자들은 그 반대의 경우를 생각했다. 외래종은 겁 없는 토종 동물 위에 쉽게 군림하지만, 동시에 자신을 노리는 낯선 천적에게는 취약하지 않겠냐는 것이다.

저장성 습지에는 토종 천적이 살고 있었다. 바로 능구렁이라는 뱀이다. 붉은빛 몸에 검은 띠무늬가 나 있는 이 뱀은 개구리나 두꺼비는 물론 다른 뱀도 잡아먹는다. 이 뱀은 우리나라를 포함한 아시아의 동부와 남부에만 서식하기 때문에 북미 원산의 황소개구리는 진화과정에서 한 번도 겪어보지 못한 천적이다. 연구진은 능구렁이와 황소개구리, 토종 개구리를 한곳에 모아 서로 냄새를 알아채는지 실험했다. 그랬더니 토종 개구리와 달리 황소개구리는 능구렁이 냄새에 무감각했다. 황소개구리는 작은 뱀을 잡아먹기도 하니 능구렁이를 먹이로 착각했을 수도 있다. 어쨌든 능구렁이는 혼비백산 달아나는 토종 개구리와 달리 겁 없는 황소개구리를 주요 메뉴로 삼게 됐다. 저장성 능구렁이의 식단에서 황소개구리는 토종 개구리보다 3배 이상 많아졌다.

이 연구로 외래종이 낯선 환경에서 치명적 약점을 드러낼 수 있음이 분명해졌다. 그렇다고 중국 저장성에서 토종 천적 능구렁이 때문에 황소개구리가 사라지고 있는 것은 아니다. 황소개구리는 여전히 퍼져나가고 있다. 능구렁이 말고 다른 토착 포식자들은 아직도 이 낯선 개구리를 소 닭 보듯 하고 있기 때문이다. 일단 들여온 외래종을 완전히 없애는 것은 거의 불가능하다. 새로운 천적을 들여와 이를 없애려다가 새로운 문제가 불거지기도 한다. 이 연구에서 알 수 있는 건, 해답은 멀리 있지 않고 가까운 자연 속에 있다는 것이다. 온 나라가 황소개구리를 없애자며 호들갑을 떨면서도 정작 능구렁이 등 토종 포식자의 식단이 어떻게 바뀌었는지를 연구한 결과는 본 적이 없다.

황소개구리, 배스, 블루길 등 악명 높은 외래종을 연구하는 학자 가운데는 들여온 지 30여 년이 지난 이들이 이미 이 땅에 자리 잡아 토착화

한때 외래종이었지만 이제는 토종 대접을 받는 오스트레일리아의 딩고.

하지 않았겠느냐는 가설을 내놓는 사람도 있다. 과연 외래종은 유입된 지 몇 년이 지나면 토종이 될까. 오스트레일리아 과학자들이 이런 질문에 한 가지 답을 내놓았다. 약 4,000년이 지나면 된다는 것이다. 포유류 대신 캥거루 같은 유대류가 진화한 오스트레일리아 대륙에 최초의 포유류 외래종을 도입한 것은 태평양 원주민이었다. 이들이 데려간 개가 야생화한 동물이 딩고이다. 최상위 포식자가 된 딩고는 주마다 엇갈린 대접을 받고 있다. 외래종 취급하는 곳에선 퇴치 대상이고 토종이 됐다고 보는 곳에선 보호종이다.

오스트레일리아 과학자들은 이런 혼란을 없앨 단서를 오스트레일리아

산 큰쥐의 행동에서 찾았다. 이 주머니쥐는 정원을 파헤치는 습성이 있
는데, 조사결과 개가 있는 집 정원을 꺼린다는 사실이 드러났다. 다시 말
해 쥐는 개가 포식자임을 알고 있었다. 이는 야생의 개 딩고 덕분에 얻은
형질이었다. 따라서 딩고는 한때 외래종이었지만 이제는 토종 대접을 해
도 괜찮다는 결론을 내렸다. 그런데 실제로 이 큰쥐를 위협하는 건 개가
아니라 또 다른 외래종인 고양이이며, 야생에서 딩고는 나중에 도입된
외래종인 여우를 억제하는 기능을 하고 있다.

황소개구리나 배스가 딩고처럼 4,000년이 지나야 토종이 된다는 건 아
니다. 그보다 훨씬 일찍 토착화할 가능성도 높다. 하지만 그걸 확인하기
위해서는 생태계에 대한 연구가 필요하다. 멋모르고 외래종의 먹이가 되
던 동물이 피하는 법을 익히게 되는 시점이 바로 외래종이 토착화된 때
일 것이다. 그 시점에서 외래종과 토종은 공존하게 되고 둘 사이의 차이
는 없어지게 된다.

외래종이 사회문제가 되는 것은 아이러니하게도 생태적 측면이 아닌
정치적 측면이다. 일본 왕실의 상징인 금송을 이순신 장군 영정을 모신
현충원에 심었다거나 도산서원에 심었다는 논란이 인 것이 그런 예이다.
정치적으로 문제가 있음은 분명하다. 하지만 생태학적으로 볼 때 금송은
약 2,000만 년 전 신생대인 중신세 때는 한반도에도 널리 분포했다. 물론
아직 동해가 열리지 않아 한반도와 일본이 붙어 있던 까마득한 과거의
일이지만. 그에 비하면 황소개구리나 배스 논란은 훨씬 간접적으로 정치
적이다. 북미 원산의 대형 포식자가 작고 연약한 토종을 마구 잡아먹는
다는 이미지는 분명히 생태학적인 함의 이상을 품고 있다.

또 하나의 배경은 정부가 외래종 소탕을 소리 높여 외치던 때는 자연

훼손과 난개발이 극성을 떨던 때였다는 사실이다. 환경당국은 개발 부처에 밀려 자연보전에 실패한 책임을 '애꿎은' 외래종에게 뒤집어씌워 속죄양으로 만든 혐의를 피할 수 없다. 황소개구리는 '생태계를 교란하는 무서운 포식자'라는 뜻의 단어가 됐다. 하지만 채송화나 봉숭아처럼 우리 정서에 깊이 뿌리내린 식물도 처음엔 외래종이긴 마찬가지였다. '익충'이니 '해충'이니 하고 동식물에게 인간중심의 선악 판정을 손쉽게 내리는 우리이지만 외래종 문제는 그리 단순하지는 않은 것 같다.

비둘기는 **스스로**
인간에게 왔다

진화론의 물길을 연 다윈의 《종의 기원》은 첫 장에서 야생동물이 아닌 애완용 비둘기를 자세히 다룬다. 한 종의 비둘기에서 수많은 비둘기 품종이 나온 데서 생물종도 변할 수 있다는 확신을 얻었기 때문이다. 다윈은 애완용 비둘기를 직접 기르는 애호가였지만, 당시 비둘기의 주 용도는 식용이었다. 특히 근육이 미처 발달하지 않은 한 달 이내의 어린 비둘기 고기가 인기였다. 기원전 3000년부터 시작된 이런 취향이 아직도 살아 있음은 이탈리아와 프랑스의 고급 음식점에서 확인할 수 있다. 비둘기 고기의 최대 수요처는 각국의 차이나타운이다.

비둘기는 역사적으로 쓸모가 많았다. 배설물은 비료와 가죽 무두질에 또는 화약 원료로 요긴하게 쓰였는데, 정부가 주기적으로 수거해 가기도 했다. 건물에 원통형 비둘기장을 설치하는 것은 유럽 상류층의 상징으로 부러움의 대상이었다. 위험이 닥쳐도 숨지 않고 비행술로 회피하는 비둘

기의 특성을 살려 살아 있는 사격 표적으로 기르기도 했다. 강한 귀소본
능과 빠른 비행능력은 비둘기를 유력한 메신저로 만들었다. 이집트에선
나일 강 상류의 범람을 하류로 알리느라 비둘기를 날렸고, 제1·2차 세
계대전 때는 전령 비둘기들이 이름과 군번까지 부여받아 맹활약을 했
다. 2차 대전 때 미군 비둘기부대에서는 5만 4,000마리의 비둘기가 150명
의 군인과 함께 복무했다.

그렇다면 비둘기의 가축화는 인간에게 이용만 당하는 기구한 운명의
시작이었을까. 전문가들은 그렇지 않다고 본다. 비둘기는 인간이 만든
환경변화에 적응해 놀라운 성공을 거둔 동물이라는 것이다. 극지방을 빼
고 세계 어디에나 있는 집비둘기의 학명은 '콜룸바 리비아Columba livia',
곧 '납빛 비둘기'라는 뜻이다. 목에 금속광택이 있는 이 비둘기의 원종은
지중해와 유럽 일부에 살던 바위비둘기로서 많지 않은 야생종이 아직 남
아 있다. 현재 전 세계에 퍼져 있는 비둘기는 가축화한 바위비둘기가 다
시 야생화해 도시에 사는 것이다. 건조하고 나무가 없는 절벽에 살던 바
위비둘기는 아침이면 농경지로 날아가 곡식을 먹고 저녁에 집으로 돌아
오는, 출퇴근이 엄격한 새였다. 도시가 발달하고 환경이 바뀌면서 바위
비둘기는 절벽 대신 건물을 선택하게 됐다. 사람에게 적응만 한다면, 나
무 없는 절벽이나 도심의 건물이나 다를 것도 없다. 도시에선 쉽사리 먹
이를 찾을 수 있을뿐더러 천적인 매도 없다. 번식을 하고 잠을 잘 피난처
가 건물 구석구석에 있다.

《비둘기가 어떻게 맨해튼과 세계를 점령했나Superdove: How the peogeon
took Manhattan… and the world》라는 책을 낸 과학저술가 커트니 험프리스
Courtney Humphries는 "인간에 의한 비둘기의 가축화는 일방적 관계가 아닌

공진화의 과정"이라고 주장했다.[4] "비둘기는 자발적으로 인간에게 접근했다"는 것이다. 문제는 20세기 중반 도시가 팽창하고 그에 따라 비둘기 개체도 폭증하면서 불거졌다. 배설물로 건물이 더러워지고 병균을 옮긴다는 불평이 터져나왔다. 그렇지만 비둘기는 귀찮다고 쉽게 차버릴 대상은 아니다. 비둘기는 인간이 바꿔놓은 자연에 가장 잘 적응한 야생동물이다. 5,000년 동안 함께 살아온 이들과 친구로 지내지 못하면서 어떤 야생동물과 함께 살 수 있을까.

선진국의 많은 도시가 '비둘기와의 전쟁'을 벌여왔다. 가장 널리 쓰인 방법은 비둘기를 잡아 죽이는 것이었다. 총, 독극물, 마취약, 덫 등이 동원됐지만 효과가 없었다. 비둘기들은 몇 주 만에 원상을 회복했고, 오히려 더 늘어나기도 했다. 비둘기의 90퍼센트는 태어난 첫 해를 넘기지 못한다. 사인은 주로 먹이 부족이다. 그러나 성체의 사망률은 11퍼센트에 지나지 않을 정도로 낮다. 따라서 먹이는 그대로 둔 채 비둘기를 잡아 죽인다면, 어린 새들이 죽은 어른 새의 빈자리를 신속하게 채운다. 비둘기를 젊은 집단으로 만드는 효과밖에 없는 셈이다. 영국 왕립조류보호협회 RSPB가 대안을 제시했다. 비둘기가 깃드는 곳에 철조망 등 장애물을 설치하는 것이다. 먹이에 피임약을 섞는 방법, 천적인 매를 풀어놓는 방법도 있다. 그러나 근본적인 해결책은 되지 못한다.

이 협회가 제시하는 장기적인 최선의 대책은 교육이다. 비둘기에게 먹이를 주는 것이 결코 비둘기를 위하는 길이 아니라는 사실을 널리 알려야 한다는 것이다. 스위스 바젤 시는 비둘기 수 조절의 세계적 사례이다. 배설물 공해에 시달리던 바젤 시는 1961년부터 25년 동안 10만 마리의 비둘기를 잡아 죽였지만 여전히 2만 마리가 시가지를 활보했다. 5년간의 조사연구 끝에 얻은 결론은 먹이만이 비둘기 집단을 조절할 수 있다는 것이었다. 우연히 빵조각을 던져주는 행위는 별 영향을 미치지 않았다. 정기적으로, 아프면 다른 이들에 부탁해서라도 먹이를 주는 '비둘기엄마'가 비둘기 집단을 키우는 핵심원인으로 밝혀졌다. 바젤 시는 이 비둘기엄마들에게 먹이 주기가 과밀화를 불러 결국 비둘기를 비참하게 만든다고 설득했다. 지속적인 교육과 홍보 결과 바젤 시는 4년 만에 2만 4,000마리의 비둘기를 8,000마리로 줄일 수 있었다.

국내에서도 비둘기 과밀화는 심각한 문제다. 환경부는 2009년 집비둘기를 '유해야생동물'로 지정했다. 유해야생동물이란 농작물이나 양식장, 항공기, 전력선 등에 피해를 주므로 합법적으로 죽일 수 있는 동물이다. 조류로는 꿩, 오리류, 참새, 까치, 갈매기, 기러기류, 백로류가, 포유류로는 멧돼지, 고라니, 청설모가 해당한다. 유해야생동물로 지정되면 지자체가 포획해 제거할 수 있다. 다행히 집비둘기를 대규모로 쏘아 잡는 일은 벌어지고 있지 않다. 공원 등에서 비둘기 먹이를 판매하지 못하게 하고 '먹이 주기는 비둘기를 학대하는 일'이라고 계도하는 것만으로도 상당한 효과가 나타나고 있는 것으로 보인다. 지자체는 이밖에 낙곡과 음식쓰레기의 신속한 제거, 알과 둥지의 제거, 비둘기의 접근을 막는 그물이나 기피제 살포 등의 대책을 쓰고 있는데, 포획은 부득이한 경우 최소한으로 하도록 돼 있다.

선진국의 경험은 비둘기 문제는 결코 기술적 대책으로 해결되지 않음을 보여준다. 무엇보다 비둘기를 더불어 살아야 할 상대로 여기지 않는 한 비둘기 문제는 근본적으로 해결되지 못한다.

코끼리와 **함께** **살아가는** 방법

　　야생동물로 인한 피해에 골머리를 앓는 농민들은 포식동물을 활용하는 묘안을 짜내곤 한다. 호랑이의 배설물이나 녹음된 포효 소리로 멧돼지를 쫓는 시도는 우리나라에서도 잘 알려진 예이다. 하지만 이런 방법은 자극에 익숙해진 야생동물이 실제로 천적이 없다는 사실을 간파하는 순간 효력을 잃는다.

　아프리카에서 농민과 코끼리 사이의 갈등은 훨씬 심각하다. 1970~1980년대 동안 상아를 채취하기 위한 밀렵으로 아프리가고끼리는 멸종위기에 몰렸지만 국제적인 상아거래 규제와 단속 덕분에 최근에는 개체수가 부쩍 늘어났다. 그러나 코끼리가 많이 늘어난 아프리카 동부와 남부에서 옛 이동 경로를 지나는 코끼리 무리가 영양가 풍부한 농작물을 탐내기 시작하자, 이를 막는 농민과 충돌이 일어나 사람과 코끼리 양쪽에서 죽거나 부상당하는 사태가 잇따르고 있다.

이런 갈등을 끝내고 코끼리와 농민이 상생할 해법이 나왔다. 케냐의 코끼리보호단체 '코끼리를 지키자Save the Elephant'에서 일하는 영국 생물학자 루시 킹Lucy King 박사는 아프리카코끼리가 꿀벌 벌통이 달린 아카시아나무는 벌통에 꿀벌이 있건 비었건 간에 피한다는 연구결과에 주목했다. 코끼리는 생쥐를 무서워한다는 속설이 있지만, 실은 더 작은 동물을 겁내는 것이다. 실제로 킹 박사의 연구를 보면, 코끼리는 벌들이 내는 '붕붕' 소리를 듣기만 해도 줄행랑을 치는데, 달리면서 동료에게 저주파 경고음까지 낸다.[5] 코끼리는 두꺼운 피부를 지녔지만 눈, 코 뒤, 귀 밑 등이 취약해 벌에게 그런 부위를 쏘일까 전전긍긍한다.

문제는 꿀벌 소리만으론 곧 익숙해질 코끼리를 막을 수 없다는 것이다. 코끼리가 자주 침범하는 농경지와 마을 둘레에 10미터 간격으로 꿀벌 벌통을 설치하고 벌통끼리 줄로 연결하는 '벌통 울타리'를 고안했다. 코끼리가 줄을 건드리면 벌통이 흔들리면서 성난 꿀벌들이 쏟아져나오도록 한 것이다. 지난 2년 동안 케냐의 17개 마을에서 현장실험을 한 결과 아프리카코끼리가 침범한 사례 90건 가운데 6건을 빼고는 모두 벌통 울타리가 효과를 거두었다.

케냐의 가난한 농민들은 농작물을 지키기 위해 주변에 고춧가루 뿌리기, 가시덤불 설치, 횃불 켜고 지키기, 냄비 두드리기 등 온갖 수단을 다 동원한다. 코끼리를 쫓는 과정에서도 해마다 수십 명의 사망자가 발생하고, 그만한 숫자의 코끼리도 창에 찔리고 총에 맞아 죽거나 부상을 당한다. 케냐의 아프리카코끼리는 1980년대 국제적인 보호조처 이후 곱절로 늘었지만 인구는 더 빠른 속도로 늘어 사람과의 충돌이 갈수록 심각한 양상을 띠어왔다. 하지만 이제 가난한 농민은 꿀벌 울타리를 침으로써

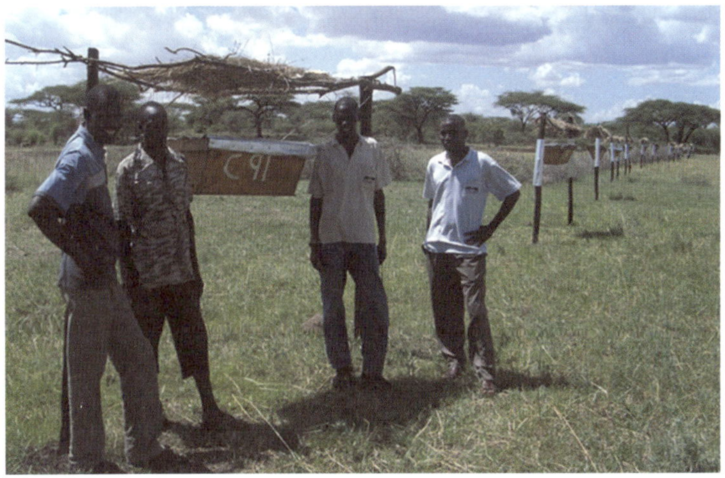

케냐의 아프리카코끼리 무리(위)와 케냐의 농촌에 벌통 울타리를 친 모습.
코끼리 개체수가 급증하면서 농민과의 갈등이 심각한 문제로 떠올랐다.

코끼리를 쫓을 수 있게 됐을 뿐 아니라, 꿀과 밀랍을 팔아 추가소득을 올리고 농작물의 가루받이도 돕는 부수효과도 거두고 있다. 물론 코끼리는 안전하게 이동하는 혜택을 입는다.

킹 박사의 이런 노력은 국제기구로부터 인정을 받았다. 유엔환경계획 UNEP은 장거리이동야생동물 보전협약과 함께 킹 박사에게 3년마다 뛰어난 보전생물학 박사학위 논문을 쓴 사람에게 수여하는 상을 주었다. 킹 박사는 영국 옥스퍼드 대학에서 이 주제로 학위 논문을 썼다. 아힘 슈타이너Achim Steiner 유엔환경계획 사무총장은 "킹 박사의 연구는 자연과 맞서는 것이 아니라 함께 일함으로써, 자연이 여러 나라와 공동체가 직면한 수많은 문제에 해결책을 제공해줄 수 있음을 잘 보여준다"고 평가했다.

넓적부리도요의
부활

　　　　참새만 한 몸집에 평범한 무늬의 넓적부리도요는 주걱 모양으로 특이하게 생긴 부리가 아니면 함께 다니는 민물도요 같은 다른 도요새와 구별하기도 힘들다. 하지만 만일 어느 탐조가가 필드스코프로 이 새를 발견한다면 주변 시선은 아랑곳하지 않고 미친 듯이 기뻐할 것이다. 수만 마리의 도요새가 새카맣게 내려앉은 갯벌에서 1마리 있을까 말까 한 귀한 새이기 때문이다. 넓적부리도요는 지구에 단지 100쌍만 남아 있는, 세계에서 가장 희귀한 새 가운데 하나이다. 그리고 이 새가 지난 10년간 90퍼센트나 줄어든 중요한 이유 가운데 하나가 새만금 등 우리나라의 갯벌 매립이다.

　이 도요새는 몸집은 작지만 대단한 여행가이다. 극동러시아의 툰드라 해안인 추코트카에서 번식한 뒤 8,000킬로미터 떨어진 동남아까지 날아가 겨울을 난다. 기나긴 비행의 중간 기착지는 새만금 등 한반도 서해안과 남해안의 갯벌이며 일부 개체는 오스트레일리아까지 날아가기도 한다.

2011년 야생조류및습지트러스트WWT 등 국제 조류보호단체들은 내버려두면 곧 절멸할 것이 뻔한 넓적부리도요의 인공증식 사업에 나섰다. 영국에 이 도요새의 건강한 집단을 노아의 방주처럼 유지하자는 것이다. 이를 위해 러시아에서 데려온 넓적부리도요 성체 12마리를 기르던 WWT는 2012년에는 러시아 번식지에서 알 20개를 가져와 부화시키는 작업에 착수했다. 기르던 성체와 새 개체로 건강한 집단을 이루려는 의도다. 2012년 7월 4일 영국 슬림브리지센터에서는 넓적부리도요 알 17개에서 어린 새끼가 성공적으로 태어났다. 이 새의 운명에 역사적인 순간이 온 것이다. WWT 종 보전부는 넓적부리도요의 부화과정을 상세히 설명했다.[6]

어른 엄지손톱 크기만 한 넓적부리도요 알을 러시아에서 영국까지 나르는 것 자체가 큰일이었다. 17시간 동안의 헬기와 여객기 비행을 포함해 7일 동안의 여정을 무사히 넘겼다. 세관검사 과정에서 알 하나에 금이 갔지만 매니큐어로 응급 처치했다. 21일이 지나자 부화가 시작됐다. 알에 첫 구멍을 뚫은 뒤에도, 기껏 호박벌 크기인 넓적부리도요 새끼는 이틀을 쉬고 기운을 차린 뒤에야 나머지 알 껍데기를 벗고 나왔다. 태어난 새끼에게는 일일이 핀셋을 이용해 초파리와 산 귀뚜라미를 먹였다. 인공증식이 성공을 거두면 앞으로 알을 러시아 서식지로 가져가 부화시켜 넓적부리도요 집단을 늘리는 데 기여하게 된다.

넓적부리도요의 생존을 위협하는 요인은 곳곳에 널려 있다. 러시아 번식지에서는 변덕스러운 날씨와 알을 노리는 갈매기, 여우, 곰이 천적이다. 월동지인 미얀마, 태국, 방글라데시에서는 도요새를 식용으로 사냥

알에서 깨어난 지 만 하루 된 넓적부리도요 새끼. 큰 벌 크기이다.
부리의 모습이 독특하다

하는데, 넓적부리도요는 사냥 대상은 아니지만 부산물로 잡힌다. 이동
경로에서의 갯벌 매립도 문제다. WWT는 "넓적부리도요는 다른 수백만
마리의 물새들과 함께 남한의 새만금 같은 대규모 갯벌에 의존해 쉬고
이동을 위한 에너지를 충전하는데 그것이 사라지면서 불과 10년 만에 이

다섯 번째 이야기 • 자연과 더불어 사는 미래

새의 90퍼센트가 줄어들었다"고 밝혔다.

넓적부리도요는 국제자연보존연맹IUCN의 '적색목록'에서 가장 등급이 높은 '위급' 종으로 분류돼 있고 우리나라에서도 멸종위기 야생동식물 1급으로 지정돼 있다. 이 새는 봄과 가을 우리나라의 새만금, 금강 하구, 낙동강 하구에 들러 먹이를 먹고 휴식을 취한 뒤 월동지나 번식지로 떠난다. 2012년 9~10월 조류보호단체 '새와 생명의 터'가 새만금 일대에서 조사한 결과 새만금에서 5마리, 금강 하구 유부도에서 15마리가 발견됐다. 새만금이 매립되기 전에 비해 이곳을 찾는 도요·물떼새의 수는 약 30분의 1로 줄었지만 아직도 매우 중요한 철새 도래지 구실을 하고 있다. 그러나 내부개발을 하면서 넓적부리도요 등 이 멸종위기종에 대한 보호대책은 거의 없는 형편이다.

넓적부리도요를 구하기 위한 사업에는 WWT 이외에도 버즈러시아buzzrussia, 영국 왕립조류보호협회 등이 시민의 모금을 통해 참여하고 있다. 우리가 갯벌을 막무가내로 매립하는 사이, 언제부턴가 우리나라 갯벌에 외국인 도요 탐조가들이 자주 눈에 띈다. 안타깝고 부끄러운 일이다.

곤충,
뜻밖의 **식량자원**

"일찍 일어나는 사람이 메뚜기를 잡는다." 아프리카 마다가스카르의 이 격언은 아무리 잽싼 메뚜기라도 변온동물이어서 선선한 아침나절엔 둔해 잡기 쉽다는 전통 지혜와 함께, 곤충을 먹는 문화가 널리 퍼져 있음을 보여준다. 우리나라에도 메뚜기나 누에 번데기를 먹는 오랜 습관이 있었음에도 최근 서구 식생활의 영향을 받아 벌레 먹는 것을 혐오스럽거나 비위생적인 취향으로 치부하는 경향이 있다. 하지만 벌레 먹기는 차츰 세계적 관심사가 되고 있다. "21세기는 벌레 먹는 시대, 사람이든 가축이든"이라는 말이 나오고 있는 것이다. 유엔식량농업기구FAO가 최근 발간한 보고서를 보면, 왜 곤충이 떠오르는 식량자원이 됐는지를 짐작할 수 있다.[7]

2050년 90억에 이를 세계 인구를 먹이려면 식량 생산은 현재보다 곱절로 늘어야 한다. 지금도 10억 명이 주린 배를 안고 잠자리에 드는데, 앞으로 농지 확대가 쉽지 않고 바다는 비어가는데다 기후변화로 물 부족이 심각해지는 상황이다. 곤충이 주목받는 건 새로운 식량자원이라서가 아니다. 적어도 전 세계 20억 명이 이미 곤충을 먹고 있다. 곤충을 먹지 않는 나라가 오히려 예외일 정도다. 서유럽, 미국, 러시아 그리고 축산 전통이 있는 아프리카 국가들과 몽골, 아르헨티나 정도가 '비식충 국가'이다. 식량으로 쓰이는 곤충은 무려 1,900여 종에 이른다. 가장 인기 있는 종류는 딱정벌레, 나비나 나방 애벌레, 벌, 개미와 흰개미, 메뚜기, 귀뚜라미, 매미, 잠자리, 파리 등이다. 이러한 곤충은 사람이 직접 먹거나 가축 사료로 쓰이는데, 영양가가 뛰어나고 환경에 도움을 주며 가난한 나라에서 별다른 기술과 자본 없이도 영양과 소득원이 될 수 있다는 장점이 있다.

사실 지구에서 알려진 생물의 절반 이상이 곤충이며 기록된 것만 100만 종, 전체는 600만~1,000만 종에 이를 것으로 추정된다. 이 가운데 사람에게 해를 끼치는 곤충은 5,000여 종에 불과하다. 곤충에 대한 부정적 선입견은 근거가 희박하다. 게다가 곤충은 단백질, 지방, 비타민, 섬유질, 미네랄 함량이 높은 건강식에 속한다. 종이나 성장단계에 따라, 또 서식지나 먹이에 따라 다르지만, 예를 들어 갈색거저리 애벌레(밀웜)의 오메가3 지방산 함량은 소나 돼지보다 높고 등 푸른 물고기에 견줄 만하다.

무엇보다 곤충은 소·돼지·닭 등 가축 대량사육의 문제점을 극복하게 해준다. 축산은 세계 온실가스 배출 비중의 18퍼센트를 차지할 정도로, 교통 부문보다 온실가스 배출량이 많다. 하지만 100만 종의 곤충 가운데 온실가스인 메탄과 아산화질소를 생성하는 종류는 배 속에서 세균이 발효를 일으키는 바퀴벌레, 흰개미, 쇠똥구리 정도이다. 게다가 곤충은 에너지 변환효율이 높다. 체중 1킬로그램 늘리는 데 필요한 사료량이 소는 10킬로그램, 돼지 5킬로그램, 닭 2.5킬로그램이지만 귀뚜라미는 1.7킬로그램이면 된다. 곤충은 변온동물이라 체온유지에 에너지를 쓰지 않기 때문이다. 또한 먹을 수 있는 부위가 귀뚜라미는 80퍼센트에 이르는 등 가축보다 많아, 귀뚜라미의 실질 변환효율은 소의 12배에 이른다.

곤충 식용화가 개도국만의 일은 아니다. 슬로바키아에선 돼지 분뇨로 구더기를 키워 물고기를 양식하는 시험공장이 돌아가고 있다. 네덜란드에선 2008년 곤충농민협회가 만들어져 갈색거저리 애벌레와 메뚜기를 냉동건조해 사료로 만들고 있다.

새우와 메뚜기는 식품으로서 상반된 대접을 받는다. 맛이 문화인 것처럼 곤충 혐오감의 뿌리도 문화이기 때문이다. 하지만 둘은 생물학적으론 가깝다. 메뚜기를 즐겨 먹던 아메리카 원주민은 서양인이 준 새우를 처음 맛보고는 '바다 귀뚜라미'라고 했다지 않는가. 곤충 먹는 것이 정 내키지 않는다면 이런 사실을 아는 것도 도움이 될 것이다. 우리는 부지불식간에 곤충을 이미 먹고 있다. 쌀에 든 바구미 애벌레는 쌀에 부족한 비타민을 보충하는 효과를 지닌다고 알려져 있다. 또한 미국식품의약국FDA이 건강에 아무 영향이 없다고 판단하는 식품 속 곤충 조각의 수는 밀가루 100그램당 150개, 초콜릿 100그램당 60개, 국수 225그램당 225개 등이다.

농촌보다 도시의 자연이
더 풍성한 까닭

19세기 초 아마존 열대우림을 처음 탐험한 알렉산더 폰 훔볼트Alexander von Humboldt는 자연의 경이로움에 탄복했다. 하늘을 가리는 숲과 덩굴, 나무 표면을 뒤덮은 난초와 고사리, 형형색색의 나비와 귀를 먹먹하게 만드는 벌레 소리…… 발걸음을 옮길 때마다 처음 보는 생물종이 출현하는 이곳의 자연은 분명 풍요롭고 생산적이라고 믿었다. 열대에 관한 유럽인의 환상은 이렇게 형성됐다. 하지만 열대지역을 식민지로 만들기 위해 정착하면서 그들의 환상은 여지없이 깨졌다. 토질이 너무 나빠 도저히 농사를 지을 수가 없었다. 그래서 추운 안데스 고지대에는 인디언 문화가 상당한 규모로 유지되고 있던 반면 저지대의 열대우림에선 적은 수의 원주민이 석기시대 수준의 생활을 영위하고 있었던 것이다.

몇 년 전 지리산국립공원에서 오랜 출입금지 조처가 풀릴 참이던 칠선

계곡에서였다. 주민이 푸념하는 것을 들으니, 국립공원관리공단에서 단속을 엄격히 하면서 산에서 동물 보기가 힘들어졌다는 것이었다. 국립공원에서 풀 한 포기 손대지 못하게 한 뒤부터 산은 나무로 빽빽하게 우거졌지만 작은 동물부터 큰 동물까지 전에 비해 줄어들었다는 것이다. 처음엔 공단의 가혹한 규제를 나무라는 소리로 들렸지만 설명을 듣고 보니 그럴듯했다. 전에는 국립공원이라 해도 나무가 그리 많지 않았고 주민이 땔감을 위해 나뭇가지를 베어가기도 해 숲 사이로 해가 많이 들었단다. 양지에는 풀이 자라니 연한 풀을 먹으려는 초식동물이 꼬이고, 이를 노린 포식자도 왔다는 얘기였다.

비슷한 경험담을 여우 복원사업을 취재하러 들렀던 오대산 주민으로부터도 들었다. 1960년대까지만 해도 산에 여우가 많아서 마을에서도 산꼭대기로 여우가 지나다니는 모습을 보곤 했다는 것이었다. 지금이라면 아무리 여우가 많더라도 숲에 가려 눈에 띌 리가 없다. 그때는 국립공원 한가운데도 민둥산이 많았다고 주민들은 말했다. 산에 나무가 많아야 동물도 많이 살 것이라는 우리의 상식과 달리, 산을 오래 경험한 주민은 '숲이 너무 우거지면 동물이 없다'고 말하는 것이었다.

이런 역설이 수렵채취 시대엔 상식이었다. 북아메리카든 오스트레일리아든 원주민들은 사냥을 하기 위해 먼저 숲에 불을 질렀다. 나무가 사라진 곳에 여린 풀과 어린 나무가 돋으면 여기에 이끌려 모여든 사슴 등을 사냥하기 위해서였다. 이에 얽힌 일화가 있다. 미국 미시건 주의 허치슨 기념 숲은 유럽인이 미국 대륙에 이주한 이래 한 번도 도끼질을 당하지 않은 200~300년생 참나무가 들어찬 곳이다. 시 당국은 이처럼 멋지고 의미 있는 숲을 영구히 보존하려고 마음먹었는데, 이상하게도 이 숲

바닥에서 어린 참나무가 돋아나지 않았다. 대를 이을 참나무는커녕 단풍나무만 무성하게 돋아났다. 역사자료를 검토해보니 이곳은 애초 단풍나무숲이었는데 원주민이 사냥을 위해 주기적으로 불을 지른 결과 화재에 강한 참나무숲으로 바뀌었다는 사실이 드러났다. 참나무의 나이테에는 10년마다 원주민이 불을 지른 흔적이 남아 있었다. 물론 이런 사례를 보고 생물다양성을 높이기 위해서는 숲을 보존하기보다 교란하는 편이 낫다고 결론 내린다면 오산이다. 주민과 원주민이 숲에 가한 변화는 규모가 작고 따라서 지속가능한 개입이었음을 잊어서는 안 된다.

최근 생태학자들이 주목하는 현상이 바로 도시의 생물다양성이다. 환경보전 여론이 강한 유럽, 미국, 일본 등 선진국의 도시 녹지에서 농촌보다 풍부한 생물이 발견되고 있는 것이다. 빌딩과 포장도로로 가득 차 있을 것 같은 도시에 '녹색 융단'이 깔린 농촌보다 더 다양한 생물이 산다는 사실은 언뜻 이해가 되지 않는다. 심지어 농촌이 아니라 자연보호구역보다도 도시의 생물이 풍부하다는 조사결과도 있다. 미국의 대도시 미니애폴리스와 인근 세다 크리크 생태계 보전지역의 식물상을 비교한 결과 도시의 정원에 더 많은 식물종이 있는 것으로 밝혀지기도 했다.

이처럼 선진국 도시의 생물다양성이 풍부한 까닭은 도시의 정원, 공원, 빈터 등이 매우 다양한 구조의 자연을 제공하기 때문이다. 이에 비해 농촌은 기계화, 단순화돼 경관이 단조로워졌다. 전통적인 농촌에서 보던 다양한 형태의 생물서식 공간이 사라진 것이다. 또한 도시는 열섬효과로 온도가 높고, 원예종 등 다양한 도입종이 있으며, 환경의식이 높은 시민들이 새 등을 돌보는 것도 다양성을 높인 요인이다.

또 하나 중요한 요인이 영양 과잉 문제다. 현재 인류는 자연계에서 만

들어내는 양을 웃도는 질소 성분을 지구에 내놓고 있다. 자연계의 귀중품인 질소영양염이 질소비료라는 이름으로 대거 쏟아져나온다. 이렇게 기름진 땅에는 다양한 식물이 깃들까. 여기에도 역설이 있다. 기름진 땅에서는 적은 수의 강자가 득세하고, 척박한 땅에서는 좁은 장소에서 근근이 살아가는 다양한 식물이 분포하게 된다. 영양분이라고는 있어 보이지 않는 산속 마사토 위에서 수많은 야생화가 피어나는 반면, 기름진 농토에서는 심은 작물 아니면 몇 종의 잡초만이 기승을 부린다. 질소비료가 넘치는 농촌보다 아무도 비료를 주지 않는 도시에 훨씬 다양한 식물이 분포하는 이유이다.

생물학자는 생물다양성이 비옥함이 아니라 결핍의 결과라는 사실을 안다. 열대림에는 생물의 양이 아니라 종류가 많다. 남한 절반 크기인 중앙아메리카의 코스타리카 열대림에는 북아메리카 대륙 전체보다 많은 종류의 새가 산다. 아마존에선 같은 종의 나비 10마리를 잡는 것이 10종의 나비를 채집하기보다 어렵다. 비옥한 땅에서 강한 종 한둘이 전체를 점령한다면 척박한 곳에서는 다양한 방식으로 결핍을 극복한 종들이 작은 영역을 차지하며 살아간다.

"개똥밭에서 인물 난다"는 말이 있듯이 인간 사회에서도 역경은 위인을 낳는다. 자연도 마찬가지다. 척박하고 환경이 기친 우리나라 석회암지대도 세계에서 이곳에만 있는 새로운 종 동강할미꽃을 탄생시켰다. 석회암 지대는 여태껏 그저 시멘트 원료 산지 취급을 받아온 곳이다.

인류의 미래,
세상의 모든 종자

1941년 7월 히틀러의 군대가 폴란드를 넘어 소련을 침공했다. 스탈린Iosif Stalin은 독일에 빼앗겨서는 안 되는 문화유산을 레닌그라드(현 상트페테르부르크)로부터 급히 옮겼다. 거기에는 에르미타시 박물관의 미술품과 함께 현대 작물육종의 창시자인 니콜라이 바빌로프Nikolay Vavilov가 전 세계의 풍요로운 농촌을 돌며 수집한 씨앗과 뿌리와 열매의 표본이 들어 있었다. 나치는 레닌그라드를 872일 동안 봉쇄했고 100만 명이 넘는 사람이 목숨을 잃었다. 끔찍하게 추웠던 1941~1942년 겨울, 식품 공급이 모조리 끊기고 포탄이 날아다니는 거리에서 사람들은 입에 넣을 수 있는 것이라면 고양이, 개, 쥐, 쓰레기, 심지어 다른 사람까지도 먹었다. 하지만 상트이사크 광장 지하실에 있는 씨앗과 뿌리에는 아무도 손을 대지 않았다. 이 종자가 전쟁이 끝난 뒤 소련 인민을 먹여 살릴 마지막 자산이라고 굳게 믿은 바빌로프의 동료 과학자와 직원 8명은 감자

포대와 쌀자루를 지켜보면서 굶어죽었다.

아무리 힘들어도 종자를 먹어치우지 않는 지혜가 농부와 육종학자만의 것은 아니다. 기후변화가 지구 전체에 재앙을 불러왔을 때 40년 안에 90억에 도달할 세계의 인구를 어떻게 먹일 것인가. 한 세기 전 바빌로프는 종자를 얻기 위해 노새를 끌고 파미르 고원에서 에티오피아와 아메리카를 거쳐 아마존 열대우림까지 다섯 대륙을 탐사했다. 하지만 현대의 바빌로프는 북극 영구동토에 세계의 모든 종자를 안전하게 지킬 저장고를 만들었다.

세계작물다양성트러스트GCDT는 노르웨이 정부의 지원을 받아 2008년 2월 26일 노르웨이 스발바르 제도의 스피츠베르겐 섬에 스발바르 세계종자저장고를 건설했다.[8] 저장고는 영구동토 밑 암반을 130미터 깊이로 뚫은 지하동굴에 길이 120미터, 면적 270제곱미터의 3개로 분리된 방으로 이뤄져 있다. 바깥 날씨도 늘 영하이지만 저장고는 그보다 찬 영하 18도로 유지된다. 기후변화로 해수면이 상승해도 끄떡없는 위치에 자리 잡았고, 4중 잠금문에다 기밀식 출입구와 공기 차단 문이 2중으로 설치돼 웬만한 외부 충격에도 안전하도록 설계돼 있다. 차고 건조한 저장고 안에 종자를 보관하면 보리는 2,000년, 밀은 1,700년, 사탕수수는 2만 년 동안 생명력을 유지한 상대로 간직할 수 있다. 900만 달러나 들여 이런 저장고를 만든 이유는 인류 생존을 위한 최후의 안전판을 확보하기 위해서다.

세계에는 종자은행 또는 유전자은행이 약 1,400개나 있지만, 그 은행들도 가장 귀중한 종자는 스발바르 저장고에 맡긴다. 최악의 사태로 자국의 종자은행이 못쓰게 될 상황에 대비하는 것이다. 우리나라도 농촌진흥청이 노르웨이 정부 및 유엔식량농업기구와 종자기탁협정서를 체결해

북극 스발바르 섬에 있는 세계종자저장고 전경.

종자 가치가 뛰어난 보리, 콩, 벼, 조, 수수 등 국내 작물 1만 3,000여 점을 이곳에 맡겼다. 이 저장고엔 이미 수백만 점의 종자가 보관돼 있으며 저장능력은 20억 점에 이른다.

또한 세계작물다양성트러스트는 영국 큐 왕립식물원과 함께 세계 주요 농작물의 야생종을 확보하는 야심적인 사업에 착수했다. 앞으로 10년 동안 세계적으로 중요한 23종의 식량작물, 곧 알팔파, 서아프리카 밤바라땅콩, 바나나, 보리, 콩, 귀리, 감자, 벼, 사탕수수, 해바라기, 고구마, 밀 등의 야생 근연종을 찾는 것이다. 확보한 종자는 스발바르 저장고를 비롯한 여러 종자은행에 보관되고, 유전자 물질과 정보는 웹사이트를 통해 공개

될 예정이다. 사업 출범 비용 5,000만 달러는 노르웨이 정부가 댔다.

왜 아무 쓸모도 없어 보이는 야생작물을 찾는 데 많은 돈을 쓰는 걸까. 세계작물다양성트러스트 케리 파울러Cary Fowler 사무총장은 "기후변화에 대비하기 위해서"라고 대답한다. 달라진 기후환경에 적응해 자라는 작물을 기르기 위해서는, 과거 달랐던 기후에서도 살았던 야생종에서 가장 적합한 후보를 찾을 수밖에 없다. 예를 들면 쌀은 개화기 온도에 매우 예민하다. 개화기에 온도가 1도만 떨어져도 수확량이 10퍼센트 줄어든다. 기후변화에 따라 이보다 심한 온도변화가 일어난다면 수확량에는 엄청난 타격이 올 것이다. 하지만 만일 야생 벼 가운데 온도가 낮은 밤에 꽃이 피는 종이 있다면 이 문제에 대처하는 데 큰 도움이 될 것이다.

야생작물 탐색 작업은 기후변화와의 경주이다. 머뭇거리다간 야생종들은 영영 사라질지 모른다. 야생종이 주로 사는 개도국의 농촌은 급속한 개발로 자생지가 빠르게 줄어들고 있다. 게다가 야생종에서 유용한 형질을 뽑아내 농작물로 육종하려면 적어도 7~10년이 걸린다. 그런데 현재의 기후변화 속도로 볼 때, 지금 당장 준비해 달라진 기후에 적응하는 농작물을 길러내지 않는다면 인류는 식량재앙에 속수무책으로 무너질 가능성이 높다. 1970년대 줄무늬잎마름병을 이기고 쌀 수확량을 비약적으로 높인 새 품종 버인 통일벼에는 인도에서 자라는 야생 벼의 형질이 들어 있음을 잊어서는 안 된다.

자 연 에 는   이 야 기 가   있 다

이야기를 품은 우리나라의 숲

양떼가 만든
지리산 바래봉 **산철쭉 군락**

　　전북 남원시 운봉읍에 자리한 지리산 바래봉(해발 1,165미터)은 해마다 5월이면 진분홍 산철쭉 꽃으로 물든다. 전국 제일의 철쭉 군락지라는 유명세를 타고 한 달도 안 되는 개화기 동안 약 20만 명의 탐방객이 꽃구경을 온다. 그러나 이 산철쭉 군락이 1970년대 오스트레일리아에서 들여온 양떼가 수십 년 동안 산지를 훼손한 결과라는 사실은 그리 알려져 있지 않다. 게다가 양떼가 사라진 뒤 산철쭉의 쇠퇴 현상이 두드러져, 그 복원을 둘러싼 논란도 불거지고 있다.

　　양떼가 다니던 바로 그 길을 탐방객이 무리지어 걷고 있다. 산철쭉은 운봉읍 가축유전자원시험장 목초지가 끝나고 바래봉 기슭이 시작되는 곳부터 탐방로 양쪽에 폭넓게 자리 잡고 있고, 바래봉 정상부터 팔랑치와 부운치에 이르는 능선 양쪽에 '꽃터널'을 이룬다. 철쭉 군락의 면적은 무려 22헥타르에 이른다.

문제는 양들이 남긴 '선물'이 한시적이라는 데 있다. 양떼가 떠나자 이 곳에는 산딸기와 미역줄나무 등 다른 식물이 침입하여 산철쭉 군락의 경관을 해치고 있다. 자연의 복원력은 약 20년 동안 바래봉을 완강히 지키던 산철쭉 군락을 흔들고 있다. 일시에 철쭉 꽃망울이 터지듯 바래봉의 미래와 관련한 중요한 질문이 터져나오고 있다. 자연의 가차 없는 복원력을 막는 게 바람직할까, 또는 그것이 가능할까. 아니면 바래봉에만 있는 이 독특한 문화경관을 유지하는 것이 옳을까.

2011년부터 서부지방산림청과 지리산국립공원북부사무소 주도로 주민대표, 시민단체, 생태전문가들이 머리를 맞대고 바래봉의 산철쭉 복원 문제를 논의해왔다. 서부지방산림청은 2007년 국립공원과 협의를 거쳐 바래봉 일대 21헥타르에 새로 산철쭉을 심는 한편 73헥타르에서 '잡관목'을 제거하는 내용의 복원 계획을 수립했다. 2011년부터 5년 동안 10만 그루의 산철쭉을 심을 계획도 세워놓았다.

그러나 바래봉의 미래를 둘러싸고 전문가와 시민단체는 국립공원인 지리산에 산철쭉을 대량 식재하는 데 대해 문제를 제기해왔다. 이들은 바래봉이 우리나라 최초의 국립공원인 지리산에 포함돼 있으므로 그에 걸맞은 생태경관을 되찾아야 한다고 주장한다. 다시 말해 산철쭉 위주로 나무를 심는 인간중심적 사고에 반대한다. 하지만 주민들은 절박하다. 바래봉이 지리산의 또 다른 봉우리와 비슷하게 바뀌도록 내버려둘 수는 없다는 것이다. 주민들이 애써 지키고 가꿔 이제 전국의 명물이 됐는데 어떻게든 복원해 살려나가야 하지 않겠느냐는 하소연이다. 실제로 1990년 대까지 1만 2,000여 명이던 운봉읍 인구는 현재 4,300여 명이고 그 절반이 노인이다. "이제 가진 건 철쭉밖에 없다"는 목소리가 나올 수밖에 없다.

결국 두 견해 사이 어딘가에서 타협점을 찾아야 한다. "산림의 아름다움에는 지역주민이 그 산을 가꾸기 위해 들인 노력도 포함된다"는 얘기도 설득력이 있다. 물론 자연생태와 철쭉을 모두 살리는 일이 쉽지는 않을 것이다. 하지만 자연과 주민을 나누지 않고 하나로 본다면 타협의 길을 찾는 것이 불가능하지는 않으리라. 훼손지역 등에 우선 산철쭉을 심고 정상부 같은 민감지역엔 자연성을 회복하는 등의 신중한 접근이 필요해 보인다.

바래봉 산철쭉 군락의 기원은 1968년 오스트레일리아와 뉴질랜드를 방문한 박정희 전 대통령이 우리나라에도 면양을 길러 농가소득을 올려보자고 말한 데서 비롯된다. 1972년 운봉에 한국·호주 면양시범농장이 국립종축장의 분소로 설치되면서 바래봉 일대는 가축몰이 개가 3,000~4,000마리의 양떼를 이끄는 '한국 속의 오스트레일리아'로 바뀌었다. 당시 '털깎이 달인'으로 불리던 한종식 가축유전자원시험장 반장은 "5월부터 10월까지 양들을 바래봉 일대에서 방목했는데, 양들이 다른 풀이나 나무는 모조리 뜯어먹었지만 독성이 있는 철쭉은 먹지 않아 홀로 살아남게 됐다"라고 회고했다.

산비탈을 초지로 만들기 위해서는 구획 속에 다수의 양을 몰아넣어 관목과 풀을 모조리 뜯어먹게 한 뒤 발굽에 파인 곳에 목초 씨앗을 뿌리고 다음 구획으로 옮겨 가는 '제경법蹄耕法'을 처음 도입했다. 양들의 발굽 아래 바래봉 일대는 철저하게 파괴됐다. 지리산이 1967년 국립공원 1호로 지정되고 1971년 관리사무소가 설치됐지만, 양떼를 위한 도로는 공원 안인 바래봉까지 아무런 차질 없이 건설됐다. 양들에게 '선택받은' 산철쭉은 목초지에 뿌린 비료가 풍부하고 경쟁자가 없는 양 이동로를 중심으로 번성하기 시작했다. 1980년대 말부터 경제성이 떨어진 목양 방목은 중단되었다. 하지만 점차 무성해진 산철쭉은 전국에 이름을 알리기 시작했다.

주민들이 처음부터 철쭉 보전에 나선 것은 아니다. 이병채 남원문화원장은 "바래봉에는 현재의 산철쭉 말고도 고산지대에 사는 철쭉도 많았지만 1980년대 말 업자들이 무분별하게 캐가는 바람에 사라졌다. 1명이 구속되는 등 철쭉 도채 파문이 있고 나서 산악인과 지역주민을 중심으로 산철쭉을 지키자는 움직임이 시작됐다"라고 회고했다.

진달래과 진달래속인 철쭉과 산철쭉을 헷갈리는 사람이 적지 않다. 주로 산자락에서 철쭉보다 먼저 피는 산철쭉은 꽃이 진한 분홍색이고 잎 끝이 뾰족하다. 철쭉은 고산에 많으며 연분홍색 꽃을 피우고 잎 끝이 주걱 모양이라는 차이가 있다. 산철쭉 꽃이 4월 중순부터 5월 중순까지 피는 데 이어 철쭉 꽃은 5월 중순부터 6월 중순까지 볼 수 있다. 대표적인 산철쭉 군락은 지리산 바래봉과 주왕산 상의계곡에 있고, 철쭉 군락은 소백산 연화봉과 지리산 노고단이 유명하다.

진달래를 '참꽃', 철쭉을 '개꽃'으로 부르는 데서도 짐작할 수 있듯이, 철쭉에는 '그라야노톡신'이라는 독성물질이 들어 있음이 학술적으로 밝혀져 있다. 면양에게 철쭉은 치명적이다. 서울대공원 동물원에서 면양에게 정원수인 철쭉을 가지치기해 먹이로 준 뒤 무기력, 침 흘림, 구토, 호흡곤란 등의 중독증상이 나타났다는 보고도 있다. 사람도 일시적 중독 증상을 겪을 수 있다. 북한에서는 굶주림에 지친 중학생 9명이 철쭉을 식용으로도 쓰는 진달래로 오인해 따먹고 사망했다는 보도도 있고, 미국식품의약국은 철쭉 꿀을 다량 섭취해도 중독 증상이 나타날 수 있다고 밝

 여섯 번째 이야기 • 이야기를 품은 우리나라의 숲 |

했다.

양떼가 사라진 지 20여 년이 지난 지금 바래봉 일대의 생태는 어떨까. 산철쭉 군락지의 중심인 팔랑치에서 부운치로 이어지는 능선에서는 능선 등산로 양쪽에 자리잡은 산철쭉 군락을 억센 가시가 있는 산딸기가 밀어내고 있다. 오구균 호남대 교수는 "광양 백운산에서 나무를 벌채한 곳에서 가장 먼저 나타나는 것이 산딸기와 미역줄나무이다. 햇빛을 좋아하는 산딸기도 7~8년 지나면 그늘에 가려 사라지고 정상 숲으로 바뀐다"라고 설명했다. 주민들에게 산철쭉을 쫓는 원흉인 산딸기가 자연 복원의 선구자인 셈이다. 산딸기 밑에는 과거 목장의 유산인 외래종 목초를 뚫고 쑥이 돋아나고 있다.

오 교수는 "산철쭉은 원래 중부 이남지역의 산자락에서 주로 자라며 고산의 능선에서 자랄 나무가 아니다"라고 말했다. 바람 센 능선에는 산철쭉보다는 철쭉과 진달래가 잘 자란다. 산철쭉 군락 사이사이에는 이미 바람 센 능선을 좋아하는 노린재나무, 조록싸리, 고광나무, 떡버들, 쇠물푸레나무, 병꽃나무, 조팝나무 등이 돋아나고 있고, 이 산의 최종 주인인 신갈나무도 여기저기 눈에 띈다.

바래봉 능선은 자연으로 돌아가고 있는 중이다. 사람과 양의 발길이 미치지 않은 가파른 사면으로 가면, 200년은 돼 보이는 대형 철쭉과 30여 년생 신갈나무, 야광나무, 떡버들이 훼손되기 이전 이 산의 모습을 간직하고 있다. 오 교수는 "정상 숲으로 가는 징조인 산딸기를 베어내고 제자리가 아닌 산철쭉을 심겠다는 건 국립공원 능선에서 농사를 짓겠다는 것과 마찬가지"라고 꼬집었다.

그렇다면 이곳의 산철쭉도 모두 없애는 것이 옳을까. 오 교수는 "인위

1970년대 바래봉 정상에서 양떼를 기르던 모습(위)과 바래봉 정상의 현재 모습.

적인 식재가 곤란하다는 것이지 기존 산철쭉을 없애자는 것은 아니다. 이곳은 사람과 양이 선택해 만들어진 독특한 문화경관으로서의 가치를 지니기 때문에 그대로 놔두고 해설판 등으로 알릴 필요가 있다"라고 강조했다.

목양이 이룬 대규모 산철쭉 군락은 우리나라는 물론이고 세계적으로 없을 것이다. 그것이 자연으로 돌아가는 동적인 모습도 가치가 크다. 이처럼 이야기가 있고 학술적 가치도 있는 숲이, 산철쭉만 잔뜩 있는 흔한 숲보다 격조 있는 구경거리가 될 수 있을 것 같다.

대나무의 역설,
부산 기장 **아홉산숲**

　　　　　부산 기장군 철마면 웅천리 미동마을 뒷산에는 우리
나라 어디에서도 보기 힘든 숲이 있다. 대도시 근교에 있으면서도 굵고
미끈한 소나무와 참나무 거목들이 곳곳에 서 있고, 조림한 삼나무, 편백
나무, 대나무가 이룬 숲 지붕이 잘 닦인 임도를 뒤덮고 있다. 남평문씨의
일파인 미동문씨 집안에서 9대에 걸쳐 300여 년 동안 관리해온 덕분에
이 숲은 일제와 한국전쟁의 참화 그리고 땔감을 구하려던 사람들로부터
피해를 입지 않고 빗겨날 수 있었디.

　5월 중순이면 아홉산숲은 층층나무 꽃이 흐드러진 아래로 맹종죽과 왕
대나무에서 죽순이 한창 돋아나 생기가 산을 휘감는다. 9대째 산주이자
'아홉산숲 생명공동체' 대표인 문백섭 씨가 사는 '관미헌'이라는 편액이
붙은 집 마당엔 약 100년 된 은행나무가 서 있다. 산주의 할머니가 시집
올 때 기념으로 심은 나무다. 마당엔 마디가 거북 등껍질 모양인 대나무

구갑죽이 심겨 있다.

서울 남산보다 조금 높은 아홉산(해발 360미터) 아래 약 50만 제곱미터에 걸쳐 있는 아홉산숲에서는 아름드리 거목을 쉽게 만난다. 부산과 울산에 출퇴근할 수 있는 근교에 자리 잡았으면서도 여느 도시 주변 야산과 구별되는 모습이다. 울진 금강송 모습을 빼닮은 200~300년생 소나무가 곳곳에 남아 있는 것은 사람의 손길이 닿은 덕분이다. 정우규 박사(울산 생활과학고 교사 · 울산 생명의 숲 공동대표)는 "그대로 내버려뒀으면 소나무 대신 참나무나 서어나무가 서 있을 자리다. 아홉산숲은 우리나라에서 사람이 오랜 기간 가장 모범적으로 가꾼 보육림의 본보기이다"라고 평가했다.

일반적으로 나무는 땔감 등으로 사람이 이용하면 좋은 것부터 사라진다. 좋은 형질을 지닌 나무는 땔감으로도 쓰기 좋다. 그래서 꼬불꼬불한 소나무 등 열등한 형질의 나무만 남게 마련이다. 그러나 정 박사의 말에 따르면, 아홉산숲은 열등인자를 솎아내고 토양 유기물 층을 꾸준히 유지해온 결과 임목 육종에 필수적인 훌륭한 유전자 집단을 형성하고 있다. 가슴 높이 직경이 70센티미터에 이르는 대형 상수리나무도 그런 예이다. 인가 근처에서 이렇게 전봇대처럼 곧고 상처 하나 없는 참나무 거목은 보기 힘들다. 간혹 사찰 주변에서 대형 참나무를 볼 수 있지만 도토리를 얻기 위해 메로 친 부위가 예외 없이 감염돼 혹이 나와 있다.

아홉산숲에는 소나무와 참나무 군락 외에도 편백나무, 삼나무, 맹종죽, 왕대, 서어나무가 무리지어 자란다. 정 박사가 2005년 발표한 정밀조사에서는 주왕산국립공원과 비슷한 529종의 식물이 분포하는 것으로 밝혀졌다. 특히 1950년대에 이미 우거진 숲을 관리하기 위해 전통적인 방법으로 만든 임도 위로 대나무와 히말라야시다 등 거목이 터널을 이뤄,

숲길을 걸으며 생태체험을 하기에 제격이다.

남평문씨 일파가 미동마을에 모여 살기 시작한 것은 400여 년 전, 이들은 뒷산을 정성껏 가꾸며 벌채를 하지 않고 이용했다. 이 전통이 대대로 이어져 오늘의 아홉산숲을 이뤘다. 9대 산주 문백섭 대표는 "어릴 때 숲은 지금보다 덜 울창했고 소나무가 많았으며 수박, 과수, 뽕나무도 길렀다. 지난 100년 동안 부친과 조부가 체계적인 조림의 틀을 잡았다"라고 말했다. 그러나 더 울창해진 아홉산숲은 역설적으로 '관리 부재'의 상처가 깊어지고 있다. 숲을 자세히 살펴보면, 곳곳에서 그런 징후가 드러난다.

무엇보다 대나무가 세력을 너무 뻗쳐 소나무 등 다른 나무들이 죽어가고 있다. 성장속도가 빠르고 햇빛 경쟁에서 압도적인 대나무가 땅속 줄기를 확장해나가면 어떤 나무도 견디지 못한다. 과거엔 해마다 대나무를 수확해 김발 재료 등으로 판매하고 얻은 수입으로 숲을 관리했지만 요즘엔 "정월대보름 행사 때 달집 만드느라 몇 대 나가는 게 수요의 전부"이다. 숲에서 나오는 소득은 거의 없지만 해마다 최소한 수천만 원이 유지 관리에 들어간다. 윤석 울산 '생명의 숲' 사무국장은 "숲 가꾸기 등 관리가 제대로 이뤄지지 않으면서 밀식한 나무들이 세력을 잃고 질병에 걸리거나 대나무에 자리를 내주고 있다"라고 말했다.

대나무는 조선 중종 때 펴낸 《신증동국여지승람》에 기장군의 특산물로 기록될 만큼 이 지역의 대표적 식물이다. 왕대, 솜대, 오죽은 옛날부터 심었고, 맹종죽과 구갑죽은 18세기 중국에서 들여왔다. 아홉산숲에는 다섯 가지 대나무가 있는데 죽순 채취용인 맹종죽의 분포가 가장 넓다. 맹종죽은 가슴 높이의 지름이 최고 20센티미터에 이르며 키도 10~20미터인 큰 대나무이다. 대나무는 땅속으로 줄기를 뻗으면서 마디에서 싹인 죽순을 내 영역을 넓혀간다. 영양상태가 좋을수록 많은 죽순을 낸다. 생장속도가 빨라 하루에 1미터를 자라는 것도 있다. 1헥타르당 1년에 늘어나는 맹종죽의 생체량은 5~22세제곱미터에 이른다. 그만큼 공기 속의 이산화탄소를 흡수해 고정하는 능력이 뛰어나므로 기후변화를 막는 수종으로 주목되고 있다.

과거 대나무는 소나무 다음으로 널리 쓰여 생활용품이나 공예품 재료로 유용했다. 그러나 1980년대 이후 플라스틱이 널리 보급되면서 수요가 급격히 줄어 대나무의 용도는 죽순, 숯, 대통 밥, 술, 죽세공품 등으로 한정됐다. 이 때문에 관리가 제대로 되지 않아 전국적으로 병충해가 창궐하는 등 쇠퇴하고 있다. 하지만 아홉산숲에선 대나무가 너무 번성해 문제다. 여기엔 아홉산숲이 상수원보호구역과 그린벨트로 묶이면서 관리 자체가 거의 불가능하게 된 것이 결정적으로 작용했다. 문 대표는 "대나무를 베었다고 검찰에서 조사받은 적도 있다. 연간 벨 수 있는 한도가 편백나무는 2.5그루, 소나무는 0.5그루인 상황에서 숲 관리는 사실상 불가능하다"라고 말했다.

아홉산숲은 환경보전 등 공적인 기능을 하면서도 사유림이라는 이유로 최근까지도 숲 가꾸기 등에서 정부의 지원을 받지 못했다. 1999년엔 기장군이 이 숲에 테마 임도를 낸 뒤 산악자전거 동호인과 등산객이 지나치게 많이 몰려들어 산주가 울타리를 쳐 임도를 폐쇄하는 등 지방정부와 갈등을 빚기도 했다. 현재도 훼손을 우려해 아홉산숲은 일부 단체를 제외하고 일반 개방을 하지 않고 있다. 문 대표는 "이 숲이 다른 숲을 보전하는 본보기가 된다면 더 바랄 게 없다. 숲의 가치를 인정해 크게 손을

아홉산숲의 임도. 대나무와 전나무, 히말라야시다 등이 하늘을 가리고 있다.

대지 않으면서 행정적, 재정적 지원이 이뤄지는 수목원 형태로 운영됐으면 좋겠다"며 "지금까지 300년 이상 보전해왔는데 적어도 앞으로 그 정도는 이 숲이 유지돼야 하지 않겠는가?" 하고 되물었다.

과거 미동리는 40여 가구가 사는 꽤 큰 마을이었다. 나무를 땔감으로 때는 시절이었지만 보통 때는 엄격하게 벌채를 통제했다. 하지만 해마다 가을이 오면 골짜기를 정해 돌아가며 가지치기를 허용했다. 가장 밑가지에서 1미터가량을 쳐내도록 한 것이다. 이 작업에 어느 동네에서 몇 명이 참가했는지 등을 기록한 자료는 현재 동아대 사학과가 보관하고 있다. 비료 확보는 언제나 큰일이었다. 축산 분뇨만으론 모자라 지나가던 분뇨

    여섯 번째 이야기 • 이야기를 품은 우리나라의 숲

수거 차를 세워 대밭과 솔밭에 뿌리게 하기도 했다. 번화한 동래군 온천장 부근의 식당에서 음식찌꺼기를 수거해 오기도 했다고 문백섭 대표는 회고한다.

사람이 숲을 지킨 일화도 있고, 숲이 사람을 지킨 일화도 있다. 일제 강점기에는 목재 공출을 피하기 위해 유기를 일부러 숨기려는 척하다 붙잡혀 관심을 돌리기도 했고, 한국전쟁 땐 큰 지주였던 문 대표의 조부가 빨치산에 붙잡혀 가다 숲을 가꾸느라 거칠어진 손 덕분에 "노동하는 동무"라며 풀려난 적도 있었다. 그는 조부가 나무를 심을 때마다 옆에 있던 자신에게 "너도 이 나무 덕을 못 볼 것"이라고 했던 말을 회고했다. 이처럼 당장의 이익을 떠나 먼 미래를 바라보고 숲을 관리한 것이 바로 아홉산 숲을 이룬 비결이 아니겠는가.

지뢰밭이 지킨 평화의 숲,
철원 **소이산**

텃밭이 딸린 집터를 60년쯤 방치하면 어떻게 될까. 흙먼지 날리던 학교 운동장은 그 기간 동안 어떻게 바뀔까. 강원도 철원군 철원읍 사요리에 가면 이런 궁금증을 풀 단서를 찾을 수 있다. 한국전쟁으로 황폐해진 뒤 군사 목적으로 매설한 지뢰가 사람의 간섭을 최소화했기 때문이다. 개발 압력이 큰 온대지방이 이렇게 반세기가 넘도록 사람의 손길로부터 차단된 곳은 세계에서도 드물다. 이는 한국의 비무장지대의 생태적 가치가 국제적으로 주목받는 이유이기도 하다.

소이산(해발 362미터)의 주소지는 철원읍 사요리 산1번지이다. 북한이 1946년 지은 3층짜리 건물인 노동당사 건너편에 위치한 야트막한 산이다. 산을 희게 물들인 아까시나무 꽃을 따라 양봉가의 벌통이 널려 있다. 소이산은 민간인출입 통제선 밖에 있지만 주요한 군사시설이 많아 출입이 통제돼왔다. 그 덕분에 전쟁 이후 반세기 동안 읍내 야산이 스스로 변화해온 모습이 간직돼 있다. 일제 때 토사방지림과 연료림으로 많이 심은 아까시나무가 아직도 숲의 주인 행세를 하고 있다. 길가에 무리지어 돋아난 외래종이자 생태교란종인 단풍잎돼지풀은 이곳에 오랫동안 군사기지가 있었음을 말해준다. 한국산림기술인협회 회장 마상규 박사는 "이곳은 외래종인 아까시나무가 향토수종에 앞서 황폐한 땅을 선점한 이후 앞으로 어떻게 바뀌어나갈지를 생태사회학적으로 연구할 최적지"라고 말했다.

산 중턱 이후부터는 아까시나무가 줄고 생강나무, 갈참나무, 때죽나무 등 토종 나무들이 많이 눈에 띈다. 그대로 놔두면 아까시나무가 산을 점령할 것이라는 우려는 근거가 없음이 드러난다. 한때 '아까시나무 망국론'이 있었다. 외래종인 이 나무가 왕성한 번식력으로 우리 산을 망가뜨릴 것이라는 주장이었다. 의도하진 않았지만 이곳에선 60년째 그 실험을 하고 있는 셈이다.

북미 원산인 아까시나무는 19세기 말 우리나라에 들어온 이래 1970년대까지 심은 대표적 조림수종이다. 특히 어릴 때 베어내면 이듬해 또 그만큼 자랄 정도로 생장이 왕성하고 척박한 땅에서도 잘 자라 연료림과 사태방지림으로 널리 심었다. 절정기는 1970년대로, 전국의 아까시나무 면적은 지금보다 5배 이상 많은 32만 헥타르에 이르렀다. 우리나라에서 가장 중요한 꿀 공급 식물이자 산림녹화에 기여했지만, 생활력이 너무 강해 퇴치가 곤란한 나무라는 편견의 대상이 되기도 했다. 하지만 뿌리가 얕고 목재의 비중이 큰 무거운 나무여서 바람 피해를 잘 받아 대개 50년을 넘기지 못한다. 무엇보다 산림이 건강해지면서 아까시나무의 설 자리가 점차 사라지고 있다. 아까시나무는 토양이 황폐한 곳에 먼저 들어오는 선구수종이지만, 다른 나무와 경쟁을 하는 경우나 그늘진 환경에서는 잘 견디지 못한다. 헐벗은 산에서 묵묵히 제 구실을 하고 난 뒤 산이 다시 푸르러지면 자리를 비켜주는 것이다. 소이산의 아까시나무숲은 그런 모습을 보여준다.

소이산 정상에 오르면 눈앞이 확 트인다. 주변과 표고차가 200여 미터밖에 안 되지만 1,000미터급 고산에 오른 느낌이다. 널찍한 철원평야와 비무장지대, 그리고 그 건너 북한의 평강고원이 한눈에 들어온다. '논의 바다' 철원평야에 떠 있는 작은 섬이다. 철원평야를 한눈에 굽어보는 가치 때문에 이곳엔 고려 때부터 봉수대가 설치돼 함경도 경흥에서 서울로

소이산에서 내려다본 철원평야와 건너편 북한 평강고원.

 여섯 번째 이야기 • 이야기를 품은 우리나라의 숲

연결되던 경흥선 봉수로에 속해 있었다. "이 산이 없었다면 전쟁 때 철원 평야를 지킬 수 없었을 것"이라는 군부대 공보참모의 설명이 실감났다.

농산물검사소 등 과거의 주요 건물은 근대 문화유적으로 남았지만 농가와 논밭의 상당수는 습지와 숲으로 바뀌었다. 마상규 박사는 "통일이 돼 철원에 평화도시가 조성된다면 소이산은 그 조망점으로서 서울의 남산과 같은 구실을 할 것이다. 평화의 숲이자 도시의 산림공원으로서 보전하고 개발하는 길을 찾아야 한다"라고 말한다. 시민단체 '생명의 숲'이 2006년 소이산을 '천년의 숲' 수상지로 선정한 것도 '평화의 숲'으로서의 가치를 인정해서였다.

소이산의 북쪽 산자락은 모두 지뢰지대이다. 노동당사에서 국도 87호선을 따라 대마리로 향하는 길 양쪽은 옛 철원의 시가지였지만 지난 60여 년 동안 지뢰 통제구역으로 묶였다. 그동안 묵논은 습지로, 묵밭과 집터는 숲으로 바뀌었다. 소이산 자락에서 출입영농을 하는 현응기 씨는 "지뢰지대 안에 고사리와 고라니가 많지만 폭발사고가 나 사람들이 들어가길 꺼린다"라고 말했다. 지금까지 이곳에 대한 생태조사도 이뤄진 적이 없다. 전문가들은 소이산의 생태적 가치는 훼손이 심한 산 위보다 산자락의 지뢰지대가 높을 것으로 본다. 도로를 따라 지뢰지대를 밖에서 둘러보면 아까시나무, 버드나무, 신나무와 함께 마을에서 심어 기르던 호두나무, 뽕나무 등도 눈에 띈다. 마 박사는 "지금은 모두 사라진 서울의 평지 숲의 원형이 여기 남아 있다"라고 설명했다.

소이산 건너편의 지뢰지대는 넓은 초지를 키 큰 포플러나무와 아까시나무가 둘러싼 모습이 독특하다. 해방 때 2,600여 명의 졸업생을 냈던 철원공립보통학교 터이다. 운동장은 초원이 됐고 귀퉁이는 고랭이, 부들

등이 자라는 습지가 됐다. 온대지역에서 이렇게 오랫동안 사람의 간섭이 중단된 채 생태계의 천이遷移와 복원이 이뤄진 곳은 세계적으로도 드물다. 물론 소규모 지뢰지대여서 인접한 도로와 군부대의 영향을 받았기 때문에 사람의 손길에서 완전히 벗어난 것은 아니란 지적도 나온다. 그러나 김명진 국립환경과학원 자연평가연구팀장은 "최근 민통선 지역인 백암산에서 희귀한 사향노루 서식지가 발견된 것처럼, 사람의 발길이 뜸해진 민통선 인근 지역은 우리가 생각지도 못했던 생태적 가치가 발견될 잠재력을 지닌다"라고 말했다. 분명한 것은 전쟁의 유물인 지뢰밭이 지킨 숲의 가치는 아직도 베일에 가려져 있다는 사실이다.

어느 날 갑자기 인류가 사라진다면 어떤 일이 벌어질지를 알아보기 위해 《인간 없는 세상The World Without Us》을 지은 앨런 와이즈먼Alan Weisman은 세계 곳곳을 다녔는데, 그 가운데 하나가 비무장지대이다. 그가 철책선의 전망대 대신 철원의 소이산을 찾았다면 자연과 인간의 역동적 상호관계를 훨씬 실감나게 묘사할 수 있었을 것이다.

보부상 노래 깃든
울진 **금강소나무숲길**

"여러분은 오늘 하루 금강소나무와 산양이 사는 이 숲을 전세 냈습니다." 경북 울진군 북면 두천1리에서 금강소나무숲길 탐방에 나선 참가자들에게 숲해설가이자 이 마을 주민인 최윤석 씨가 말했다. 여기서부터 13.5킬로미터 떨어진 소광2리까지 약 일곱 시간 동안 차량도 사람도 만나지 않고 숲길을 걸을 수 있다는 얘기다. 뿌듯해하던 탐방객들은 목적지까지 가는 동안 매점, 화장실, 샘터는 물론이고 탈출로도 없다는 설명에 마음을 다잡는다. 이곳은 국내에서 유일하게 미리 예약한 하루 80명에게만 해설가의 안내로 개방하는 숲길이다.

두천1리에서 숲길로 접어들자마자 쇠로 된 비석 2개가 길가 비각에 보존돼 있다. 조선 말 봉화 소천장을 관리하던 이들의 은공을 잊지 말자는 공덕비이다. 이 숲길이 조선시대 보부상과 뒤이은 선질꾼(지게꾼) 등 수많은 행상이 동해와 내륙의 물산을 나르던 '동해의 차마고도'였음을 보여준다. 동해안의 울진, 죽변, 흥부 장에서 구입한 미역, 간고등어, 소금 등을 짊어지고 내륙인 봉화 소천장에 가려면 어디서 오든지 반드시 바릿재를 오르기 전 두천리에서 하루 묵어야 했다. 1960년대까지 소장수들이 드나들어 주막이 번성했던 두천1리는 이제 금강소나무숲길 1구간의 시발점으로 다시 사람들의 발길을 불러 모으고 있다.

탐방객들은 오전 아홉시 두천1리를 떠나 바릿재와 임도를 지나 찬물내기에서 주민들이 만든 점심을 먹는다. 새벽에 말래(두천리) 주막을 떠난 보부상들은 보통 이보다 2배 거리를 걸어야 나오는 느삼밭에서 지고 다니는 옹기솥으로 밥을 해먹었다고 한다. 수십 킬로그램의 등짐·봇짐을 지거나 지게에 이고 소를 몰면서, 맨손의 탐방객 못지않은 속력을 낸 것이다.

여름을 맞은 숲길은 꿀풀, 털중나리, 인동 등의 꽃으로 화사하고, 산 능선에는 나무껍질이 붉은 금강소나무가 병풍처럼 늘어서 이 숲길의 주인임을 과시한다. 숲길은 산림유전자원보호림과 왕피천 생태경관보호지역 사이를 관통한다. 금강소나무가 대부분인 자연림이 숲길 주변의 90퍼센트를 차지한다. 이곳은 비무장지대를 빼고는 멸종위기종 1급인 산양이 가장 많이 사는 곳이기도 하다.

숲길의 ‘깔딱고개’인 샛재를 넘으면 보부상이 반드시 들러 행로의 안전과 번영을 기원하고 있다는 성황사가 나온다. 여기서 소광2리의 채설가 박영웅 씨가 일행을 넘겨받았다. 어릴 때 장을 보러 이 숲길을 한 달에 한두 번은 오갔다는 박씨는 그때 배운 바지게꾼의 노래를 들려줬다.

미역 소금 어물 지고 춘양장을 언제 가노
가노 가노 언제 가노 열두 고개 언제 가노

   여섯 번째 이야기 • 이야기를 품은 우리나라의 숲

시그라기 우는 고개 내 고개를 언제 가노

한평생 넘는 고개 이 고개를 넘는구나……

꼬불꼬불 열두 고개 조물주도 야속하다……

샛재 주변에는 어명을 받아야만 베어낼 수 있었던 금강소나무 거목들이 문화재 복구용이라는 노란 띠 표지를 두르고 서 있다. 샛재를 넘어 느삼밭재에 이르는 구간은 계곡을 따라 푹신한 솔잎을 밟으며 하늘을 가린 활엽수 지붕 밑으로 걷는 곳이다. 서어나무, 고로쇠나무, 까치박달나무 등이 우거졌고 과거 화전민의 집터와 습지로 변한 묵논이 곳곳에 나타난다. 숲길 1구간의 종착점인 소광2리에 도착한 탐방객들은 숲길에 쓰레기나 인공 시설물이 거의 없어 자연성이 뛰어나다고 입을 모은다.

불영계곡 옆으로 국도 36호선이 뚫리기 전까지 내륙인 경북 봉화와 바닷가인 경북 울진을 잇는 가장 가까운 길은 십이령 길이었다. 이 길은 조선시대부터 방물고리에 댕기, 비녀, 얼레빗, 분통 등을 담아 멜빵에 맨 봇짐장수(보상)와 지게에 생선, 소금, 토기, 목기 등을 진 등짐장수(부상)를 일컫는 보부상의 길이기도 했다. 물류 통로인 십이령 길은 거의 일직선으로 뚫려 있다. 에둘러 갈 여유가 없으니 수많은 고개를 넘는다. 큰 고개만 해도 바릿재, 평밭, 샛재, 느삼밭재, 너불한재, 저진치, 한나무재, 넓재, 고치비재, 멧재, 배나들재, 노루재 순으로 12개를 넘어야 한다. 작은 고개는 30~40개에 이른다.[1]

조선시대 보부상은 이후 선질꾼으로 바뀌었는데, 이들이 거래한 물목은 울진·흥부의 바다에서 얻은 미역, 각종 어물, 소금과 내륙지방에서 생산된 쌀, 보리, 대추, 담배, 옷감 등이었다. 이들은 울진에서 봉화까지 무거운 짐을 짊어지고 130리 길을 3박 4일 동안 주파했다. 안동의 간고등어가 유명해질 수 있었던 건 이들이 길바닥에 뿌린 땀방울 덕분이었다.

울진문화원이 발간한 《가노 가노 언제 가노 열두 고개 언제 가노》를 보면, 선질꾼은 가지가 없는 지게를 지고 가다 선 채로 쉬었는데, 밥을 지어 먹기 위해 도기로 만든 솥과 여벌 짚신을 꼭 달고 다녔다. 또한 소장수들은 고개를 넘으면서 소의 발굽이 상하는 것을 막기 위해 밤새 수십 켤레의 '소 짚신'을 만들어 신겼다고 한다. 행상이 머무는 곳마다 주막이 있었는데, 숙박비는 따로 받지 않고 밥과 술값을 받았으며 잠을 자는 봉놋방은 장작을 넉넉히 때 따로 이부자리가 없었다고 한다. 그러나 행상 중에는 집 없이 처자를 이끌고 장삿길에 오르는 이도 적지 않았다. 최윤석 숲해설가는 "길 위에서 들꽃을 꺾어 혼인하고 주막에서 아이 낳은 가난한 상인의 삶의 애환이 깃든 곳이 바로 이 숲길"이라고 말했다.

요즘 전국에서 숲길과 걷는 길이 인기이지만 금강소나무숲길은 미리 예약한 방문객 하루 80명만을 교육받은 해설가가 안내한다는 점에서 독특하다. 건국대 환경과학과 김재현 교수는 이것을 "절제와 협력을 바탕으로 한 거버넌스 체제"라며 "물리적인 길을 조성하는 데 급급하거나 급증하는 방문객으로 인한 부작용 때문에 갈등을 빚지 않도록 지역주민과 지원 시스넴이 잘 융합했다"라고 평가했다.

아름다운 숲길 아이디어는 이 지역의 자연생태를 지키기 위해 댐, 온천, 도로 건설을 반대해온 녹색연합과 지역 시민운동가들에게서 나왔다. 녹색연합 배제선 팀장은 "워낙 반대운동으로 악명이 높아 처음엔 명함 내밀기도 힘들었다. 그러나 빼어난 자연을 노린 난개발을 막고 지역 공동체를 유지할 수 있는 개발을 모색하면서 숲길을 추진하게 됐다"라고

설명했다. 환경단체이면서도 "주민이 중심이고 산양은 그다음"이었다. 생대조사 등 3년간의 준비 끝에 2010년 제1구간이 개통됐다. 산림청이 사업비를 댔고 사단법인 '울진숲길'이 위탁운영을 하고 있다. 전체는 4개 구간으로 70킬로미터에 이른다. 숲해설가 6명은 소광2리와 두천1리 주민이 맡고 있다. 두천리 울진숲길의 장수봉 운영위원장은 "적적한 시골생활에서 민박손님과 이야기를 나눠 재미있고 보부상 길의 의미를 알아줘 자긍심을 느낀다"고 말했다. 울진숲길 이규봉 사무국장은 "민박과 식사, 농산물 구입 등으로 얻는 농외소득이 주민에게 도움이 된다"고 밝혔다.

걷기 열풍을 타고 전국 곳곳에 걷는 길이 조성되고 있다. 하지만 대개 자연은 걷는 이의 여가와 건강을 위한, 또 주민의 소득을 위한 수단일 뿐이다. 자연과 주민, 그들이 엮어내는 이야기가 있는 '울진숲길'은 그런 점에서 소중하다.

금강소나무를 보며 걷는 울진숲길.

황무지를 숲으로 가꾸다,
대관령 특수조림지

　　　　　새 영동고속도로가 뚫린 뒤, 영동과 영서를 가르는 백두대간 마루금에 서서 사방을 조망하는 감흥을 느낄 수 있던 대관령휴게소는 점차 잊혀갔다. 그러나 요즘 들어 옛 대관령휴게소가 다시 북적거리고 있다. 양떼목장과 대관령 옛길 등이 인기를 끌면서 관광객이 몰려들고 있는 것이다. 하지만 대관령엔 국내보다 외국에 더 많이 알려진 우리나라의 '조림 신화'가 깃든 곳이 있다. 대관령 특수조림지가 바로 그곳이다.

　옛 대관령휴게소를 중심으로 도로 양쪽 산자락 311헥타르에 걸쳐 있는 이 조림지는, 1976년부터 10년 동안 황무지에 84만 3,000여 그루의 전나무, 잣나무, 낙엽송 등을 일일이 손으로 심고 가꿔 숲으로 일궈낸 곳이다. 한여름엔 33도까지 기온이 오르다 겨울엔 영하 32도까지 떨어지고, 초속 30~40미터의 강풍이 늘 부는데다 연평균 강설량이 1.8미터에 이르는 이곳은 일단 황폐해지면 다시 나무가 자라는 것은 불가능하다고 알려저 있었다. 이런 데서 어떻게 숲을 가꾸었는지를 보기 위해 요즘도 몽골과 중국, 그리고 임업 선진국인 캐나다에서까지 견학을 온다.

대형 풍차와 함께 신재생에너지 전시관이 들어선 옛 대관령휴게소에 서면 줄 맞춰 심어 삼각형의 수형이 두드러지는 전나무숲이 한눈에 들어온다. 이렇게 숲이 울창한데 왜 조림이 불가능한 지역이라고 했을까. 의문은 광장 뒤편에 설치된, 사람 키보다 높은 통나무로 엮어 만든 방풍 울타리를 보면 풀린다. 바람을 차단하는 울타리 뒤에서 어린 전나무가 자라고 있다. 35년 전 황무지를 숲으로 바꾼 기술은 아직도 쓰이고 있다.

야생화 숲길이 있는 광장 오른쪽 특수조림지에 오르는 길 옆에는 당시 방풍 울타리의 기둥이 잔해로 남아 있다. 방풍책은 높이 3미터의 통나무로 기둥을 세우고 조릿대, 싸리 등을 엮어 만들었는데, 울타리를 경계로 바람을 50퍼센트 이상 줄이는 효과를 냈다. 특수조림지에는 20미터 길이의 울타리가 240개 세워져 총 길이는 4,800미터에 이르렀는데, "거센 바람에 무너지면 세우기를 수십 번 되풀이해야 했다"고 동부지방산림청의 《국유림 경영 100년사》는 적고 있다.

큰 묘목은 이렇게 울타리로 바람을 막았지만 작은 묘목은 나뭇가지로 발을 만들어 둥글게 감싸는 '통발'로 보호했다. 조림한 모든 나무에는 지주를 설치해 뿌리가 흔들리지 않게 고정했다. 대관령 정상 일대는 바람과 추위가 극심해 산기슭의 조림사업이 성공한 뒤에도 벌거숭이인 채로 남아 있었다. 1999년부터 3년 동안의 복원사업에는 1970년대 이후 고안한 기술이 총동원됐다. 방풍 울타리와 통발 이외에 새로 방풍망이 도입됐다. 묘목 위에 모기장과 비슷한 그물을 씌우되, 삼각기둥의 꼭짓점을 바람 방향으로 향하도록 설치해 바람을 막는 장치였다. 논 흙 90톤을 산

대관령 정상의 방풍 울타리. 현재도 전나무를 강한 바람으로부터 지켜주는 유력한 도구이다.

꼭대기까지 옮겨와 토질을 개량하기도 했다.

이 모든 과정은 일일이 사람 손이 가는 작업이어서 지금이라면 불가능한 일이었다. 실제로 주민이 아니었다면 산림을 복구하지 못했을 것이다. 당시 이 지역에서 초등학교에 다녔던 오영숙(평창국유림관리소 숲해설가) 씨는 "학교에서 방풍망을 만들어오라는 숙제를 내주기도 했다. 어른들은 산에서 묘목을 캐 오거나 마을마다 정해진 구역에서 반장의 인력동원에 따라 작업을 하고 밀가루 포대를 일당으로 받아 오기도 했다"고 말했다.

방풍 울타리와 통발 등은 현재 몽골과 내몽골에서 사막화 방지 조림을 하는 데 쓰이고 있다. 그런데 이 기술이 지역주민의 전통기술에서 나왔다는 주장이 있다. 조림사업 당시 평창군 산림과 직원이던 김군섭(평창국유림관리소 숲해설가) 씨는 "이 지역에서는 돌담을 쌓을 돌이 많지 않아 전통적으로 나뭇가지로 담을 세웠다가 나중에 화목으로 써왔다. 방풍책은 이런 전통 지혜를 조림에 응용한 것"이라고 말했다.

애초 대관령 일대는 소나무와 전나무뿐 아니라 피나무, 신갈나무 등 활엽수가 우거진 숲이었다. 일제강점기 말부터 가혹한 식민정책을 피해 숨어들어온 화전이 소규모로 분포했다. 5·16 쿠데타 직후에는 병역기피자와 불량배들에게 고된 노동을 시키기 위해 조직한 국토건설단이 이곳에서 대규모로 화전을 일구기도 했다. 이에 더해 북한 게릴라의 잇단 침투에 대응하기 위해 화전민들의 집단 정착촌을 이곳에 세우면서 대관령 일대의 산림은 순식간에 벌거숭이산으로 바뀌었다.

특수조림의 계기는 1975년 박정희 전 대통령이 영동고속도로 건설을 시찰하러 왔다가 헬기에서 황폐화된 대관령 일대를 목격하고 녹화를 지시한 것이었다. 당시는 1973년부터 '치산녹화 10개년 계획'이 대대적으로 전개되던 시점이었다. 학계에서는 조림에 대해 부정적이었지만 대통령의 특별지시는 무서웠다. 《국유림 경영 100년사》는 "상급 관서의 사업 독려로 인해 담당자들의 고생은 말로 표현할 수 없을 정도"였다고 밝히고 있다. 물론 조림에 생계가 달린 주민의 고생은 말할 것도 없다. 김군섭 씨는 "황무지가 푸른 숲이 되기까지 주민의 노력이 가장 컸다. 대대로 후손에 물려줄 자랑스러운 숲이다"라고 말했다.

어렵게 키운 숲이어서 그랬는지 숲이 지나치게 울창해지는데도 아무도 손을 대려 하지 않았다. 마침내 1998년 금융위기 뒤 공공근로를 이용한 숲 가꾸기 사업을 벌여 1억 5,000만 원 상당의 목재를 생산하기도 했다. 김중기 평창국유림관리소 진부경영팀장은 "애초 특수조림지는 경제림 조성이 아니라 녹화, 곧 환경적 목적에서 출발했다. 바람 센 고산지역의 육림사업 모델로서 연구가치가 높은 곳이다"라고 설명했다.

대관령뿐 아니라 우리나라는 산림녹화의 선진국이라고 널리 알려져 있다. 그런데 그런 산림녹화가 어떤 역사적 맥락에서 성공했는지 알아볼 필요가 있다. 세계적인 환경사상가인 레스터 브라운Lester Brown의 책《에코 이코노미Eco-Economy》에는 이런 대목이 나온다. "2000년 11월 고속도로로 남한을 달리면서 한 세대 전만 해도 헐벗었을 산마다 나무로 꽉 들어찬 모습을 보고 전율을 느꼈다. 여기서 나는 우리가 지구를 녹화할 수 있다는 확신을 갖게 됐다." 일본의 식민지 침탈과 한국전쟁을 거치면서 거의 모든 산이 벌겋게 벗겨졌던 최빈국 한국에서 어떻게 녹화가 성공했는지는 국제적인 관심사다. 그러나 흔히 생각하듯 단지 나무를 많이 심는다고 녹화가 되는 것은 아니다. 심는 것보다 많이 베어내면 산림은 헐벗기 마련이다.

18세기부터 1960년대까지도 벌목을 막는 엄격한 형벌규정이 있었고 막대한 양을 조림했지만 산림 황폐화를 막지 못했다. 도시와 농촌을 가리지 않고 나무를 베어 아궁이에서 태워버렸기 때문이다. 식목일 행사가 일찍이 1946년에 시작됐는데도 산림 황폐화를 멈추지 못한 것도 같은 이유였다. 국내 전체의 에너지 사용량에서 나무를 태워 얻은 에너지의 비중은 1950년 90.5퍼센트에 이르렀다. 그것이 1960년 62.5퍼센트, 1979년 21.6퍼센트, 그리고 1990년 0.9퍼센트로 격감한 과정이 바로 우리나라 산림녹화의 역사이기도 하다.

국립산림과학원 배재수 박사는 해방 이후 우리나라가 산림녹화에 성공한 이유를 분석한 논문에서 "1955년 당시의 연료재(목재) 소비량이 그대로 이어졌더라면 10년이 채 지나지 않아 우리나라의 산림 대부분은 황폐화되었을 것이다"라고 했다.[2] 무연탄의 보급, 도시로의 임산연료 반입 금지, 농산촌의 연료림 조성 등이 산림녹화를 성공으로 이끈 핵심적인 정책이라고 그는 분석했다.

그러나 이런 연료 대체도 경제성장과 소득 증가, 농촌인구의 감소 등이 없었으면 불가능했을 것이다. 박정희 전 대통령의 강력한 리더십도 무시할 수 없다. 산림녹화사업은 1962년 경제개발 5개년 계획에 국가 주요사업으로 포함됐고, 1967년 산림청을 설립한 이후 1973년 시작한 제1차 치산녹화 10개년 계획의 조림 목표량을 4년 앞당겨 달성했다. 1979년 시작한 제2차 치산녹화 10개년 계획에서는 1차 때의 속성수 중심에서 벗어나 경제수 조림 비중을 높였고, 인건비 등 비용 상승과 사회적 요구를 반영해 자연휴양림 조성 등으로 정책 방향을 옮겼다.

산림녹화가 성공한 데는 문화적 배경이 작용했다는 주장도 있다. 신준환 국립수목원장은 이렇게 설명했다. "마을마다 숲을 지키는 오랜 전통이 삼국시대부터 내려왔고 그것이 힘든 일제강점기에도 상당수 마을숲이 보존될 수 있었던 원동력이었다."

그런데 우리나라의 산림녹화를 말할 때 빠뜨릴 수 없는 요인이 열대림이다. 동남아의 값싼 목재를 수입해 쓴 덕분에 우리 산의 나무를 베지 않을 수 있었던 것이다. 또한 대관령에 그토록 힘들게 조림한 것도 자랑거리로 생각할 수만은 없다. 한편으로 이 사례는 고산지대는 일단 훼손되면 스스로 회복이 불가능하고 인공복원도 얼마나 어려운지를 보여주기도 하는 것이다. 교훈은 한 번으로 족한데, 그 후에도 곳곳에서 비슷한 실수가 벌어지고 있다.

540여 년 지켜온 숲의 바다,
광릉숲

경기도 광릉숲의 핵심구역인 소리봉(해발 536.8미터) 일대에는 나무의 바다가 펼쳐져 있다. 서어나무, 졸참나무, 까치박달나무, 층층나무 등의 넓은잎나무들이 빽빽이 들어차 햇빛에 반짝인다. 지난 540여 년 동안 사람의 간섭을 받지 않고 성숙한 천연림이다. 어둑한 숲 속에 들어서면 벌레들의 울음소리가 파도처럼 밀려온다. 100년을 훌쩍 넘겼을 졸참나무와 갈참나무 고목 사이로 수피가 사람의 근육처럼 울퉁불퉁한 서어나무들이 몸매를 자랑하듯 서 있다. 그런데 하늘을 가린 숲에 구멍이 뻥 뚫려 있다. 서어나무 고목이 쓰러지면서 생긴 빈틈이다. 그 틈으로 쏟아지는 햇빛을 받으며 어린 까치박달나무와 회목나무가 키 자람을 하고 있다. 5~6년 전쯤 서어나무가 넘어지면서 숲 바닥에서 오랫동안 기다리던 다른 나무들이 기회를 잡은 것이다. 촘촘한 숲에 생긴 빈틈을 철저히 이용하는 이런 모습은 오랜 자연림에서만 볼 수 있다.

소리봉 정상에 오르자 도봉산, 수락산, 천마산, 축령산이 남양주시 진접읍의 아파트 단지와 함께 한눈에 들어온다. 광릉숲은 서울에서 붉과 39킬로미터 떨어져 있다. 그러나 이 숲의 생물다양성은 웬만한 국립공원보다 높으며, 단위면적당 생물 종을 따지면 국내 최고 수준이다. 광릉숲 2,240헥타르에는 모두 5,710종의 생물이 산다. 단위면적당 식물 종은 광릉숲이 헥타르당 38.6종으로 설악산 3.2종, 북한산 8.9종을 크게 웃돈다. 이처럼 생물다양성이 풍부한 것은 온대지역에서 이례적으로 장기간 숲이 보전됐기 때문이다. 1468년 조선 7대 왕 세조는 이 지역을 왕릉인 광릉의 부속림으로 지정해 일반인의 출입을 통제했다. 일제강점기인 1913년부터 현재까지 한 해도 멈추지 않고 임업시험림 구실을 해왔고, 이에 따라 개발과 훼손을 피할 수 있었다.

그러나 산림 보전과 생물다양성만 본다면 광릉숲의 반쪽만 보는 셈이다. 광릉숲은 우리나라에서 가장 먼저 임업 관련기관이 들어서, 한반도에 적합한 나무를 어떻게 심을지를 연구해온 우리나라 임학의 산실이다. 국립산림과학원 김석권 산림생태연구과장은 "광릉숲의 가치는 자연림 못지않게 인공림에 있다. 90여 년 전부터 나무를 심어 가꿔온 광릉숲에서 우리나라 숲의 미래 모습을 볼 수 있다"라고 말했다. 임도인 직동로를 따라가며 광릉숲 인공림의 모습을 살펴봤다. 1914~1917년 심었다는 팻말이 붙은 낙엽송이 앞을 가로막는다. 가슴높이 둘레가 1미터가량이고 높이는 20여 미터로 하늘로 쭉 뻗은 모습이 "낙엽송은 쓸모없다"는 세간의 평가를 무색하게 했다.

심은 지 80년이 지난 상수리나무도 마을 주변에서 보던 것과는 달리 상처 없이 미끈하게 자라나 있다. 상수리나무 밑에 잣나무와 전나무가 자라는 복층 숲에서 인공림이라는 느낌은 들지 않는다. 김 박사는 "조림한 지 약 30년이 지난 우리나라의 인공림을 잘 가꾼다면 광릉숲처럼 아름답고 가치 있는 숲으로 만들 수 있다"라고 강조했다. 실제로 1928년 조림한 전나무숲 바닥에는 어린 전나무가 빼곡하게 돋아나고 있었다. 언제든 상층의 관목을 제거하면 전나무숲이 형성될 수 있다. 독일의 가문비나무숲처럼 전나무의 천연 갱신림이 형성될 여지가 80여 년 만에 마련된 것이다. 그는 임업을 '3세대 산업'이라고 했다. 할아버지가 심고 아버지가 가꿔 자식이 혜택을 보는 산업이다. 우리의 임업은 이제 2세대인데, 자식 세대가 누릴 혜택을 우리가 보겠다고 나서면 안 된다는 것이다.

90~100년을 주기로 순환하는 임업의 유장한 호흡을 느낄 수 있는 곳이 있다. 능내로 임도를 따라가면 1964년 식재한 잣나무숲이 나온다. 나무를 얼마나 조밀하게 심는 것이 바람직한지 알아보기 위한 시험림이다. 2001년 헥타르당 3,000그루를 심는 게 가장 낫다는 중간 결론이 나왔지만, 앞으로 어떻게 될지 47년째 지켜보고 있다.

광릉숲은 '숲의 바다'이지만 그 바다엔 길이 나 있다. 광릉숲은 65개의 임반(林班, 산림의 위치와 넓이를 표시하여 측량이 편리하도록 구분하는 큰 단위)으로 나뉘고 각 임반은 또 여러 개의 소반小班으로 나뉜다. 임반은 모두 13개 노선 45킬로미터의 임도를 통해 접근하도록 돼 있다. 광릉숲의 관리 지도를 보면 마치 동네 부동산 소개업소의 지번도를 보는 것 같다. 수백 년 동안 손대지 않은 천연 활엽수림과, 그것을 둘러싸고 전국 평균의 약 4배인 헥타르당 255세제곱미터의 목재가 축적돼 있는 인공림은 광릉숲의 두 얼굴이다.

세조는 1468년 자신의 능이 들어설 자리를 능림으로 정한 뒤 능 주변과 진입로에 소나무, 전나무, 잣나무를 심고 능과 산을 관리하는 직책 능원과 산직을 두어 보살폈다. 그러나 당시의 나무가 살아남은 것은 없다. 해방과 한국전쟁 이후의 시기는 광릉숲의 최대 시련기였다. 풀뿌리까지 캐 땔감으로 쓰던 시절이라 도벌이 횡행했다. 임업연구원(현 산림과학원)이 2003년 펴낸 《광릉시험림 90년사》를 보면, 1965년 광릉출장소의 주 임무는 도벌꾼으로부터 나무를 지키는 일이었다. 초막을 짓거나 잠복근무를 하면서 지켰는데도 역부족이었다. 심지어 도벌꾼과 폭력배가 임업시험장 안에 쳐들어와 난동을 부리는 일도 있었다.[3] 1980년 전두환 정권이 들어선 뒤엔 인근 군부대가 숲 115헥타르를 군사시설 터로 빼앗기도 했다.

민주화 이후에는 휴양지로 숲을 이용하고 개발하려는 욕구가 새로운 위협으로 떠올랐다. 1989년 시험림 일부가 산림욕장으로 개방됐고 수목원, 산림박물관, 야생동물원이 개장됐다. 관람객이 몰리면서 광릉숲 주변에 식당, 노래방 등이 우후죽순처럼 들어섰다. 마침내 1997년 광릉숲 보전 종합대책에 따라 산림욕장과 동물원이 폐쇄되고 수목원의 예약제와 관람인원 제한 조처가 시행됐다. 국립수목원은 1999년 광릉숲의 절반 면적을 관할하면서 독립했고, 나머지 숲은 현재 국립산림과학원 산림생산기술연구소가 관리하고 있다.

현재 '광릉'이라는 접두어를 가진 식물과 광릉에서 처음 발견돼 학계에 보고된 식물이 10종에 이른다. '광릉'으로 시작하는 식물로는 광릉요강꽃을 비롯해 광릉골무꽃, 광릉물푸레나무, 광릉제비꽃, 광릉개고사리 등이 있다. 광릉에서 처음 발견돼 학계에 보고됐기 때문이니, 고향이 광릉이라고 할 수 있다. 광릉이라는 이름이 붙지는 않지만 광릉에서 처음 발견된 식물도 적지 않다. 노랑앉은부채, 개싹눈바꽃, 털음나무, 흰진달

광릉숲에서 처음 발견된 희귀난 광릉요강꽃.

래, 털사시나무 등이 그런 예이다. 이 식물들은 나중에 광릉 이외의 장소에서도 자생하는 것으로 밝혀졌다. 이처럼 적지 않은 식물이 광릉에서 처음 학계에 알려진 이유는 우리나라 식물의 약 30퍼센트를 기재한 일본 식물학자 나카이 다케노신中井猛之進이 광릉시험림에서 조선총독부의 촉탁연구원으로 근무하면서 조사를 하러 다닌 결과이다. 일반인에게 광릉숲은 산책과 여가의 공간이지만, 그보다 소중한 것들이 그곳에 있다. 소리봉 주변의 천연림과 한 세기 가까이 가꿔온 시험림 그리고 각종 식물연구시설이 그것이다. 생물다양성의 시대에 대규모 식물원으로서 광릉숲이지닌 가치는 더욱 커질 전망이다.

물길 바람길 다스리는
나무 병풍 **마을숲**

고향 하면 떠오르는 풍경의 한가운데에 '마을숲'이 있다. 마을 들머리나 앞들, 갯가, 뒷동산의 솔밭이나 느티나무 고목 아래에서 마을 제례와 축제가 벌어지곤 했다. 한국인에게 이런 원초적 향수를 불러일으키는 대표적인 고향 경관이자 사람과 자연이 교감하는 최소 생태단위인 마을숲이 산업화와 농촌 붕괴와 함께 급격히 사라지고 있다. 최근 시민운동단체와 정부, 지자체가 마을숲 복원에 나서고 있지만 아직 훼손을 막기에는 미약한 형편이다.

마을숲은 마을의 역사, 문화, 신앙 등을 바탕으로 인위적으로 조성되고 유지돼온 숲을 가리킨다. 마을숲의 명칭은 숲을 뜻하는 '수' '쑤' '림' 등의 접미사를 달거나, '수구막이' '성황림' '숲정이' '숲마당' '당숲' 등으로 불리기도 한다. 신라 때 함양 태수 최치원이 조성한 함양 상림과 1648년 담양의 홍수피해를 막기 위해 부사 성이성이 쌓은 제방에 조성한 관방제림은 널리 알려진 마을숲이다. 그러나 우리나라의 마을숲에 대한 조사로는 조선총독부가 1938년 펴낸《조선의 임수》가 처음이다.[4] 목재 벌채를 목적으로 대규모 숲만을 대상으로 한 이 조사에서 전국의 마을숲은 141개로 집계됐다. 김학범과 장동수는 1987년부터 6년간 전국적인 조사를 바탕으로 우리나라의 전통 마을숲을 정리했다.[5] 이 책을 보면, 전국의 마을숲은 약 400개이며 1938년 조사 때 있던 곳 가운데 92곳이 숲의 기능을 상실했다. 서울에 있던 동대문구 창신동·휘경동의 왕산로 주변숲, 동대문구 제기동의 선농단, 마포구 망원동 망원정 주변숲, 마포구 합정동 양화진 도로변숲, 종로구 방산동 조산, 청계천 임수 등 아홉 곳의 마을숲이 모두 사라졌다. 남은 마을숲은 강원·경북의 영동해안과 경북 북부지역, 전남 남해안지역, 소백산맥의 지리산 주변, 충청도 서부지역에 집중 분포하고 있다.

마을숲의 규모는 대체로 1,000~3만 3,000제곱미터이며 수종은 소나무와 느티나무가 많다. 소나무숲에는 풍수지리나 유교적 배경이 많은 반면 느티나무숲은 토착신앙적 배경을 갖는 예가 많다. 마을이 외부에 노출되지 않고 둘러싸인 경관을 만들기 위해 마을숲을 만들기도 한다. 입지별로는 동구숲, 동산숲, 호안숲, 해안숲, 마을주변숲 등으로 나누는데, 강이나 하천변의 호안숲이 가장 많다. 마을숲의 생태적 특징은 한꺼번에 심어 비슷한 연령의 한두 수종이 우세하고, 이용에 방해가 되는 하층식생을 제거해 땅 표면이 드러나고 뿌리가 노출되는 경향이 많다. 또한 인근 지역에 자생하는 수종을 주로 심으며 후계림이 잘 양성되지 않아 늙고 큰 나무로만 숲이 구성되곤 한다. 한경대 조경학과 김학범 교수는 "농촌과 마을공동체가 붕괴하면서 도시 주변에 남아 있는 마을숲들이 곧 사라질 운명에 놓여 있다. 전국에 1,000여 개가 남아 있을 것으로 추정되는 마을숲에 대한 국가 차원의 조사와 연구가 시급하다"라고 말했다.

경기도 이천시 백사면 송말2리에 있는 송말숲(연당숲)은 조선 중기의 문신이던 임내신이 1520년 낙향해 이룬 풍천임씨 집성촌에서 조성한 마을숲으로, 전형적인 수구막이로 꼽힌다. 풍수이론에서 수구水口란 단지 물이 흘러나가는 곳이 아니라 번영, 다산, 풍요 등의 기운이 나가는 곳이므로 수구를 막아야 좋은 묏자리가 된다고 보았다. 송말2리는 수구막이와 함께 연못을 만들어 이런 상서로운 기운이 마을에 머물도록 했다. 이 마을은 산자락이 마을을 에워싼 모습이 풍수지리상 물 위에 연꽃이 피어 있는 '연화부수형蓮花浮水形' 형국이다. 원적산 줄기가 양쪽으로 뻗어내려 마을을 감싸 안는 지형인데, 마을 앞쪽에 시냇물이 흘러나가는 터진 곳(수구)에 마을숲을 만들어 양쪽 산줄기와 연결했다.

두 아름이 넘을 듯한 느티나무 거목들이 줄지어 늘어선 숲 속은 어둑했다. 숲을 넘어가면 너른 들판과 마을이 자리 잡고 있었지만 숲 밖에서는 전혀 보이지 않았다. 숲은 마을의 안과 밖을 자연스럽게 차단하고 있었다. 수구막이를 한 이유는 풍수이론에 따른 것이지만 마을을 안온하고 정서적으로 편하게 만들고, 외부의 시선을 차단하는 실질적인 효과도 거눈 셈이다.

송말숲은 수구막이의 생태학적 의미를 과학적으로 입증하는 연구가 이뤄지는 곳이기도 하다. 국립산림과학원과 서울대 환경대학원 연구진은 마을숲 안팎의 풍향, 풍속, 온도 차이를 정밀 측정해, 실제로 이 숲이 바람을 누그러뜨려주고 봄 갈수기에는 안쪽 논의 수분 증발을 억제하는 기능을 한다는 사실을 밝혀냈다. 국립산림과학원 박찬열·최명섭 박사와 서울대 환경대학원 고인수·이도원 교수팀은 2004년부터 기상관측을 통해 송말숲이 마을의 미기상微氣象, 즉 지면에 접한 대기층의 기상에 끼치는 변화를 연구했다. 그 결과 마을숲이 낮 동안 주로 부는 골바람과 이 지역 주풍인 남서풍을 막는 방풍림 구실을 톡톡히 하는 것으로 밝혀졌다. 마을숲에서 숲 높이의 2배인 40미터 떨어진 곳에서 봄에 관측한 풍속은 숲 바깥보다 남동풍일 때 평균 20퍼센트, 남풍일 때 25퍼센트, 남서풍일 때 45퍼센트 줄어들었다. 또한 이런 풍속저감 효과가 숲에서 120미터 떨어진 곳까지 미친다는 사실도 알아냈다.

풍속이 줄어들면 주변에 비해 온도 상승, 습도 증가, 증발량 감소 같은 미기상 변화가 나타난다. 실제로 연구팀은 겨울철 남풍이 불 때 숲 바깥 들과 안들 사이에 체감온도 차이가 최고 3도에 이른다는 사실을 밝혔다. 숲 안쪽이 바깥보다 온도가 높고 풍속이 약하기 때문에 생긴 현상이다. 여름철엔 마을숲 안이 밖보다 기온이 1~2도 낮았다. 8월 4~6일 낮 동안 숲 바깥에선 불쾌지수가 모두 불쾌하다고 느끼는 수준인 83 이상이었지만 숲 안에서는 83을 넘어가는 시간이 절반에 그쳤다. 주민들은 이런 효과를 이미 체감하고 있었다. 주민들은 "어릴 때부터 아무리 바람이 매운 겨울에도 숲 안쪽으로 들어오면 갑자기 푸근하게 느껴지곤 했다"고 말했다.

하지만 송말숲은 다른 마을숲에 닥친 문제를 고스란히 안고 있기도 하다. 주민들의 소중한 생활공간이던 마을숲은 외지인들의 유원지가 됐다. 이를 막기 위해 울타리를 둘러쳐야 할 지경이었다. 마을숲 안에도 이천 시민들의 단체행사를 위한 무대 등 각종 시설이 들어섰다. 400여 년 동안 이어진 이 숲에는 평균 수령이 150살인 느티나무, 상수리나무, 음나무 거목들이 들어서 있지만 앞으로 숲을 이어갈 후계목은 자라지 않고 있다. 주민의 노령화와 함께 외지인의 전원주택이 늘어나면서 전통 마을숲은 점차 마을과 멀어지고 있다.

경북 예천군 용문면 상금곡리 금당실마을은 조선 중기 《정감록》이 난세에도 전쟁이나 흉년의 피해가 없는 길지로 꼽은 십승지十勝地의 하나이다. 이곳을 최고의 명당으로 만든 지형은 소백산 줄기의 높은 산자락이 포근하게 둘러싼 넓은 들과 마을을 굽이치는 금곡천이다. 한 가지 허점이 있었으니, 마을 앞쪽에 터진 부분이다. 1500년대에 이런 풍수적 결함을 보완하는 솔숲을 조성했다. 마을사람들이 '솔동지'라고 부르는 마을숲에는

경북 예천의 마을숲 금당실솔숲 내부. 350~400년 수령의 소나무 600여 그루가 마을숲을 이룬다.

수령 250~300년 된 소나무 거목이 자태를 뽐내고 있었다. 애초 2킬로미터 길이로 마을을 모두 감싸 안았던 이 금당실솔숲은 현재 4분의 1 정도밖에 남아 있지 않다. 이만큼이나마 솔숲을 보전할 수 있었던 것은 마을 주민들의 오랜 보전 노력 덕분이다.

'사상송계'는 금당실 주민들이 소나무를 보호하기 위해 1890년대 초 결성한 모임이다. 1903년에 작성된 명부에는 계의 목적으로 "선대유산을 영구 지속한다"고 명시하고 있다. 솔숲이 주민의 삶 속에 깊이 뿌리내리게 된 데는 역사적 배경이 있다. 1892년 마을의 주산主山인 오미봉에서 금을 채광하려던 러시아 광산회사 소속 광부들과 마을의 지기가 끊어진다며 이를 가로막던 주민들 사이에 충돌이 일어나 광산회사 현장책임자 2명이 숨지는 사건이 일어났다. 러시아와의 외교문제로까지 번진 이 사건 때문에 주민 2명이 구속됐고 사건이 확대되면서 마을의 존립이 위태로워지는 지경에 이르렀다. 이에 마을에서는 배상금과 로비자금 마련을 위해 공동재산인 금당실솔숲의 소나무를 베어 팔았으니, 소나무는 마을을 지켜준 보배인 셈이다.

현재 솔숲을 이루는 것은 당시의 어린 나무와 새로 심은 소나무가 자란 것인데, 소나무 하나하나에 예천군이 관리하는 표찰이 붙어 있고, 휴계림을 육성하는 것은 물론 빈자리에 보식補植도 이뤄지고 있다. 이 숲이 전에는 어른과 아이들이 모두 모여들어 쉬고 생활하는 터전이었지만 지금은 문화재에 견줄 만한 공간이 된 것이다.

천년숲 제주 비자림
인간의 보살핌은 약일까 독일까

숲을 잘 보전하려면 그대로 내버려두어야 하는가, 아니면 사람이 적극 관리해야 하는가. 어쩔 수 없이 손을 댄다면 어디까지가 적당한 간섭일까. 제주에서 가장 많은 탐방객이 몰리는 아름다운 두 숲이 이런 고민에 싸여 있다. 천년숲인 구좌 비자림과, 생긴 지 50년밖에 안 되는 한경면 저지오름숲은 이런 근본적인 질문을 던지고 있다.

북제주군 구좌읍 평대리의 비자림에 들어서면 범상치 않은 기운이 엄습한다. 푸른 비늘 같은 콩짜개덩굴로 뒤덮인 회갈색 거목이 바늘잎을 반짝이면서 사방에 가득 들어차 있다. 화산 분화로 생긴 토양인 송이를 깐 보행로의 붉은색이 숲 바닥과 수피, 하늘까지 물들인 녹색과 선명한 대조를 이룬다. 중산간지대의 다랑쉬오름과 돗오름 사이에 긴 타원형으로 들어선 비자림은 면적 44만 8,000여 제곱미터에 500~800년생 비자나무 2,800여 그루가 자리 잡고 있다. 최고령 나무는 900살에 육박한다. 두 번째는 2000년 '새천년 나무'로 지정된 비자나무로, 수령은 800살이 넘고 굵기가 거의 네 아름에 키가 14미터에 이르러 이 숲에서 가장 웅장하다. 이런 터줏대감 때문에 구좌 비자림은 '천년숲'으로 불린다.

국립산림과학원 난대산림연구소 김찬수 박사가 비자나무 사이에 자귀나무, 팽나무, 비목나무 등이 모여 서 있는 곳을 가리켰다. "과거에 비자나무가 죽어 숲에 틈이 생기자 생겨난 선구종인데, 숲이 계속 울창했다면 저절로 나지 못하는 나무"라고 설명했다. 비자림이 지난 수백, 수천 년 동안 끊임없이 변화해왔다는 증거이다. 그렇다면 과거 이 비자림은 어떤 모습이었을까. 김 박사는 "1970년대 숲을 조사하다 길을 잃었던 적이 있었는데, 호랑이가 나올까 겁났을 정도로 으스스했다"고 말했다. 빽빽한 하층식생과 덩굴로 원시 분위기를 물씬 풍기던 구좌 비자림은 1999년 숲 가꾸기 사업 대상이 된 이후 비자나무만 주로 보이는 숲이 됐다. 현재의 비자림은 깔끔하게 관리되고 있는 흔적이 역력하다. 비자나무를 덮었던 덩굴식물과 다른 나무들은 상당 부분 제거됐고, 가지치기, 수목치료, 지지대 설치 등으로 보호하고 있다. 비자나무에는 나무마다 일련번호 팻말을 달아 관리하고 있다.

비자나무는 주목과의 침엽수로 우리나라 남부와 제주도, 일본 중남부에 분포한다. 느리게 자라기로 유명해 100년 지나야 지름이 20센티미터 정도밖에 크지 않는다. 대신 목재의 재질이 치밀하고 고와 건축, 가구, 바둑판 등의 고급 재료로 쓰였다. 비자나무의 씨앗은 구충제로 요긴하게 사용되었다. 백양사, 금탑사 등 사찰의 비자림은 모두 주민에게 구충제로 쓰기 위해 조성한 것이다. 《동의보감》은 "비자를 하루 7개씩 7일간 먹으면 촌충이 없어진다"는 처방을 하고 있다. 고려와 조선에 걸쳐 비자는

제주 구좌 비자림 산책로. 500~800년생 비자나무 거목이 산책로를 가로막는다.

주요한 진상품이었고 이에 따른 애환도 많았다. 특히 조선 후기 세제가 문란해져 흉년과 풍년에 무관하게 일정량의 비자를 징수하자 견디다 못한 주민들이 비자나무를 일부러 베어버려, 구좌읍 등 일부 지역에만 남았나는 얘기가 전해진다.

하성현 제주도 비자림관리소장은 "숲을 가꾸지 않고 방치했으면 비자림은 모두 죽어 사라졌을 것이다. 송악, 줄사철, 등수국, 마삭줄 등 덩굴식물로 덮인 비자나무는 광합성을 하지 못하거나 무게로 가지가 부러진다"라고 말했다. 그리고 "숲을 내버려두면 빨리 자라는 후박나무와 아왜나무가 금세 뒤덮는다"라고 덧붙였다. 이런 논란은 구좌 비자림의 탄생

비밀과도 관련이 있다. 우리나라의 다른 비자림과 달리 구좌의 비자림에는 조림 기록이 없다. 천연림이라는 얘기다. 김찬수 박사는 "제삿상에 올린 비자 씨앗을 뿌린 것이 숲이 됐다는 속설이 있지만 과학적으로 천연림 주장이 설득력이 있다"고 말한다. 한라산 1,000미터 이상 고지대에 비자나무가 자생하는데, 지형상 그 씨앗이 계곡물에 실려와 구좌에서 싹텄을 가능성이 높다는 것이다. 그렇지만 자연이 낳았다고 해도 기른 것은 사람이다. 비자는 구충제로 중요한 진상품이었기 때문에 비자림도 철저히 보호됐다. 구좌 비자림은 자연과 사람이 절묘한 공조로 이룩한 숲인 것이다.

원론적으로 본다면, 비자나무숲을 내버려둔다고 비자나무가 모두 죽는 것은 아니다. 덩굴에 덮인 비자나무가 죽으면 덩굴도 죽고 숲은 새롭게 출발한다. 어린 나무에서 죽어가는 나무까지 모두 있는 것이 어쩌면 자연스러운 숲의 모습이다. 그러나 구좌 비자림은 장기간 사람이 보살펴온 전통 마을숲에 가깝다. 면적도 그리 넓지 않아 자연의 손길에 내맡기기엔 불안하다. 김 박사도 "어느 정도 개입은 불가피하다"고 인정했다. 그렇다면 '어느 정도'가 적당할까.

제주도는 비자림 관리에 연간 3억 원을 들이고 있다. 덩굴을 제거하고 산책로를 조성하는 것이 주요 사업이다. 걷기 열풍과 함께 한 해에 10만 명 이상이 찾는 상황에서 나무를 보호하고 산책로를 늘리는 것이 현안일 뿐 숲의 장기적 미래에 관심을 기울일 여유는 없어 보인다. 비자나무의 노령화를 대비해 후계목은 양묘장에서 따로 기르고 있다. 비자림 오른쪽 숲 가꾸기를 덜한 곳에 가면 비자림의 과거 모습을 어렴풋이나마 짐작할 수 있다. 덩굴과 착생식물로 뒤엉킨 열대 정글과 흡사한 숲 군데군데에 비자나무가 서 있다. 바람직한 비자림의 미래는 아마 현재의 숲길과 이곳의 중간쯤 어딘가에 있을 것이다.

제주시 한경면 저지리의 저지오름 숲길은 걷기 편한데다 자연성을 간직해 탐방객이 몰리는 곳이다. 높이 239미터의 봉우리로 제주도에서는 흔히 보는 오름이지만 숲길에 접어들면 전혀 딴 세상에 들어온 듯하다. 오름에는 등고선을 따라 2개의 둘레길이 있다. 숲길 들머리의 현무암 계단을 올라 1.5킬로미터 거리의 둘레길을 걸으면 오름의 아랫부분을 한 바퀴 돌아 제자리에 돌아온다. 곰솔(해송)의 낙엽이 깔려 푹신한 산책로 양쪽엔 담팔수, 자금우, 소태나무, 예덕나무, 보리수나무, 꾸지뽕나무 등의 난대식물이 자란다. 송이로 만든 적갈색 보행로 옆의 고사리밭이 더욱 짙푸르다.

오름의 분화구에 오르면 또 다른 둘레길이 펼쳐진다. 이곳엔 난대림이 더욱 빽빽하게 우거져 숲 터널 밑으로 좁은 보행로가 나 있다. 둘레길에서 다시 나무를 깐 바닥을 타고 내려가면 분화구 안의 전경을 볼 수 있다. 1950년대까지 무, 보리, 감자를 재배했던 분화구 안과 사면은 덩굴식물로 뒤덮여 원시적인 분위기를 연출한다. 시민단체 생명의 숲이 주관하는 2007년 아름다운 숲 전국대회에서 대상을 받은 데 이어 최근 곶자왈을 품은 올레길과 연결되면서 유명세를 타고 있는 이 숲길에는 해마다 약 10만 명의 탐방객이 찾아온다.

그러나 저지오름은 1960~1970년대까지 민둥산이었다. 숲길 조성을 주도한 주민 김태후 씨는 "어릴 때 오름 꼭대기에서 억새나 띠로 썰매를 타고 미끄러져 내려오는 놀이를 했을 정도로 나무가 없었다. 1980년대에 방목이 중단된 뒤부터 나무가 커지기 시작했다"라고 회고한다. 김 씨는

1970년 산불 확산을 막기 위해 오름에 설치한 방화선을 숲길로 바꾸는 작업에 나서 2006년 공개했다. 그는 "70대인 노부모도 다닐 수 있도록 평탄하게 숲길을 만들었다. 힘이 들거나 험하지 않아 자신의 내면을 들여다보며 걷기에 좋다"라고 말한다. 저지오름은 5개 자연마을 한가운데 있다. 유명해진 아름다운 숲이 주민들에게는 자랑거리다. 한경면 주민자치위원회에서 쓰레기와 부러진 나뭇가지 등을 치우는 자원봉사를 하던 조점례 씨는 "숲길이 저지의 얼굴이 됐다"고 말한다.

하지만 이곳에서도 숲 관리는 난제이다. 송악, 상동나무, 청미래덩굴 등이 곰솔을 휘감아 죽이는 일이 곳곳에서 벌어지고 있다. 어른 손목 굵기의 송악에 감겨 고사한 곰솔을 쉽게 찾아볼 수 있다. 김 씨는 "한두 그루면 자연성을 위해 그대로 두겠지만 결국 일부는 제거해야 할 것 같다"라고 말한다. 저지오름의 소나무숲은 언젠가 난대림으로 바뀔 수밖에 없다. 사람이 관리하는 저지오름 숲길에서 곰솔과 덩굴식물의 공존은 쉽지 않은 실험이다.

죽은 왕들이 노니는
종묘숲

외대문을 넘어 종묘로 한 걸음 내딛으면 종로3가의 번잡함이 한순간에 사라진다. 마치 깊은 산속에 들어온 듯한 적막감과 엄숙함이 감돈다. 어른 두 아름은 돼 보이는 갈참나무의 쭉 뻗은 가지가 팔을 벌리고 앞을 막아서는 듯하다. 서울 한복판에서 600년째 자리를 지켜온 종묘숲은 조선 왕조의 신림神林이다. 오랜 세월 나무는 신의 대리물이나 수호신으로 숭배돼왔다. 민중의 신림이 성황림이나 당산나무라면, 왕조의 신림은 국기에서 보호하던 신성한 숲을 가리킨다. 종묘숲에 들어서면 갈참나무와 잣나무 아래 쪽동백과 때죽나무가 우거져 어둑하다. 단청과 정자와 누각을 짓지 않은 '죽은 자의 공간'답게 꽃나무를 심지 않았고, 연못엔 소나무 대신 향나무를 심은 모습이 특이하다.

그러나 종묘의 숲을 특별하게 만드는 것은 무엇보다 갈참나무숲이다. 전체 숲의 3분의 2를 차지하는 갈참나무는 수령 300~400년 거목이 즐비하다. 멀리서 보면 일자형 전각인 정전과 영녕전은 참나무의 바다에 배처럼 떠 있다. 참나무숲은 속세와 신의 세계를 차단하는 구실을 한다. 조상신과 만나는 의식이 벌어지는 정전正殿에 갈 때 왕은 동문으로 들어가고, 신은 남문에서 들어온다. 남문 밖에 있는 것이 바로 참나무숲이다. 이 숲은 신성한 공간을 차폐하는 곳이기에 앞서 신이 사는 곳인 셈이다.

그렇다면 참나무숲은 언제 생긴 것일까. 전문가들은 애초 종묘에는 소나무가 더 많았지만 수백 년이 흐르면서 차츰 참나무숲으로 바뀌었을 것으로 본다. 신준환 국립수목원장은 "세종 13년 종묘의 소나무를 간벌했다는 등의 역사 기록으로 볼 때 처음엔 소나무가 주요 수종이었던 것 같다"라고 말했다. 국민대 산림환경시스템학과 전영우 교수는 "소나무가 주인이었겠지만 참나무도 꽤 많이 심었을 것 같다. 가벼워 보이는 나무를 의도적으로 도태시키고 건축물과 조화를 이루는 참나무류만 남기면서 자연히 참나무숲이 된 것으로 보인다"고 설명한다. 종묘숲은 왕궁 못지않게 중요한 숲이었지만 가지를 치거나 하는 식으로 숲을 관리하지 않고 자연미를 살렸다. 전 교수는 "우리 조상의 자연관과 전통 지혜가 담겨 있다"라고 설명했다.

외대문 쪽에 야트막한 인공 언덕인 가산假山 세 곳을 지어 종묘 내부 공간을 포근하게 감싸도록 하고, 인공 연못에는 흘러드는 물소리를 죽이기 위해 물이 땅속으로 스며들어 유입되도록 설계하는 등 세심하게 자연을 활용하는 지혜를 발휘했다. 우리 궁궐 지킴이 활동가인 이옥화 씨는 "정전 앞에 깔아놓은 박석이 투박해 보이지만, 우둘투둘한 표면이 난반사를 일으켜 흐린 날도 어둡지 않고 미끄러짐을 방지하는 등 자연미 속에 세련된 기능을 감추고 있다"라고 말했다. 종묘 건너편 세운전자상가

북한산 보현봉으로부터 북악산 응봉을 거쳐 종묘로 지맥이 이어진다. 이는 녹지 축이기도 하다.

옥상에 오르면, 종묘숲이 '도심의 허파'이자 북한산에서 북악산 응봉을 거쳐 흘러내려온 녹지 축임을 실감할 수 있다. 우리 조상에게 이것은 땅의 기가 흐르는 지맥이기도 했다. 그러나 일제는 돈화문에서 이화동으로 넘어가는 도로를 뚫어 종묘의 주산인 응봉의 주맥을 잘라버렸다. 잘린 창경궁과 종묘를 잇는 다리가 만들어졌지만, 현재 도로를 지하터널로 만들고 두 지역을 연결하는 공사가 진행 중이다.

종묘숲과 창덕궁 후원 그리고 창경궁 북쪽은 하나의 숲으로 연결돼 있다. 종묘숲이 죽은 왕들을 위한 숲이라면 창덕궁 후원은 살아 있는 왕족을 위한 숲이었다. 이곳에서는 휴식과 재충전뿐 아니라 활쏘기 등 야외

행사와 농사 체험, 양잠 등이 이뤄졌다. 창덕궁 후원은 나이 많은 거목의 정원이다. 천연기념물로 지정된 노거수老巨樹만 해도, 돈화문 근처의 300~400년 수령의 회화나무 7그루를 비롯해 4종에 이른다. 선원전 서쪽 향나무는 최고령으로 수령 750살 정도로 추정된다. 1405년 창덕궁 조성을 시작할 때 어느 정도 자란 나무를 옮겨 심은 것으로 보인다. 1820년대 후반의 궁궐 기록화인 〈동궐도〉에도 이 향나무는 현재처럼 받침목을 댄 모습으로 그려져 있다. 돈화문 근처의 회화나무와 금천교의 느티나무도 이 그림에 나와 있다. 애련지 부근의 뽕나무는 왕비가 양잠을 권하기 위해 키웠던 뽕나무 가운데 하나로 수령 400년 정도의 거목이다. 후원 가장 안쪽에 자리 잡은 다래나무도 수령 600년으로 국내에서 가장 크고 굵은 다래나무이지만 수나무여서 열매는 맺지 못한다. 천연기념물로 지정되지 않은 거목도 적지 않아, 수령 300년 이상의 나무가 70여 그루에 이른다. 아쉽게도 거목은 태풍 등 자연재해로 인해 해마다 줄어들고 있다.

창덕궁 후원에는 소나무, 잣나무, 회화나무, 뽕나무, 주목 등 160여 종의 나무가 심겨 있다. 후원 숲의 가장 큰 변화는 소나무가 줄어들었다는 것이다. 후원 취한정 편액에는 "정원 가득한 소나무 소리가 밤바다의 파도소리 같다"는 구절이 적혀 있지만 지금은 소나무를 찾아보기도 쉽지 않다.

300년간 모래바람 막아준 해안솔밭,
관매도 솔숲

"폭풍을 피해 관매도에 배를 댔는데, 솔숲에 들어갔
더니 촛불도 꺼지지 않았다고 한다." 부친이 어업을 하는 진도군청 직
원의 말이다. 전남 진도군 조도면에 위치한 관매도는 한반도의 남서쪽
끝인 진도군 팽목항에서 다시 24킬로미터 떨어진 면적 5.73제곱킬로미
터의 작은 섬이다. 다도해해상국립공원에 포함돼 있으며, 관매도 해수
욕장을 포함한 관매8경이 빼어난 경관을 자랑한다. 관광객이 여름 성수
기를 지나서도 끊이지 않고, 솔밭 트래킹 등 걷는 관광두 관심을 받고
있다. 300여 년 역사를 지닌 이곳의 해송림은 전국에서 가장 크고 아름
다운 해안림 가운데 하나로 이름을 알리고 있다. 또한 이 숲은 앞으로
소나무숲을 어떻게 관리해나갈 것인가 하는 근본적인 질문을 던지는 곳
이기도 하다.

관매도 해송림은 거무스름한 수피를 지닌 우람한 곰솔이 백사장을 따

라 기다란 띠 모양으로 펼쳐져 있다. 숲 안에 들어서면 파도와 바람 소리가 뚝 끊기며 갑자기 아늑해진다. 소나무숲의 폭은 무려 200미터고 길이는 2킬로미터에 이른다. 진도군은 1600년께 강릉함씨가 이 섬에 들어와 마을을 일궜다고 설명한다. 소나무숲은 주민들이 "살기 위해서" 조성했다. 해송림이 있는 해안은 북서풍이 불어오는 모래언덕이다. "관매도 처녀는 모래 서 말을 먹어야 시집을 간다"는 말이 있을 정도로 바람 세고 모래 많은 곳이었다. 모래밭 위에 솔숲을 만드는 것은 쉽지 않은 일이다. 관매리 주민 이규종 씨는 "조상들이 억새 등을 엮어 만든 발로 바람을 막아 소나무 묘목을 길렀다는 얘기를 들었다"라고 말했다.

2010년 문을 닫은 관매초등학교 근처에는 어른 두 아름은 되는 곰솔 거목이 있어 숲의 역사를 말해준다. 해송림 13헥타르에는 모두 4,600여 그루의 소나무가 있는데, 가슴둘레가 평균 42센티미터에 이르고 수령은 150~300년으로 추정된다. 조선시대부터 길러온 소나무들은 일제강점기에 수난을 당하기도 했다. 이규종 씨는 "전봇대로 쓰려고 곧고 굵은 소나무를 베어내 해변에 쌓아두었는데 전쟁이 끝나 그대로 썩어버렸다"라고 말했다. 그렇다면 해방 뒤 혼란과 가난 속에서 어떻게 솔숲을 지킬 수 있었을까. 주민 이현심 씨는 "마을에서 관리인을 두어 소나무를 훼손하지 못하도록 감시했지만 바람이 세 나뭇가지가 많이 떨어지는 날엔 숲을 열어 주민들이 땔감으로 쓰도록 했다"라고 증언했다.

정작 관매도 해송림의 위기는 다른 데서 왔다. 2004년 솔껍질깍지벌레가 번져 소나무의 30퍼센트가 죽었고, 수세가 약해진 숲에 소나무좀이 발생해 고사가 이어졌다. 2010년 태풍 무이파는 염해와 풍해를 불러와 아직도 숲 여기저기에서 누렇게 말라죽어가는 소나무를 쉽게 볼 수 있다. 특히 해송림의 북쪽 절반은 심각하게 손상을 입었다. 하지만 솔숲을 지키려는 주민과 지자체의 노력이 결실을 맺어 2010년에는 생명의 숲이 주관하는 아름다운 숲 전국대회에서 생명상을 받았다. 호남생태정보센터 김세진 소장은 "관매도 해송림은 다른 해안 방풍림에 견줘 규모가 큰데다 공중의 습기에 의존해 사는 착생식물인 풍란과 일엽초가 자생하는 생태적 가치 높은 숲"이라고 평가했다.

관매도는 멸종위기종 1급 식물인 풍란의 유일한 자생지이자 복원지이기도 하다. 풍란은 우리나라 난 가운데 남획의 피해가 가장 심한 종이다. 남해안의 거제도, 거문도, 완도, 흑산도와 제주도 등에서 자생했으나 관매도를 빼고는 모두 사라졌다. 관매도에서도 2002년 50여 개체가 발견됐으나 이듬해 모두 사라져 섬의 다른 곳에서 구한 2~3개체로부터 씨앗을 받아 복원에 나설 수밖에 없었다. 풍란은 따뜻한 해풍이 불고 안개가 많은 남부지방 바닷가 절벽이나 나뭇가지에 붙어살며, 공중에 드러난 뿌리로 질소를 고정한다. 처음 3년간 일본산 풍란 9,000포기로 예비복원을 했을 때는 절반이 사라졌다. 특히 사람 손이 닿는 2미터 이하의 풍란은 거의 모두 떼어졌을 만큼 손을 많이 탔다. 그래서 2006년 복원 때는 높이 3~5미터의 높은 나무에 풍란을 붙였다.

2011년 7월 28일 관매초등학교 옆 곰솔 위에 붙어 자라던 풍란이 흰 앙증맞은 꽃을 피웠다. 우리나라에서 가장 희귀한 난이 인공증식된 이후 자연에서 처음으로 개화에 성공한 것이다. 복원사업을 맡은 순천향대 생명과학과 신원철 교수팀은 환경부의 지원을 받아 2006년 인공증식한 풍란 1만 5,000포기를 해송 100그루에 부착한 터였다. 그로부터 5년 만에 복원을 향한 첫 성과가 나타난 것이다. 자연에 증식한 풍란 개체가 씨앗

진도 관매도 해송림 내부. 해무가 자주 끼어 나뭇가지에 풍란 등 착생식물이 자란다.

을 맺어 어린 개체가 태어난다면, 지리산에 풀어놓은 반달가슴곰이 새끼를 낳은 것처럼 자생개체군이 생겨났다는 평가를 받게 된다. 멸종위기종 1급인 풍란은 한 개체라도 귀하다. 관매도 풍란 복원은 주민들의 참여로 이뤄지고 있다. 주민들은 '바람난 섬'이라는 브랜드를 만들어 생태관광을 추진하면서, 주민들이 회원으로 가입한 진도풍란보존회를 통해 정기적으로 모니터링을 하고 있다.

관매도 해송림의 가장 큰 고민은 바로 소나무가 주인인 숲을 유지하는 것이다. 과거 숲 바닥을 긁어 연료림으로 쓰던 때는 소나무 이외의 다른 나무가 전혀 없었다. 주민들은 "맨발로 숲 속을 다녀도 될 만큼 숲 바닥엔 아무것도 없었다"라고 기억했다. 하지만 숲 바닥에 손을 대지 않자 팽나무, 사스레피나무, 예덕나무 등 난대수종이 무성한 하층식생을 이루게 됐다. 게다가 병충해로 인해 빽빽하던 숲에 빈틈이 생기고 소나무의 기력을 회복시키기 위해 토양개량제를 뿌리자, 하층식생은 더욱 세력을 늘릴 조짐이다. 김세진 소장은 "그대로 내버려두면 소나무숲은 수십 년 안에 난대림에 자리를 내줄 수밖에 없다. 소나무의 생육상태가 급격히 나빠질 가능성이 있어 인위적인 간섭이 필요하다"라고 말했다. 문제는 소나무숲을 유지하는 데 관리 부담이 크다는 점이다. 진도군청 담당자는 "어린 소나무는 병해충에 쉽게 죽어 후계림 유지가 어렵고, 지난 10년 동안 국비를 포함해 10억 원이 든 관리비용도 적지 않은 부담"이라고 말했다. 섬 주민들이 어렵게 만든 해송림은 주민의 삶을 지켜주었지만, 이제는 사람들이 숲의 생존을 돌봐줘야 할 때가 되었다.

첫 번째 이야기 • 자연의 놀라운 발견

1. Thomas Gheysens et al., "A poisonous surprise under the coat of the African crested rat", *Proceeding of the Royal Society B*, vol. 279(2012), pp. 675~680. DOI: 10.1098/rspb.2011.1169

2. G. Wizen & A. Gasith, "An unprecedented role reversal: Ground beetle larvae (*Coleoptera: Carabidae*) lure amphibians and prey upon them", *PLoS ONE*, vol. 6, no. 9(2011). DOI: 10.1371/journal.pone.0025161

3. Noritaka Ichikawa, "Male counterstrategy against infanticide of the female giant water bug lethocerus deyrollei (*Hemiptera: Belostomatidae*)", *Journal of Insect Behavior*, vol. 8, no. 2(1995).

4. Lahondè re & Lazzari, "Mosquitoes cool down during blood feeding to avoid overheating", *Current Biology*(2012). DOI: 10.1016/j.cub.2011.11.029

5. Caio G. Pereira et al., "Underground leaves of Philcoxia trap and digest nematodes", *Proceeding of the National Academy of Sciences(PNAS)*(2012). DOI: 10.1073/pnas.1114199109

6. Natash DeLeon-Rodriguez et al., "Microbiome of the upper troposphere: Species composition and prevalence, effects of tropical storms, and atmospheric implications", *PNAS*, vol. 110, no. 7(2013), pp. 2575~2580. DOI: 10.1073/pnas.1212089110

7. R. D. Briceño & W. G. Eberhard, "Spiders avoid sticking to their webs: Clever leg movements, branched drip-tip setae, and anti-adhesive surfaces", *Naturwissenschaften*. DOI: 10.1007/s00114-012-0901-9

8. Marie Dacke et al., "Dung beetles use the Milky Way for orientation", *Current Biology*(2013). DOI: 10.1016/j.cub.2012.12.034

9. Jochen Smolka et al., "Dung beetles use their dung ball as a mobile thermal refuge", *Current Biology*, vol. 22, no. 20(2012).

10. Ryan Kerney et al., "Intracellular invasion of green algae in a salamander host", *PNAS*, vol. 108, no. 16(19 April 2011), pp. 6497~6502. DOI: 10.1073/pnas.1018259108

11. Jean Christophe Valmalette et al., "Light-induced electron transfer and ATP synthesis in a carotene synthesizing insect", *Scientific Reports*, vol. 2, no. 579(2012). DOI: 10.1038/srep00579

12. Jill T. Anderson et al., "Extremely long-distance seed dispersal by an overfished Amazonian frugivore", *Proceeding of the Royal Society B*, vol. 278(2011), pp. 3329~3335. DOI: 10.1098/rspb.2011.0155

13. Mauro Galetti et al., "Big fish are the best: Seed dispersal of Bactris glaucescens by the pacu fish (*Piaractus mesopotamicus*) in the Pantanal, Brazil", *Biotropica*, vol. 40(January 2008), pp. 386~389. DOI: 10.1111/j.1744-7429.2007.00378.x

14. Shinichiro Wada et al., "Snails can survive passage through a bird's digestive system", *Journal of Biogeography*, vol. 39, Issue 1, pp. 69~73 (January 2012). DOI: 10.1111/j.1365-2699.2011.02559.x

15. Michael A. Huffman, "Self-medicative behavior in the African great apes: An evolutionary perspective into the origins of human traditional medicine", *BioScience*, vol. 51, no. 8(August 2001).

16. Monserrat Suárez-Rodríguez et al., "Incorporation of cigarette butts into nests reduces nest ectoparasite load in urban birds: New ingredients for an old recipe?", *Biology Letters*, vol. 9, no. 123(February 2013). DOI: 10.1098/rsbl.2012.0931

17. Jacobus C. de Roode et al., "Self-medication in animals ecology", *Science*, vol. 340(12 April 2013).

18. Megan W. Szyndler et al., "Entrapment of bed bugs by leaf trichomes inspires microfabrication of biomimetic surfaces", *Journal of the Royal Society Interface*, vol. 10, no. 83(6 June 2013). DOI: 10.1098/rsif.2013.0174

19. Hiroyoshi Ninomiya et al., "Functional anatomy of the footpad vasculature of dogs: Scanning electron microscopy of vascular corrosion casts", *Veterinary Dermatology*(2011). DOI: 10.1111/j.1365-3164.2011.00976.x

20. N. Feuerstein & Joseph Terkel, "Interrelationships of dogs (*Canis familiaris*) and cats (*Felis catus L.*) living under the same roof", *Applied Animal Behaviour Science*, vol. 113(2008) pp. 150~165. DOI: 10.1016/j.applanim. 2007.10.010

21. Pedro M. Reis et al., "How cats lap: Water uptake by felis catus", *Science* (26 November 2010), pp. 1231~1234. DOI: 10.1126/science.1195421

22. Tore Slagsvold & Karen L. Wiebe, "Social learning in birds and its role in shaping a foraging niche", *Philosophical Transactions of the Royal Society B*, vol. 366, no. 1567(12 April 2011), pp. 969~977. DOI: 10.1098/rstb.2010.0343

23. L. G. Cheke & E. Loissel & N. S. Clayton, "How do children solve Aesop's fable?", *PLoS ONE*, vol. 7, no. 7(2012). DOI: 10.1371/journal.pone.0040574

24. Christian Schloeg et al., "Grey parrots use inferential reasoning based on acoustic cues alone", *Proceeding of the Royal Society B*, vol. 279, no. 1745 (2012), pp. 4135~4142. DOI: 10.1098/rspb.2012.1292

25. Damian Scarf et al., "Pigeons on par with primates in numerical competence", *Science*, vol. 334, no. 6063(23 December 2011), p. 1664. DOI: 10.1126/science.1213357

26. B. K. Branstetter & J. J. Finneran, "Dolphins can maintain vigilant behavior

through echolocation for 15 Days without interruption or cognitive impairment", *PLoS ONE*, vol. 7, no, 10(2012). DOI: 10.1371/ journal.pone.0047478

27. M. R. Heithaus, "Shark attacks on bottlenose dolphins (*Tursiops aduncus*) in Shark Bay, Western Australia: Attack rate, bite scar frequencies and attack seasonality", *Marine Mammal Science*, vol. 17(2001), pp. 526~539.

28. Michael Zasloff, "Observations on the remarkable (and mysterious) wound-healing process of the bottlenose dolphin", *Journal of Investigative Dermatology*, vol. 131(2011), pp. 2503~2505. DOI: 10.1038/ jid.2011.220

29. Aviv Bergman & Arturo Casadevall, "Mammalian endothermy optimally restricts fungi and metabolic costs", *mBio*, vol. 1 no. 5(9 November 2010), DOI: 10.1128/mBio.00212-10.

두 번째 이야기 · 진화의 수수께끼

1. 김동원, 〈붉은머리오목눈이 *Paradoxornis webbianus*의 알 인식 능력과 탁란에 대한 방어기작〉, 경희대학교 석사학위 논문(2006).

2. Mary Caswell Stoddard et al., "Anniversary essay: The past, present and future of 'cuckoos versus reed warblers'", *Animal Behaviour*, vol. 85(2013), pp. 693~699.

3. Bhart-Anjan S. Bhullar et al., "Birds have paedomorphic dinosaur skulls", *Nature*(2012). DOI: 10.1038/nature11146

4. Adam Egri et al., "Polarotactic tabanids find striped patterns with brightness and/or polarization modulation least attractive: An advantage of zebra stripes", *Journal of Experimental Biology*, vol. 215(2012), pp. 736~745.

5. Amber N. Heard-Booth & E. Christopher Kirk, "The influence of maximum

running speed on eye size: A test of leuckart's law in mammals", *The Anatomical Record*, vol. 295, no. 6(2012), pp. 1053~1562. DOI: 10.1002/ar.22480

6. Charles Q. Choi, "Species hiteched ride to Madagascar on floating Islands", *Livescience* (19 March, 2012).

7. Karen E. Samondsa et al., "Spatial and temporal arrival patterns of Madagascar's vertebrate fauna explained by distance, ocean currents, and ancestor type", *PNAS*, vol. 109, no. 14(3 April, 2012), pp. 5352~5357. DOI: 10.1073/pnas.1113993109 ; Murray P. Cox et al., "A small cohort of Island southeast asian women founded Madagascar", *Proceeding of the Royal Society B*, vol. 279, no. 1739(2012). DOI: 10.1098/rspb.2012.0012

8. Murray P. Cox et al., "A small cohort of Island Southeast Asian women founded Madagascar", *Proceeding of the Royal Society B*(2012), pp. 2761~2768. DOI: 10.1098/rspb.2012.0012

9. O. Thalmann et al., "Complete mitochondrial genomes of ancient canids suggest a european origin of domestic dogs", *Science*, vol. 342, no. 6160 (15 November, 2013) pp. 871~874, DOI: 10.1126/science.342.6160.785

10. Erik Axelsson et al., "The genomic signature of dog domestication reveals adaptation to a starch-rich diet", *Nature*(2013). DOI: 10.1038/nature11837

11. L. N. Trut et al., "An experiment on fox domestication and debatable issues of evolution of the dog", *Russian Journal of Genetics*, vol. 40, no. 6 (2004), pp. 644~655. Translated from *Genetika*, vol. 40, no. 6(2004), pp. 794~807.

12. Asher Mullard, "Microbiology: The inside story", *Nature*, vol. 453(2008), pp. 578~580. DOI: 10.1038/453578a

13. K. Aagaard & K. Riehle & J. Ma & N. Segata & T-A. Mistretta et al., "A metagenomic approach to characterization of the vaginal microbiome signature in pregnancy", *PLoS ONE*, vol. 7, no. 6(2012). DOI: 10.1371/

journal.pone.0036466.

14. Denise Grady, "Bacteria in the intestines may help tip the bathroom scale, studies show", *New York Times*(27 March, 2013).

15. Anjel M. Helms et al., "Exposure of solidago altissima plants to volatile emissions of an insect antagonist (*Eurosta solidaginis*) deters subsequent herbivory", *PNAS*(2013). DOI: 10.1073/pnas.1218606110

16. Venkatachalam Lakshmanan et al., "Microbe-associated molecular patterns-triggered root responses mediate beneficial rhizobacterial recruitment in arabidopsis", *Plant Physiology*, vol. 160(2012), pp. 1642~1661. DOI: 10.1104/pp.112.200386

17. Anurag A. Agrawal et al., "Insect hervibones drive real-time ecological evolutionary change in plant populations, *Science*, Vol. 338, no. 6103 (2012), pp. 113~116, DOI: 10.116/science. 1225977

18. 이용욱 외, "산양이 헛개나무 종자의 발아에 미치는 영향", 〈한국환경생태학회지〉, 25권 3호(2011), 302~306쪽.

19. Ana Herrera et al., "Developmental basis of phallus reduction during bird evolution", *Current Biology*(2013). DOI: 10.1016/ j.cub. 2013.04.062

20. P. L. R. Brennan & R. O. Prum, "The erection mechanism of the ratite penis", *Nature*(2011). DOI: 10.1111/j.1469-7998.2011.00858.x

21. Maurice Kottelat & Ralf Britz & Tan Heok Hui & Kai-Erik Witte, "Paedocypris, a new genus of southeast Asian cyprinid fish with a remarkable sexual dimorphism, comprises the world's smallest vertebrate", *Proceedings of the Royal Society B*, vol. 273(2005), pp. 895~899. DOI: 10.1098/rspb.2005.3419

22. Fred Kraus, "At the lower size limit for tetrapods, two new species of the miniaturized frog genus Paedophryne (*Anura, Microhylidae*)", *ZooKeys*, vol. 154(2011), pp. 71~88. DOI: 10.3897/zookeys.154.1963

23. E. N. Rittmeyer & A. Allison & M. C. Gründler & D. K. Thompson & C. C. Austin, "Ecological guild evolution and the discovery of the world's smallest vertebrate", *PLoS ONE*, vol. 7, no. 1(2012). DOI: 10.1371/journal.pone. 0029797

24. John T. Huber & John S. Noyes, "A new genus and species of fairyfly, Tinkerbella nana (*Hymenoptera, Mymaridae*), with comments on its sister genus Kikiki, and discussion on small size limits in arthropods", *Journal of Hymenoptera Research*, vol. 32(2013) pp. 17~44. DOI: 10.3897/JHR.32.4663

25. G. M. MacDonald et al., "Pattern of extinction of the woolly mammoth in Beringia", *Nature Communications*, vol. 3, no. 893(2012). DOI: 10.1038/ ncomms1881

26. Stephen Wroe et al., "Climate change frames debate over the extinction of megafauna in Sahul (*Pleistocene Australia-New Guinea*)", *PNAS*(2013). DOI: 10.1073/pnas.1302698110

27. Karen Rosenberg & Wenda Trevathan, "Bipedalism and human birth: The obstetrical dilemma revisited", *Evolutionary Anthropology*(1995). DOI: 10.1002/evan.1360040506

28. Kyriacos Kareklas et al., "Water-induced finger wrinkles improve handling of wet objects", *Biology Letters*, vol. 9, no. 2(23 April 2013). DOI: 10.1098/ rsbl.2012.0999

29. 인간동물문화연구회, 《인간 동물 문화》, 이담북스(2002)

30. Sarah Catherine Walpole et al., "The weight of nations: An estimation of adult human biomass", Walpole et al., *BMC Public Health*, vol. 12, no 439 (2012). http://www.biomedcentral.com/1471-2458/12/439

31. Oskar Burger et al., "Human mortality improvement in evolutionary context", *PNAS*, vol. 109, no. 44(2012). DOI: 10.1073/ pnas.1215627109

1. S. Pika & T. Bugnyar, "The use of referential gestures in ravens (*Corvus corax*) in the wild", *Nature Communications*, vol. 2, no. 560(2011). DOI: 10.1038/ncomms1567

2. A. L. Vail et al., "Referential gestures in fish collaborative hunting", *Nature Communications*, vol. 4, no. 1765(2013). DOI: 10.1038/ncomms2781

3. Roland C. Anderson et al., "Octopuses (*Enteroctopus dofleini*) recognize individual humans", *Journal of Applied Animal Welfare Science*, vol. 13, no. 3)(2010), pp. 261~272. DOI: 10.1080/10888705.2010.483892

4. Roland C. Anderson & James B. Wood, "Enrichment for giant pacific octopuses: Happy as a clam?", *Journal of Applied Animal Welfare Science*, vol. 4, no. 2(2001), pp. 157~168. DOI: org/10.1207/ S15327604JAWS0402_10

5. Angela Stoeger et al., "An Asian elephant imitates human speech", *Current Biology* (2012). http://dx.doi.org/10.1016/j.cub.2012.09.022

6. M. B. M. Bracke & H. A. M. Spoolder, "Review of wallowing in pigs: Implications for animal welfare", *Animal Welfare*, vol. 20(2011). pp. 347~363.

7. T. L. Iglesias et al., "Western scrub-jay funerals: Cacophonous aggregations in response to dead conspecifics", *Animal Behaviour*(2012). DOI: 10.1016/ j.anbehav.2012.08.007

8. W. R. Miller & R. M. Brigham, "'Ceremonial' gathering of black-billed magpies (*Pica pica*) after the sudden death of a conspecific", *The Murrelet*, vol. 69, no. 3(Autumn, 1988), pp. 78~79. http://www.jstor.org/ stable/3534036

9. http://video.nationalgeographic.com/video/news/animals-news/zambia-chimpanzee-death-reaction-vin/

10. Karen McComb et al., "African elephants show high levels of interest in the skulls and ivory of their own species", *Biology Letters*, vol. 2, no. 1(2006), pp. 26~28.

11. Fred B. Bercovitch, "Giraffe cow reaction to the death fo her newborn calf", *African Journal of Ecology*(August 2012).

12. Stuart Brown, "Do fish feel pain? The science behind whether fish feel Pain", all-creatures.org(http://www.all-creatures.org/anticles/an-the science.html)

13. Jennifer Mather, "Do fish feel pain?", *Journal of Applied Animal Welfare Science*, vol. 14, no. 2(2011), pp. 170~172. DOI: 10.1080/10888705. 2011.551631

14. B. Magee & R. W. Elwood, "Shock avoidance by discrimination learning in the shore crab (*Carcinus maenas*) is consistent with a key criterion for pain", *The Journal of Experimental Biology*, vol. 216(2013), pp. 353~358.

15. Elainie Alenkær Madsen & Tomas Persson, "Contagious yawning in domestic dog puppies (*Canis lupus familiaris*): The effect of ontogeny and emotional closeness on low-level imitation in dogs", *Animal Cognition*. DOI: 10.1007/s10071-012-0568-9

16. Hendrik Poorter et al., "Pot size matters: A meta-analysis of the effects of rooting volume on plant growth", *Functional Plant Biology Review*, vol. 30, no. 11(2012). DOI: 10.1071/FP12049

17. Ronald G. Oldfielda, "Aggression and welfare in a common aquarium fish, the midas cichlid", *Journal of Applied Animal Welfare Science*, vol. 14, Issue 4(2011). DOI: 10.1080/10888705.2011.600664

18. 김은지 외, "간접적인 카니발리즘 경험에 의한 한국산 도롱뇽 유생의 표현형의 변화", 〈한국환경생태학회지〉, 26권 3호, 342~347쪽.

19. W. J. Resetarits & C. A. Binckley, "Data from: Is the pirate really a ghost?

Evidence for generalized chemical camouflage in an aquatic predator, Pirate Perch (*Aphredoderus sayanus*)", *Dryad Digital Repository*(2013). DOI: 10.5061/dryad.1bt11

20. Shannon J. Mccauley et al., "The deadly effects of 'nonlethal' predators", *Ecology*, vol. 92, no. 11(2011), pp. 2043~2048.

21. Gary E. Belovsky et al., "Prey change behaviour with predation threat, but demographic effects vary with prey density: Experiments with grasshoppers and birds", *Ecology Letters*, vol. 14, Issue 4(April 2011), pp. 335~340. DOI: 10.1111/j.1461-0248.2011.01591.x

22. Dror Hawlena et al., "Fear of predation slows plant-litter decomposition", *Science*, vol. 336(15 June 2012).

23. 오창영,《한국동물원 80년사》, 서울특별시(1994)

24. 서울동물원,〈서울동물원 비전 발전계획 수립 워크숍 자료집〉(2013)

25. Kimberly Costello et al., "Exploring the roots of dehumanization: The role of animal--human similarity in promoting immigrant humanization", *Group Processes Intergroup Relations*, vol. 13, no. 3(2010). DOI: 10.1177/1368430209347725; http://gpi.sagepub.com/content/13/1/3

26. People for the Ethical Treatment of Animals(PETA), "Animal abuse & Human abuse: Partners in crime".

네 번째 이야기 • **사람이 바꾸는 자연**

1. http://www.goldmanprize.org/2010/southcentralamerica

2. 안두해 외, "동부 태평양 한국의 다랑어 연승에서 상어류 체중 대비 지느러미 중량 비율 추정", 〈한국수산과학회지〉, 42권 2호(2009), 157~164쪽.

3. Boris Worma et al., "Global catches, exploitation rates, and rebuilding options for sharks", *Marine Policy*, vol. 40(2013), pp. 194~204. DOI: 10.1016/j.marpol.2012.12.034

4. Kiyo Mondo et al., "Cyanobacterial neurotoxin β-N-Methylamino-L-alanine (BMAA) in shark fins", *Drugs*, no. 10(March 2012), pp. 509~520. DOI: 10.3390/md10020509

5. 권오길,《흙에도 뭇 생명이》, 지성사(2009)

6. Matthew. C. Fisher et al., "Emerging fungal threats to animal, plant and ecosystem health", *Nature*(12 April 2012). DOI: 10.1038/nature10947

7. Chris T. Darimont et al., "Human predators outpace other agents of trait change in the wild", *PNAS*(12 January 2009). DOI: 10.1073/ pnas.0809235106

8. Justin D. Yeakel et al., "Cooperation and individuality among man-eating lions", *PNAS*, vol. 106, no. 45(10 November 2009), pp. 19040~19043. DOI: 10.1073/pnas.0905309106

9. Michael J. Tyler & David B. Carteroral, "Birth of the young of the gastric brooding frog Rheobatrachus Silus", *Animal Behaviour*, vol. 29(1981), pp. 280~282.

10. James J. Elser, "A world awash with nitrogen", *Science*(16 December 2011), pp. 1504~1505. DOI: 10.1126/science.1215567

11. 남역현 외, "2010년도 대한민국 농업 및 축산업지역의 질소 유입 및 유출 수지", 〈대한환경공학회지〉, 34권 3호(2012), 204~213쪽.

다섯 번째 이야기 · 자연과 더불어 사는 미래

1. 마크 런던 · 브라이언 켈리,《숲 그리고 희망》, 조윤경 옮김, 예지(2009)

2. Tae-Sung Kwon et al., "Changes of butterfly communities after forest fire", *Journal of Asia-Pacific Entomology*, vol. 16(2013), pp. 361~367.

3. Y. Li & Z. Ke & S. Wang & G. R. Smith & X. Liu, "An exotic species is the favorite prey of a native enemy", *PLoS ONE*, vol. 6, no. 9(2011). DOI: 10.1371/journal.pone.0024299

4. Courtney Humphries, *Superdove: How the pigeon took Manhattand… and the world*, Smithsonian Books(2008).

5. Lucy E. King et al., "Bee threat elicites alarm call in African elephants", *Plos ONE*, vol. 5, no. 4(2010). DOI: 10.1371/journal.pone.0010346

6. http://www.saving-spoon-billed-sandpiper.com

7. http://www.fao.org/docrep/018/i3253e/i3253e00.htm

8. http://www.nordgen.org/sgsv

여섯 번째 이야기 • 이야기를 품은 우리나라의 숲

1. 울진문화원, 《가노 가노 언제 가노 열두 고개 언제 가노》(2010)

2. 배재수 · 이기봉, "해방 이후 가정용 연료재의 대체가 산림녹화에 미친 영향", 〈한국임학회지〉, 95권 1호(2006), 60~72쪽.

3. 임업연구원, 《광릉시험림 90년사》(2003)

4. (사)생명의숲국민운동, 《조선의 임수》, 지오북(2006)

5. 김학범 · 장동수, 《마을숲 — 한국전통부락의 당숲과 수구막이》, 열화당(1994)

ㄱ

《가노 가노 언제 가노 열두 고개 언제 가노》 289

가축화 60, 62, 100, 102, 149, 172, 244

간빙기 132, 134, 138

갈기쥐 14, 15, 16

갈색거저리 애벌레(밀웜) 256, 257

갈참나무 282, 298, 315

강낭콩 잎(콩잎) 54, 55

개 56, 57, 58, 59, 60, 61, 62, 99, 100, 101, 102, 103, 104, 105, 130, 148, 149, 152, 166, 170, 171, 172, 188, 189, 240, 241, 262, 270

거미 34, 35, 36, 74, 127, 180,

게 5, 152, 165, 167, 168, 169

고래 57, 68, 69, 70, 71, 72, 73, 142, 157, 186, 197, 198, 199, 200, 215,

고르바초프, 미하일 226

고양이 51, 59, 60, 61, 62, 136, 143, 152, 166, 188, 189, 241, 262

고어, 앨 226

곤드와나 초대륙 96

곤충 식용화 257

골드만환경상 192

곰솔(해송) 313, 314, 319, 320, 321

곰치 149

곰팡이 43, 45, 53, 74, 106, 201, 202, 203, 204, 218, 219,

공룡 75, 86, 87, 88, 131, 143, 221,

공유지의 비극 209

공진화 118, 245

관매8경 319

관매도 해송림 319, 320, 321, 322

광릉숲 298, 299, 300, 301, 302

《광릉시험림 90년사》 301

광릉요강꽃 302

광합성 29, 43, 44, 45, 46, 174, 222, 227, 311

국립산림과학원 232, 296, 299, 301, 305, 310

《국유림 경영 100년사》 293, 295

국제포경위원회(IWC) 198

권태성 232, 234

균류 201, 204,

그라야노톡신 271

금강소나무숲길 286, 287, 289

금당실솔숲(금당실쑤) 307, 308

기린 92, 142, 160, 163, 185

기후변화 4, 75, 132, 134, 137, 138, 203, 204, 256, 263, 265, 278

김명진 285

김성수 234

김찬수 310, 312

김찬호 142, 144

김학범 304

까마귀 64, 65, 149, 150, 160, 161

까치 150, 161, 162, 180, 246,

까치박달나무 288, 298,

꿀벌 25, 53, 202, 248

ㄴ

나방 32, 112, 115, 256

나비 32, 53, 112, 232, 233, 234, 235,
   256, 258, 261

나치 187, 188, 262

낙엽송 292, 299

느티나무 303, 304, 305, 306, 318

늑대개 101

능구렁이 239

ㄷ

다윈, 찰스 82, 89, 100, 141

다케노신, 나카이 302

단백질4 122

단세포생물

달맞이꽃 114,

달팽이 46, 47, 49, 50

닭 63, 121, 123, 158, 256, 257

대관령 특수조림지 292

대구 205, 206, 207, 208, 209

대나무(맹종죽, 왕대, 구갑죽, 솜대, 오
   죽) 275, 276, 277, 278, 279

대뇌피질 166

대보초 107

도도 238,

도롱뇽 43, 45, 176, 177

도마뱀 136, 137, 180,

도요 32, 37, 251, 252, 253, 254

돌고래 68, 69, 70, 71, 72, 73, 157, 186,
   215

동강할미꽃 261

동물복지 5, 156, 158, 159, 169, 183, 185,
   186

동물학대 188, 189

《동의보감》 310

동종포식 19, 176, 177,

돼지 5, 100, 156, 157, 158, 159, 167,
   219, 246, 247, 256, 257,

디코포모파 에크멥테리기스 130

딩고 240, 241

딱정벌레 14, 16, 17, 18, 115, 128, 256

ㄹ

런던, 마크 229

런던동물원 182, 183, 184

로렌츠, 콘래드 100

로젠버그, 캐런 140

루베트킨, 베르톨트 183

린네, 카를 폰 142
림프 122, 123, 124

ㅁ

마다가스카르 94, 96, 97, 255
마상규 282, 284
마을숲 297, 303, 304, 305, 306, 307, 312
말벌 45, 52, 112, 130
말파리(쇠등에) 89, 90, 91
매 81, 82, 92, 234, 244, 245
매머드 105, 131, 132, 133, 134, 219
매시, 데버러 196
맹장 141
메가프라그마 미마리펜 128, 129
메거스, 베티 229
메기 180, 181
메기론 180, 181
메뚜기 179, 180, 181, 255, 256, 257,
메이저, 존 226
멸종위기 194, 195, 216, 219, 220, 254
멸종위기종 23, 119, 220, 233, 234, 254,
　　287, 321, 322
멸종위기종의 국제거래에 관한 협약
　　(CITES) 194
모기 24, 25, 26, 27, 52
무늬바리 149
문어 5, 148, 149, 150, 151, 152, 169
물소 157,
물장군 19, 20, 21, 22, 23

미꾸라지 181
미다스시클리드 174, 175
미토콘드리아 DNA 97
민들레 115

ㅂ

바래봉 268, 269, 270, 271, 272, 273
바빌로프, 니콜라이 262, 263
박재우 223
박테리아(세균) 32, 106, 108, 112, 114,
　　202
반구 수면 69, 71
반달가슴곰 322
반향위치 측정 69
방풍 울타리 293, 294
방풍망 293, 294
배설강 120, 121, 122
배스 236, 237, 239, 241
배추흰나비 112, 113
뱁새(붉은머리오목눈이) 80, 81, 82, 83,
　　84, 85
버섯 201, 204
벌레잡이식물 28, 29
벨랴예프, 드미트리 104
변온동물 25, 74, 75, 255, 257
보노보 52, 148,
보부상 286, 287, 288, 291
복어 237, 238
부영양화 222

분비모 55

붕어 165, 237

브라운, 레스터 296

비둘기 65, 66, 67, 231, 234, 244, 245, 246

《비둘기가 어떻게 맨해튼과 세계를 점령했나》 244

비무장지대 235, 283, 285, 287

비자나무 310, 311, 312, 313

비자림 309, 310, 311, 312, 313

빈대 54, 55

빌라, 카를레스 101

빙하기 4, 97, 131, 132, 133, 134, 135, 137, 138, 219, 221

뻐꾸기 80, 81, 82, 83, 84, 85

뿌리혹박테리아 223

ㅅ

사회성 동물 59, 60, 102, 160, 172

산딸기 269, 272

산림녹화 233, 282, 296, 297

산불 232, 233, 235, 314

산양 117, 118, 119, 220, 286, 287, 291

산철쭉 군락 268, 269, 270, 271, 272, 271

산호 44, 149, 202

상수리나무 276, 299, 306

상어 71, 72, 192, 193, 194, 195, 196

새만금 6, 251, 253, 254

새우 167, 168, 169, 257

생명의 숲 276, 277, 284, 313, 321

생물다양성 28, 94, 126, 186, 220, 223, 237, 260, 261, 299

생물량 143

생물모방학 58

서어나무 276, 288, 298

선질꾼(지게꾼) 286, 288, 289

세계동물보호협회(WSPA) 200

세계작물다양성트러스트(GCDT) 263, 264, 265

세라도 28, 30

세포 죽음(아포토시스) 121

소나무 75, 134, 275, 276, 277, 278, 286, 287, 288, 295, 301, 304, 307, 308, 315, 316, 318, 320, 322, 323

소리봉 298, 299

소이산 281, 283, 284, 285

송말숲(연당숲) 305, 306

송어 165

쇠똥구리 37, 38, 39, 40, 41, 42, 256

수구막이 303, 305

슈타이너, 아힘 250

스발바르 세계종자저장고 263, 264

스탈린, 이오시프 262

스트레스 호르몬 166, 179

슬론, 한스 132

시험림 299, 300, 301, 302

식인 사자 213, 214, 215

신준환 316

《신증동국여지승람》 277
십이령 길 288

ㅇ

아까시나무 281, 282, 283, 284, 281
아데노신삼인산(ATP) 46
아도르노, 테오도어 187
아라우즈, 란달 192
아리스토텔레스 82, 150
아마존 28, 47, 49, 107, 226, 227, 228,
  229, 258, 261, 263
아처, 마이크 218, 219
아코칸테라나무 14, 16
아홉산숲 275, 276, 277, 278, 279
애기장대 112, 114
애튼버러, 데이비드 200
어치 160, 161
얼룩말 38, 79, 90, 92
여덟 번째 대륙 96
여우 57, 103, 104, 241, 252, 259
역방향 열 교환 57
엽록체 43, 46
오구균 272
오리 57, 121, 122, 123, 246
올슨, 로버트 143
와이즈먼, 앨런 285
외래종 219, 236, 237, 238, 239, 240,
  241, 242, 272, 282
요정말벌 130

원숭이 52, 66, 93, 94, 96, 99, 170, 172,
  188
월러스, 앨프리드 89
웨인, 로버트 100
위장번식 개구리 217, 218, 219
윌슨, 에드워드 143
유대류 135, 136, 137, 240
유럽고슴도치 15
유해야생동물 246
의학생태학 108
이강운 20, 23
이구아나 97
이소길초산 73
《인간 없는 세상》 285
인공증식 23, 252, 321
인류세 221
인체 미생물군집 프로젝트 107
임반 300
잉어 125, 165, 176

ㅈ

자기치료 51, 52, 53
자슬로프, 마이클 73
자연복원 20,
자연선택 82, 89, 230
자이언트웜뱃 137,
잠수행동(잠수 반사행동) 72, 200
잠자리 32, 178, 179, 256
잣나무 292, 299, 300, 301, 315, 318

장동수 304

저지오름숲 309

전나무 279, 293, 294, 295, 299, 300, 301

전영우 316

《정감록》 307

정우규 276

정형행동 185

정훈 177

제2차 세계대전 188, 206

제6의 대멸종 222

제경법 270

《조선의 임수》 304

졸참나무 298

종묘숲 315, 316, 317

《종의 기원》 82, 243

주머니나무늘보 137

주머니사자 136

중신세 241

지질시대 221

직립 139, 140

진딧물 26, 45, 46

진화 5, 16, 18, 26, 29, 30, 36, 55, 56, 63,
 64, 75, 77, 80, 82, 83, 84, 85, 88, 90,
 91, 93, 96, 110, 114, 120, 122, 123,
 126, 128, 130, 135, 139, 140, 141,
 152, 172, 178, 204, 210, 216, 230,
 238, 239, 240

진흙목욕 156, 157, 158, 159

질소 28, 180, 222, 223, 261, 321

짝짓기 20, 90, 120, 121, 122, 124, 130,
 162

ㅊ

참나무 259, 260, 275, 276, 316

참새 51, 52, 87, 246, 251

창경원 184

창덕궁 후원 317, 318

초파리 51, 52, 252

치산녹화 10개년 계획 295, 297

치타 89, 91, 92

침팬지 51, 52, 131, 140 144, 148, 149,
 160, 162, 170, 172

ㅋ

카로티노이드 45, 46

캥거루 135, 136, 137, 240

켈리, 브라이언 229

코끼리 15, 38, 48, 92, 96, 132, 142, 153,
 154, 155, 160, 162, 163, 211, 247,
 248, 250

콜럼버스, 크리스토퍼 229

쿨맵시 75, 76, 77

크라우스, 프레드 126

크뤼천, 파울 221

치점, 샐리 143

키키키 후나 130

킹, 루시 248

ㅌ

타일러, 마이크 217, 219

타조 121, 122, 123

탁란 80, 82, 83, 84, 85

탈멸종 219, 220

토착화 239, 241

통발 293, 294

팅커벨라 나나 130

ㅍ

파울러, 케리 265

패도시프리스 프로제네티카 125

패도프리네 아마우엔시스 128

패시브하우스 57

패터슨, 브루스 214, 215

패터슨, 존 213, 215

포스파타제 30

풍란 321, 322

풍수이론 305

프로클로로코쿠스 143, 227

피셔, 매슈 202

핀손, 비센테 227

필콕시아 28, 29

ㅎ

하딘, 개릿 209

하버-보슈법 223

한국전쟁 275, 280, 296, 301

항온동물 25, 74, 75, 77

해적농어 178

허치슨 기념 숲 259

허프먼, 마이클 51

헛개나무 117, 118, 119

호랑이 62, 83, 89, 92, 105, 182, 183,
186, 210, 219, 220, 247, 310

호모사피엔스 142

홍적세 221

황소개구리 236, 238, 239, 241, 242

황제펭귄 56

효모 201

흑겨자 112, 113

흡혈곤충 25, 26, 90

히틀러, 아돌프 187, 262

p. 15 Museum d'histoire Naturelle, Wikimedia Commons

p. 29 Caio G. Pereira, *PNAS*

p. 35 R. D Briceno, *Naturwissenschaften*

p. 39 Marie Dacke, *Current Biology*

p. 41 Jochen Smolka, *Current Biology*

p. 44 Ryan Kerney, *PNAS*

p. 48 Tino Strauss, Wikimedia Commons

p. 55 Megan Szyndler, *Journal of Royal Society Interface*

p. 62 Roman Stocker, *Science*

p. 66 Sandra Mikolasch, *Proceedings of the Royal Society B*

p. 87 Keven Law, Wikimedia Commons

p. 91 Arthur Chapman, Wikimedia Commons

p. 93 Marcus T. Jaschen, Wikimedia Commons

p. 101 Mariomassone, Wikimedia Commons

p. 103 Lyudmila Trut, *American Scientist*

p. 123 Ana Herrera, *Current Biology*

p. 129 Polilov, *Arthropod Structure & Development*

p. 133 Mauricio Anton, Wikimedia Commons

p. 136 Peter Schouten, *PNAS*

p. 140 Karen Rosenberg, *Evolutionary Anthropology*

p. 151 (위)opencage.info

(아래)Veronica von Allworden, *Journal of Applied Animal Welfare Science*

p. 154 Angela Stoger Horwath, *Current Biology*

p. 161 Minette Layne, Wikimedia Commons

p. 168 Robert Elwood, *The Journal of Experimental Biology*

p. 171 Peter, Wikimedia Commons

p. 181 Dror Hawlena, *Science*

p. 193 Sebastian Losada, Wikimedia Commons

p. 199 World Society for the Protection of Animals

p. 203 (위)Lee Berger, James Cook University

(아래)Center for Invasive Species Research, University of California

p. 208 Lamiot, Wikimedia Commons

p. 214 Field Museum in Chicago

p. 218 Mike Tyler, *Animal Behaviour*

p. 228 (아래)Chico75, Wikimedia Commons

p. 240 Henry Whitehead, Wikimedia Commons

p. 249 (위)Sam Stearman, Wikimedia Commons (아래)Lucy King

p. 253 Wildfowl & Wetlands Trust(WWT)

p. 264 Mari Tefre, Global Crop Diversity Trust